南疆滴灌枣树生理生态响应与调控研究

李发永　张旭贤　朱　珠　主　编
劳东青　张　琴　副主编

中国水利水电出版社
www.waterpub.com.cn
·北京·

内 容 提 要

本书系统介绍了滴灌技术对南疆矮化密植枣树生理生态方面的影响，重点阐述了滴灌枣树生长、生理过程及土壤水分、养分、盐分运移规律，并探讨了枣棉间作、微咸水滴灌、秸秆覆盖、有机肥施用等滴灌枣树调控技术应用效果。

本书共分为9章，内容丰富、观点明确、图文并茂、数据准确、学术性较高。研究成果对维持南疆水资源平衡，合理开发利用水资源，保证南疆农业的可持续发展具有重要意义。可为干旱区节水农业的推广提供理论基础和技术支撑。

本书可为农业水土工程、环境、土壤、生态、农业等领域的科研工作者和工程技术人员提供参考。

图书在版编目（CIP）数据

南疆滴灌枣树生理生态响应与调控研究 / 李发永等主编. -- 北京 : 中国水利水电出版社, 2023.8
ISBN 978-7-5226-1743-5

Ⅰ. ①南… Ⅱ. ①李… Ⅲ. ①枣－果树园艺－滴灌－研究 Ⅳ. ①S665.107

中国国家版本馆CIP数据核字(2023)第153271号

书 名	**南疆滴灌枣树生理生态响应与调控研究** NANJIANG DIGUAN ZAOSHU SHENGLI SHENGTAI XIANGYING YU TIAOKONG YANJIU
作 者	李发永 张旭贤 朱 珠 主编 劳东青 张 琴 副主编
出版发行	中国水利水电出版社 （北京市海淀区玉渊潭南路1号D座 100038） 网址：www.waterpub.com.cn E-mail：sales@mwr.gov.cn 电话：（010）68545888（营销中心）
经 售	北京科水图书销售有限公司 电话：（010）68545874、63202643 全国各地新华书店和相关出版物销售网点
排 版	中国水利水电出版社微机排版中心
印 刷	北京中献拓方科技发展有限公司
规 格	184mm×260mm 16开本 10.25印张 249千字
版 次	2023年8月第1版 2023年8月第1次印刷
印 数	001—400册
定 价	**68.00**元

本 书 编 委 会

主　　编　李发永　张旭贤　朱　珠

副 主 编　劳东青　张　琴

编写成员　姚宝林　侯晓华　林　杰　严晓燕
　　　　　　孙留东　孙三民

资助项目：国家自然科学基金项目：（51569030；51169024；31060084；51769032）；水利部公益性行业科研专项经费项目（201101050）；兵团水利局项目（2009GG32）；兵团财政科技计划项目（2021DB019）；塔里木大学“水利工程”校级重点学科建设项目。

前 言

新疆维吾尔自治区位于中国西北干旱区，是中国陆地面积最大的省级行政区，约占中国国土总面积的1/6，具有极其重要的政治、经济、文化意义。南疆占到新疆面积的63%，拥有全国最大的内陆盆地（塔里木盆地）和最大的沙漠（塔克拉玛干沙漠），气候类型属大陆性暖温带、极端干旱沙漠性气候，属内陆极端干旱荒漠区，水资源极度匮乏。近年来随着南疆农业种植面积的急剧扩张，生态需水已经受到严重威胁，生态环境破坏日益严重，节水农业的发展势在必行。

由于地理位置特殊，气候条件优越，新疆适宜棉花、瓜果种植。在新疆远景农业战略化发展过程中，大力发展特色林果业，建立环塔里木林果基地已成为南疆各地、州、师积极进行农业种植结构调整的重点。2010年末新疆特色林果种植面积达$80\times10^4hm^2$，2020年特色林果面积达$100\times10^4hm^2$，2022年新疆特色林果面积已超过$140\times10^4hm^2$。近10年来，红枣产业发展十分迅速，2012年新疆红枣种植面积共计675万亩（其中地方525万亩、兵团150万亩），仅南疆农一师红枣种植面积就达到了93万亩。近年来，随着红枣价格回归，红枣种植面积有所下降，对果实品质要求也越来越高，红枣产业已经成为南疆的一个品牌产业，具有较大的发展潜力。因此，通过改变传统水肥管理模式，改善枣果品质是今后南疆林果发展的重点；与此同时，由于矮化密植红枣种植密度高，需水量远高于其他经济作物，林果业的发展导致该区水资源日益紧张，也亟需寻找一种节本增效的水肥管理模式。

新疆水利工程年供水量468.5亿m^3，其中农业灌溉水量占总供水量的95%。全疆灌溉水利用率仅为42%，粮食作物水分利用效率仅为0.7kg，与节水灌溉发达国家和地区灌溉水利用率70%、水分利用效率2.0kg的水平相差较大。从用水效益上分析，新疆农业产值占GDP的比重仅为17.4%，与其95%的用水量形成了巨大的反差，农业节水潜力巨大。新疆近年来尤其注重节水农业的发展，以2014年为例，新疆共完成高效节水面积300万亩，其中滴灌284.4万亩，喷灌3.8万亩，低压管道灌溉面积11.8万亩。2022年新疆高效节水面积累积达到了4430万亩，灌溉水利用系数提高到了0.57以上。

滴灌技术作为一种高效的节水方式，在新疆的发展已经有较长一段历史，其在棉花种植业方面的成功在世界范围内都是不可复制的，膜下滴灌技术也日益成熟。滴灌能够根据作物的需水要求进行适时供水，与传统的地面灌溉相比，是利用效率更高，而且非常适合于自动化灌溉。一般比地面灌溉节水30%～50%，比喷灌节水10%～20%。另外，由于施肥能够和滴灌完美结合，随水滴施，所以较为省时省力。

虽然滴灌在棉花上的应用较为成功，但是这种成功并不能直接复制到果树种植上。枣树作为多年生木本植物，其生长特点和需水规律与棉花均有巨大差异。棉花滴灌可以采用膜下滴灌，即覆膜和滴灌相结合，能够显著减少棵间无效蒸发。而枣树滴灌则很难与覆膜相结合，滴灌灌水量本身较小，田间无效蒸发又较大。因此，在滴灌技术应用之前，要清楚枣树的需水、需肥规律，以及滴灌对枣园土壤水分、养分的影响过程。

为了解决上述问题，我们开展了一系列的研究工作，历经8年，在枣树滴灌方面取得了一定的研究成果，对滴灌枣树的生理、生态特点进行了系统分析。整合了国家自然科学基金项目（51569030；51169024；31060084；51769032）、水利部公益行业科研专项经费项目（201101050）、兵团水利局项目（2009GG32）及兵团财政科技计划项目（2021DB019）的部分研究成果。相关研究内容由于其系统性，每一部分都必不可少。研究成果对维持南疆水资源平衡，合理开发利用水资源，保证生态用水的长期稳定具有不可估量的现实意义。

本书共分9章，系统归纳了滴灌对枣树水分利用及产量品质、枣园土壤养分及盐分赋存及枣树生长和生理的影响，并探讨了微咸水滴灌对枣园土壤水肥运移及枣树生长和生理的影响，最后阐述了枣棉间作滴灌技术及不同覆植滴灌技术对枣树水肥调控效果。全书内容丰富、观点明确、图文并茂、数据准确、学术性高。研究成果对维持南疆水资源平衡，合理开发利用水资源，保证生态用水的长期稳定具有重要意义，可为节水农业的推广提供理论基础和技术支撑。本书可为农业水土工程、环境、土壤、生态、农业等领域的科研工作者和工程技术人员提供参考。

本书相关试验和数据整理过程中受到许多专家的指导和修改。同时，受到了自然科学基金委、水利部、新疆生产建设兵团水利局、塔里木大学、水利与建筑工程学院、第一师灌溉试验站的大力支持。另外，团队人员在研究过程中做出了辛苦的付出，在本书付梓之际，在此一并表示感谢。

作者

2023年2月

目　录

第1章 绪　论

1.1 南疆矮化密植枣树发展现状

2022年新疆维吾尔自治区（以下简称“新疆”）种植特色林果面积已超过 140×10^4 hm^2。新疆枣的种植基地绝大多数分布在南疆的阿克苏、喀什、和田、巴州和东疆的吐鲁番、哈密。北疆也有少量栽培，但不成规模。除哈密大枣外，新疆枣本地品种极少，几乎多为上世纪 90 年代从原五大传统枣生产区引入。目前南疆栽植的品种主要是灰枣和骏枣，两者种植面积旗鼓相当，且占总栽培面积的 93%以上，其次为赞皇大枣，还有极少数的冬枣、金丝小枣、鸡心枣等。枣产业的发展主要从 20 世纪 70—80 年代开始，其种植模式主要采用乔冠稀植＋枣农间作，每亩有效株一般为 83～111 株，甚至更少，株行距 2.0m×(3.0～4.0)m，以育苗移栽为主。而嫁接苗成活率低，缓苗期长，建园慢且不整齐，且因枣树大多不修剪，放任生长，树体比较高大。农民大多在枣树行间间作小麦、棉花等作物，加之红枣市场价格较低，枣产业发展速度缓慢。2005 年以来，在育苗过程中，人们对育苗地未能及时出圃的枣树嫁接苗进行整枝修剪的过程中，总结出直播建园技术，从根本上解决了枣树移栽定植成本高、成活率低的问题，从而发展成新疆直播建园超高密植矮化栽培模式，每亩有效株 888～1200 株，甚至更多，株行距（0.5～1.0)m×(1.0～1.5)m，每年采用重修剪方式，利用枣头枝结果和培养木质化枣吊结果，早期产量高，收益好，成为新疆枣产业崛起与快速发展的转折点，也引领了西部干旱区省份的枣产业发展。但随着枣树树龄的增加，枣园郁闭度增加，出现了生产成本高（肥料和农药超量使用和高强度的人工修剪）、枣果品质趋于下降、树体过早老化等问题。随着国内果树省力化栽培技术的不断完善和新疆密植枣园的转型需求，针对直播高密度矮化枣园，近两年开始间伐疏密、改造树形，使株行距转变为 1.0m×(3.0～4.0)m，树形改造为主干形或圆柱形，利用多年生枣股结果，延长结果枝更新时间，从而简化修剪和降低管理成本，形成适宜密植园改造的省力化栽培模式（吴翠云等，2016）。但该模式尚处于探索阶段，技术体系还不完善。

由于具有得天独厚的水土光热资源，温差大，光照时间长，果品质量优，南疆红枣产业发展迅猛。目前，塔里木盆地红枣栽培面积 25 万 hm^2，已形成规模。尤其是酸枣直播嫁接建园模式的推广，实现了当年嫁接，当年挂果，2 年丰产，3 年后高产稳产的优质高效栽培目的（秦淑琴，2009）。

直播红枣无论行距多大，株距最初一般都在 0.2～0.5m，属高度密植栽培。在栽培过程中，随着树龄的增加，必须对密度进行调控，逐渐降低栽植密度，以确保树体正常生长和产量的稳定。枣树不同栽植模式对枣树树体蒸腾速率有很大的影响，333 株/亩

（1m×2m）模式下树体蒸腾速率强于其他模式，有利于树体对光能的利用，增加“源”的强度（王晶晶，2011）。在同等条件下，栽培密度不同，产量相差很大，特别是对枣树早期产量有较大影响（周道顺，2002）。因此，要使树体生长发育良好，保证连年丰产稳产，枣树密度管理技术是一项必不可少的技术措施。密度调节的目的是在丰产稳产的前提下创造更有利于枣树进行光合作用、水肥吸收的环境条件，发挥枣树幼果期的密度优势，同时兼顾枣树后期个体间激烈的竞争关系（高建凡，2023；王文军等，2022）。

随着新疆特色林果产业节水技术的推广，新疆红枣的种植面积也在逐渐增大，滴灌技术在红枣种植中的应用也越来越广泛。矮化密植技术作为一种新型果树种植技术，因其能更好地控制树形、树冠生长范围从而优化果树生长环境，得到不断推广。滴灌技术与矮化密植技术的结合已成为新疆地区枣树种植方式的主流（赵秀杰，2022；李田甜，2022）。2007—2010 年唐忠建（2012）等对新疆阿克苏市依杆其乡哈尼喀村赞皇大枣示范园进行调查研究，明确该园丰产的关键技术在于 5 月上旬至 7 月下旬及时抹除已成形的新生枣头；夏季及时对少量保留的新生枣头、二次枝及前一年枣股抽生的枣吊和木质化枣吊进行摘心。夏剪可显著提高枣树的产量和品质，实现丰产稳产，同时有效控制树冠扩张，缓解密植枣园树冠郁闭的问题。喷施赤霉素和加强肥水管理是夏剪技术的必要配套措施。在生产实践中也已形成“枣头形”（刘孟军，2015）“圆柱形”“主干形”等简化树形，这些树形主要适于截干栽植或利用酸枣直播建园、实行宽行密植的高密度建园。而目前新疆密植枣园大多采用小冠疏层形、开心形整形修剪方法，由于过密、主枝角度伸展不开，因此郁闭严重，且树形改良难度较大。应借鉴目前比较成功的苹果、桃等果树的细高纺锤形、圆柱形等简化树形，探索适宜新疆枣树改良的高光效丰产树形。

1.2　枣树滴灌技术的应用现状

早期枣园灌溉采用漫灌方式，存在一定的水资源浪费。贾瑞琪研究了漫灌条件下新疆阿克苏地区幼龄枣树林地土壤水分的运移规律，得到在该区域漫灌的最适灌溉量及灌溉周期，为进一步实施枣树精准灌溉提供一定的理论支持（贾瑞琪，2013）。也有学者开展了井式灌溉方式（王和平，2020）的研究，认为井式灌溉在有效节水前提下满足中龄灰枣光合所需，不会致使其生物量降低。井灌水分利用效率为 61%，漫灌水分利用效率为 10%。果实产量井灌比漫灌增产 29%。可见，井式灌溉较漫灌可起到节水增产的效果（程平，2017）。

红枣传统的灌溉方式还有沟灌，但该灌溉方式水资源浪费极大，增产增效作用不明显，滴灌技术的出现极大改善了这种状况（蒋杰，2014）。滴灌有利于枣树生长，在灌水定额、灌水周期和灌溉定额完全相同的情况下，滴灌带布设方式是滴灌方式下红枣生长产生差异的主要因素，灌水后枣树土壤水分分布差异较大，灌水后一行四管布置方式灌水均匀，土壤湿润体范围较大，能够与红枣根系分布基本吻合，灌溉效果较好（廖素明，2016）。

南疆绿洲沿塔里木盆地四周分布，气候干旱，年降水量少于100mm，蒸发量大，水资源短缺早已成为限制其农业经济的主要因素，各灌溉区用水矛盾尖锐（李忠新，2010）。红枣作为南疆沙区发展节水型林果业的重要经济作物，探索先进的高效节水灌溉技术尤为重要，是新疆特色林果业可持续健康发展的重要保证。近年来，众多学者对新疆红枣微灌技术进行了系统的研究和推广应用。与漫灌比较，滴灌节约灌溉水量30%，而不存在减产现象（胡家帅，2016）。库尔勒地区的研究表明滴灌方式相比漫灌方式有助于枣树根系在浅土层中的发育生长（陈星星，2018）。洪明等总结了近年来新疆红枣微灌技术取得的主要成果，分析红枣微灌技术在推广应用过程中存在的问题，并根据近年来的科研实践提出了相应的对策（洪明，2014）。地下滴灌技术是一种高效节水灌溉方法，通过埋入地下的渗灌管将灌溉水滴灌渗入到作物周围供作物根系吸收利用，能有效地减少土壤表面的水分蒸发损失，对作物节水效果十分显著。有学者（王全九，2014；孙三民，2016；周少梁，2021；蒋敏，2022）在干旱区研究了间接地下滴灌及导水装置对地下渗灌埋深矮化密植红枣的影响，表明枣树细根空间分布呈现由“宽浅型”向“深根型”变化，相对于地表滴灌表现出较好的节水增产效果，并确定了南疆密植枣树的导水装置埋深为27～35cm。邓岚等研究了滴灌水温对南疆地区骏枣林土壤和树体养分吸收的影响，认为与*CK*处理相比，20℃水温处理可以提高骏枣果实中的全N、P、K含量及枣吊全N含量和二次枝的全P含量，其中果实中全K含量较*CK*显著增加了1.13g/kg，增水温可以提高土壤和树体的养分含量（邓岚，2023）。

综上所述，滴灌作为一种节水灌溉方式，其优越性已被大量研究结果所证明。滴灌可使作物根系层的水分条件始终处在最优状态，避免了其他灌水方式产生的周期性水分过多和水分亏缺的情况，同时能够保持土壤良好的透气性，为作物根系的生长发育提供了适宜的生长条件，从而能够协调作物地上和地下部分的生长，为提高作物产量奠定了基础（洪明，2014；焦炳忠，2020）。专家学者对新疆枣树滴灌的相关研究，从节水方面的单一研究到提质增产多方面综合研究，一直在深入探索中。

1.3 矮化密植枣树生长的主要影响因素

没有灌溉就没有农业，水是新疆林果业和国民经济发展的瓶颈。矮化密植枣树生长的主要影响因素有光热条件、土壤水分、土壤盐分、土壤酸碱度、土壤微生物和土壤养分。而综其主导影响因素是灌溉施肥方式和灌溉施肥制度。马军勇等探讨了不同灌水下限对新疆典型绿洲区灰枣树生长、产量及水分利用效率的影响，以7年灰枣树为试验材料，设置了滴灌方式下4个灌水下限，研究结果表明，在沙漠绿洲区灌水下限为田间持水率的55%比较适宜灰枣的生长发育，既可抑制枣树过度营养生长、促进生殖生长、提高其水分利用效率，亦可获得较高产量（马军勇，2020）。宋建峰等针对南疆和田地区骏枣滴灌展开研究，研究滴灌对南疆骏枣树新梢、叶片、枣吊生长特征及土壤含水量动态变化的影响，研究结果表明，在南疆和田地区6300m^3/hm^2灌水量处理相对最适宜滴灌条件下骏枣生长（宋建峰，2022）。刘国宏等研究了滴灌条件下施肥对枣树生长效应的影响，得出适宜成龄枣树的施肥量和施肥配比，研究认为，枣树产量与新枝数、新枝枣吊数、二次枝枣吊数呈正相关关系，其中与新枝数之间的关系呈显著正相关，与其余生理指标呈负相关关系；随着施肥量的增加枣树产量也随之增长，其中施肥量为 300kg/667m^2 是成龄枣树较优的施肥量（刘国宏，2016）。水涌等研究了 8 年生骏枣树在一定水分条件下氮磷钾不同的施肥配比对其产量和生长性状的影响，认为增施氮肥可以促进枣吊生长，但产量、净收益与常规施肥处理比较反而显著降低；适宜的灌水和施肥是枣树高产的基本条件。在灌水总量为 330m^3/666.7m^2 条件下，以果实产量为经济目标时，施氮量 26.16kg/666.7m^2，施磷量 17.12kg/666.7m^2，施钾量 15.77kg/666.7m^2 为最佳施肥配比（水涌，2022）。于四海等以新疆阿拉尔市嫁接的四年生灰枣为研究对象，通过随机区组设计，研究不同氮磷组合施肥处理对枣树生育期内叶片叶绿素含量、叶面积指数、叶片净光合速率、多年生与新生枝条上叶片全氮、全磷含量的影响，认为全年氮肥施用量（纯养分）13.5kg/666.7m^2 和磷肥施用量 36kg/666.7m^2 施肥处理下叶面积指数随着枣树生育进程的发展，整体增长较好（于四海，2022）。

根系是植物直接与土壤接触的器官，作为植物的重要组成部分，是植物生长发育、新陈代谢的主要营养器官。植物主要依靠根系从土壤中吸收水分，供给植物生长发育、新陈代谢等生理活动和蒸腾作用。准确掌握不同水分条件下作物的根系分布特征及土壤水分消耗动态，对于制定合理的灌溉制度和保证作物高产稳产具有重要意义（喻彩丽，2020；蒋敏，2022）。王则玉等研究表明滴灌枣树全生育期耗水量为 5796～6682m^3/hm^2，开花坐果期和果实膨大期耗水模数为 71%～77%，是枣树的需水关键期（王则玉，2015）。孙三民等研究表明，骏枣的生长、果实大小及单果质量与灌水量成正效应关系；灌水量相同时，间接滴灌条件下骏枣的生长量、果实大小及单果质量显著大于普通地表滴灌（孙三民，2013）。与普通地表滴灌相比，间接地下滴灌条件下可以改善果实品质。表明与漫灌相比，滴灌导致枣树根系附于表层土壤，且根系生物量严重减少，但却能显著提高枣树表层根系的抗寒性能（李发永，2018）。针对新疆长期漫灌红枣改滴灌初期，35cm 或 50cm 的滴灌带铺设模式，有利于提高枣树根系的调控和果实产量（李朝阳，2021）。

综上所述，合理的滴灌施肥制度是矮化密植枣树生长的最主要影响因素。研究矮化密植枣树的生长耗水规律，及时掌握枣树各生育期生长需水需肥情况，实现适量适时的灌溉施肥，能够为枣树节水高产提供科学依据。

1.4 滴灌条件下土壤水盐运移的影响因素

滴灌技术具有诸多优点，滴灌技术在田间推行可有效解决我国水资源短缺和土壤盐渍化问题，但滴灌技术的优势是建立在合理科学滴灌的前提下（孙燕，2022；苏媛，2022）。在实际生产中，未综合考虑影响滴灌效益的各因素，时常出现滴灌区域的土壤盐分含量过高，营养元素富集或匮乏等不良现象，影响作物的正常生长发育（Jahangir，2021；Li，2021；Wang，2020）。

滴灌条件下，影响土壤水盐运移动态的因素较多，诸多国内外学者研究的影响因素主要集中在灌水矿化度、轮灌方式、灌溉频率或灌水周期、灌水量、滴头流量、地下水埋深等方面（胡越，2021；王国帅，2021；王世斌，2022）。滴灌技术中的各要素会改变土壤中的水分状态，进而影响土壤盐分运移。姚荣江等探究了生物质改良材料对滴灌盐渍土水、盐、肥运移过程的调控效应，研究结果表明，在滴灌条件下，盐渍土壤水盐的时空动态变化表现出明显的水分入渗驱动的盐分运移过程和蒸发扩散驱动的水盐再分布过程，为水肥一体化滴灌盐渍农田的节水、控盐、减肥治理提供了理论基础（姚荣江，2020）。姚宝林等研究表明不同矿化度水滴灌均有洗盐效果，洗盐主要集中在表层 0～40cm 的垂直方向，矿化度越高水平方向的洗盐效果越差；枣树生育期土壤盐分积累主要集中在 0～30cm 范围内；土壤中各离子含量随土壤含盐量和灌溉水矿化度的增加而增加，尤其是高含盐土壤采用高矿化度水滴灌时更加明显（姚宝林，2011）。张军等针对枣树利用不同矿化度水滴灌开展研究，认为当矿化度大于 2g/L 时，水平距离土壤含水率值随矿化度的增大呈显著下降趋势。在面源入渗过程中，当负压条件相同时，土壤水分入渗量随着农田排水矿化度的增大而减小；当负压条件不同时，土壤水分入渗量随负压水头的增大显著降低，呈现在枣树根区显著脱盐，盐分在湿润锋边缘积聚的特性。滴灌定额成为影响枣树根区土壤盐分累积的主要因素（张军，2014）。王天宇等观测结果表明，经过一个冬枣树生长周期，微咸水滴灌可使表层土壤含水率上升 2.6%，全盐含量下降 0.815g/kg，微咸水微喷灌可使表层土壤含水率上升 0.7%，全盐含量下降 0.648g/kg。因此，认为微咸水滴灌模式保障冬枣效益的同时，在保持土壤含水率及减轻土壤盐渍化程度上效果优于微咸水微喷灌模式，更适合当地冬枣种植（王天宇，2017）。卢垟杰开展了滴灌施肥条件下盐碱地土壤水盐和养分运移的影响规律研究，研究认为，滴灌施肥后，除最高施肥量处理外其他各组表层土壤盐分含量有明显降低，土壤电导率峰值向远离滴头的水平和竖直方向运移了 15cm，其中 70%施肥量处理的土壤盐分的淋洗效果最好（卢垟杰，2019）。

综合上述，滴灌条件下土壤水分和盐分的变异性受气候、地形以及土壤本身的质地、容重、导水率等性质影响极大。此外，土壤中的水、盐分布也受耕作、灌溉、灌溉水质、施肥方式和种类、配比等田间管理措施的影响。干旱绿洲农田水盐是一个较为复杂的变化过程，受到灌溉影响的同时，耕作措施、种植方式、土壤质地、初始含盐量、灌溉水质、地下水位与水质、根系吸水、作物蒸腾和棵间蒸发等因素也对其产生影响。土壤水盐运移规律的相关研究将是南疆林果业发展的重要理论依据。

1.5 滴灌条件下土壤养分运移的影响因素

南疆的水资源不足和分配不均制约了该地区的农业生产，不合理地施肥是限制水分和土壤肥力潜力发挥的主要原因。而对于滴灌，由于果树根系较深，需水量大，水分无效损耗多，能达到的节水效果相对有限，优势不明显，同时投资成本高，也限制了滴灌在果树中的大面积推广应用。为了节约水资源、降低灌溉投入，提高水肥利用率，在南疆地区进行果园灌溉方式转变，开展适宜果树灌溉需求的节水灌溉新理论、新技术、新设备的研究工作及其水肥耦合作用已迫在眉睫。滴灌施肥是高效的灌溉施肥技术之一。滴灌施肥相对于传统施肥方式的优势主要体现在以下四个方面：一是实现了水肥同时供应，为发挥两者的协同耦合效应创造更有利条件；二是将肥料随灌水直接送至根区，减少了土壤对肥料养分的固定，更有利于根系吸收养分；三是水肥供给强度稳定、持续时间长，可为根系生长营造了一个相对稳定的水肥环境；四是能根据气候、土壤状况及作物生长发育特性等因素，人为调节控制水分、养分供应的数量和比例，在满足作物优质高产需要的同时，最大限度地实现节水节肥。以成年果树的施肥为例，在生长前期，为促进生长，可增加氮素的比例，后期为促进果实着色，可增加磷钾养分的用量，减少氮的比例（李发永，2014；陈图峥，2022；Nayebloie F，2022）。

近年来，关于滴灌条件下水盐运动及溶质运移方面的报道较多，其中一些成果对研究滴灌施肥条件下养分在土壤中的运移分布规律具有较高的参考价值。Gardenas 等建立了滴灌施肥条件下二维硝态氮淋失模型，认为对于粗质地土壤，灌溉开始后即刻施肥与灌水结束前施肥相比，硝态氮淋失量大（Gardenas 等，2005）。Hanson 等运用 HYDRUS－2D 模拟了滴灌施肥条件下，施用尿素、铵、硝酸盐时，土壤剖面氮、磷和钾的分布和渗漏情况，结果表明，施尿素和铵时不易发生深层渗漏，而施硝酸盐时氮素容易渗漏；地表滴灌肥料利用率为 50.7%～64.9%，而地下滴灌肥料利用率为 44%～47%（Hanson 等，2006）。Contreras 等利用 HYDRUS－2D 模拟了不同土壤条件下滴头流量和施肥制度对土壤氮淋失的影响，结果表明，滴灌施肥条件下，土壤质地对氮素淋失的影响大于滴头流量的影响，壤土和砂壤土氮的淋失很少；施肥制度不影响氮的淋失（Contreras，2009）。王虎研究了滴灌施肥条件下的多种土壤养分运移规律，得出三种不同的运移方式，其中铵态氮的运移方式表现为“对流—吸附同步控制”型，主要受到滴头流量的影响，滴头流量越大，铵态氮在水平方向的运移距离越远；硝态氮在土壤中的运移属于“对流控制”型，主要受到土壤水分对流的影响，滴头流量越大，硝态氮在水平方向的运移距离越远，土壤硝态氮浓度在水平方向上逐渐减小，在竖直方向上表现为先增大再减小，并湿润锋附近有明显的累积现象；速效磷和速效钾在土壤中的运移都属于“对流主导，对流—吸附控制”型，土壤速效磷和速效钾的浓度随竖直方向距离增大而显效，随水平方向距离增大，呈现先减小再增大的趋势，进一步指出采用滴灌施肥方式施入铵态氮时，滴头间距应为 40cm，滴头流量应当控制在 4L/h 左右，灌水定额为 16L；施入硝态氮时，滴头间距选择 50cm，滴头流量控制在 2L/h 左右，灌水定额为 8L；施入速效磷和速效钾时，滴头间距为 60cm，滴头流量控制在 2L/h 左右，灌水定额为 8L（王虎，2006）。曾胜和等采用单因素随机区组设计，研究了不同磷肥施用方法对氮磷钾肥在土壤中的移动及分布的影响规律，结果表明，氮肥移动性好，磷肥移动性弱，钾肥介于两者之间。滴灌水稻氮肥和钾肥可全部随水滴施，磷肥应采取滴施为主，基施为辅的原则（曾胜和，2014）。黄丽等采用单点源滴灌试验方法，模拟滴灌条件下磷肥、钾肥作为基肥一次施入和随水分施入两种不同的配施方式下速效 P、K 含量在土壤中的时空分布变化情况。结果表明，对于可溶性较好的磷、钾肥作为基肥施入土壤后，均随着滴灌水的下渗运移而发生迁移，速效磷的高值区出现在湿润区的边缘附近，速效钾则比较均匀地分布在湿润区内；在施加磷肥总量一致时，随水分施入土壤速效磷含量的最大值明显高于作为基肥施入的最大值；随水分施钾肥，速效钾在土壤中的分布也趋于均匀，但是在滴水点附近形成高值区，且随水分施钾肥可在一定程度上减缓速效钾在土壤中的迁移速度（黄丽，2018）。孙三民以矮化密植红枣为研究对象，研究了间接地下滴灌条件下导水装置埋深（灌水深度）、导水装置直径、灌水量及施肥量等灌溉施肥要素对根区土壤各剖面速效氮、速效磷、速效钾的分布迁移规律，认为各剖面速效氮、速效磷、速效钾含量整体上呈现随着土壤深度的增而逐步减少趋势。但其受不同施肥量和灌水深度（导水装置埋深）影响较大，随着灌水深度增加，施肥量增加时，20～60cm 深度土层速效氮、速效磷和速效钾的含量有效增加（孙三民，2018）。

综上所述，滴灌施肥灌溉条件下土壤氮、磷、钾等养分运移和分布主要受土壤特性、灌溉水水质、灌水器流量、施肥方式、肥液浓度及灌水施肥制度、滴头流量等影响，而灌水器周围饱和区半径的确定是影响土壤养分运移模拟精度的关键因素；关于滴灌施肥灌溉条件下氮、磷和钾素运移的研究较少，尤其在施肥灌溉系统运行参数对各养分元素运移、分布、离子转化和吸附影响的研究方面更为薄弱，在今后从各养分元素迁移、分布、离子转化和吸附影响机制出发，制定合理的滴灌施肥制度研究应予以加强。筛选出合理的水肥组合，使水分和肥料对植物产生协同作用，以期达到“以水促肥、以肥促水、肥水相济”的效果，对提高作物水肥利用效率、节约资源和保护环境有着重要的意义。

参考文献

[1] 吴翠云，常宏伟，林敏娟，等. 新疆枣产业发展现状及其问题探讨 [J]. 北方果树，2016 (6)：41-44.

[2] 王文军，陈奇凌，郑强卿，等. 不同刻芽处理对枣树发枝率及枝叶生长特性的影响 [J]. 北方园艺，2022 (20)：18-26.

[3] 王和平，张志刚，李宏，等. 2 种灌溉方式下中龄灰枣树不同生育期光合特性 [J]. 灌溉排水学报，2020，39：33-39.

[4] 史册，范文波，朱红凯，等. 不同灌水量对尖果沙枣耗水特性及生长的影响 [J]. 干旱区研究，2012，29 (4)：635-640.

[5] 孙三民，安巧霞，杨培岭，等. 间接地下滴灌灌溉深度对枣树根系和水分的影响 [J]. 农业机械学报，2016，47 (8)：81-90.

[6] 焦炳忠，孙兆军，韩磊，等. 渗灌溉管埋深与灌水量对枣树产量和水分利用效率的影响 [J]. 农业工程学报，2020，36 (9)：94-105.

[7] 邓岚，周正立，赵航，等. 滴灌水温对土壤和骏枣树体养分含量的影响 [J]. 西北农林科技大学学报（自然科学版），2023 (1)：1-7.

[8] 于四海，宋伞伞，安世杰，等. 不同施肥处理对枣树叶片生长及 N、P 含量的影响 [J]. 北方园艺，2022 (5)：53-59.

[9] 王世斌，高佩玲，赵亚东，等. 微咸水对生物炭作用下盐碱土水盐运移特征的影响 [J]. 排灌机械工程学报，2022，40 (2)：181-187.

[10] 李发永，王龙，王兴鹏，等. 适宜滴灌定额提高枣棉间作中棉花产量和土地生产效率 [J]. 农业工程学报，2014，30 (14)：105-114.

第2章 滴灌对矮化密植枣树水分利用及产量品质的影响

2.1 研究方法

2.1.1 实验方案

为了满足流量要求，减少灌溉时间，大田采用双滴管布置模式，滴灌管滴头距离红枣区20cm，两个滴灌管分居枣树两侧。基本上保证对机械除草和大田管理不产生影响。灌水及施肥配方试验，按N、P、K混施，分别在芽期和新梢增长期、花期、幼果期、果实膨大期四个生育阶段施肥。单次施肥量按总施肥量进行平均。

每个处理行都安置了水表，便于记录灌水量，灌水方式为滴灌。施肥方式为随水滴施。芽期和新梢生长期灌水2次，灌水周期为10d；盛花期灌水4次，灌水周期为7d；幼果期灌水4次，灌水周期为7d；果实膨大期灌水2次，灌水周期为10d；果实成熟期不灌水。

大田试验方案见表2-1。将灌溉定额划分为$3600m^3/hm^2$、$5400m^3/hm^2$、$7200m^3/hm^2$三个水平，施肥量根据上一年施肥配方试验结果，按1000kg鲜枣产量进行N、P、K混施。N、P、K配比为：芽期和新梢增长期为4：4：1，花期为1：1：1，挂果期为1：1：1。考虑红枣生长年限的增加，灌水量和施肥量均有所增加。

表2-1 不同水肥组合试验表

处 理 号	处理划分	灌溉定额/(m^3/hm^2)	施肥量/(kg/hm^2)
Z-DD	低水低肥	3600	2250
Z-DZ	低水中肥	3600	3000
Z-DG	低水高肥	3600	3750
Z-ZD	中水低肥	5400	2250
Z-ZZ	中水中肥	5400	3000
Z-ZG	中水高肥	5400	3750
Z-GD	高水低肥	7200	2250
Z-GZ	高水中肥	7200	3000
Z-GG	高水高肥	7200	3750

2.1.2 试验方法

采用烘干法测定土壤水分，利用土钻在距枣树根部10cm处取土，取土深度分别为0～10cm、10～20cm、20～40cm、40～60cm、60～80cm，采样点的范围在根区半径30cm内选择。

2.1.3 样品及数据处理

取完土后马上用电子秤进行称量，并把剩余土样放在冰箱里储藏，便于后续养分试验。利用 Microsoft Excel 和 SPSS 统计分析软件进行数据处理及分析。

2.1.4 枣树耗水量计算

果树耗水量指果树在任意土壤水分、肥力条件下的植株蒸腾、棵间蒸发以及构成植株体的水量之和。与植株蒸腾、棵间蒸发相比，植株体的含水量很小，一般小于两者和的1%，可忽略不计。本实验采用烘干法测定土壤水分，每次灌水前后各取土一次，常规取土周期为7d，降雨后（≥8mm）加密取土一次，取土深度为0～10cm、10～20cm、20～40cm、40～60cm和60～80cm。

采用水量平衡原理计算各个生育期红枣耗水量。

$$E_T=R+B-F\pm Q+\Delta W \tag{2-1}$$

$$\Delta W=SW_1-SW_2 \tag{2-2}$$

式中：E_T 为红枣耗水量；R 为降水量，采用小型气象观测资料；B 为灌溉水量（1mm降水量就等于每亩增加了 $0.6667m^3$ 的水）；F 为深层渗漏；Q 为地下水上移或下渗量，由于试验地地下水位埋深3m以下，所以不存在地下水上移或下渗，$Q=0$；ΔW 为土壤贮水量的变化；SW_1 为初始土层平均贮水量；SW_2 为红枣某一生育期结束时土层平均贮水量。

土壤水分总贮存量的公式为

$$\nu=\rho\times h\times w\times 10$$

式中：ν 为土壤水分总贮存量，mm，取整数；ρ 为某土层土壤容重，g/cm^3，取2位小数；h 为土层厚度，cm，取整数；w 为土壤重量含水率。

2.1.5 养分及水分利用效率（*WUE*）计算

$$WUE_Y=\frac{Y}{E_T}$$

式中：WUE_Y 为产量水平；Y 为经济产量，kg/hm^2；E_T 为不同处理耗水量，m^3/hm^2。

$$养分利用效率=\frac{Y}{X}$$

式中：X 为施肥量 kg/hm^2。

2.2 滴灌对土壤温度的影响

研究区气温在7月中下旬达到峰值（图2-1），最高气温为37℃，1月中下旬降到最低，最低气温-17℃。从10月开始最低气温已经开始低于5℃。此时昼夜温差基本维持在18℃左右，枣树开始进入冷适应期。10月26日至次年3月16日，最低气温均在0℃以下，昼夜温差基本维持在 10℃以下，这一阶段是树根系越冬的关键时期。

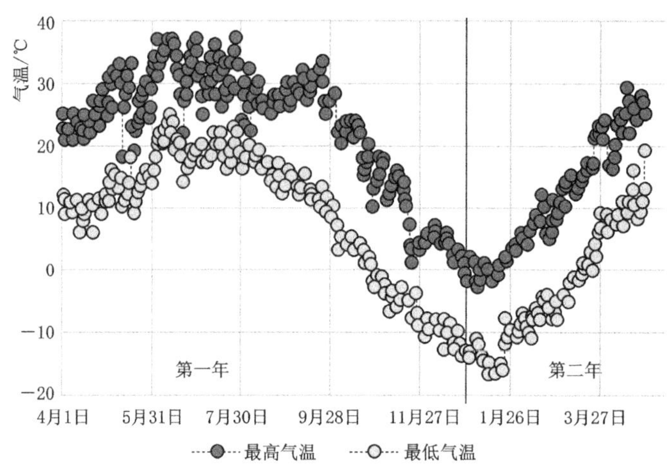

图 2-1　试验区最高和最低气温变化曲线

生育期内枣树根区土壤温度的变化总体趋势与气温一致（图 2-2），其中滴灌处理和漫灌处理不同深度土壤温度的总体变化规律也基本一致。但滴灌处理枣树不同深度根区土

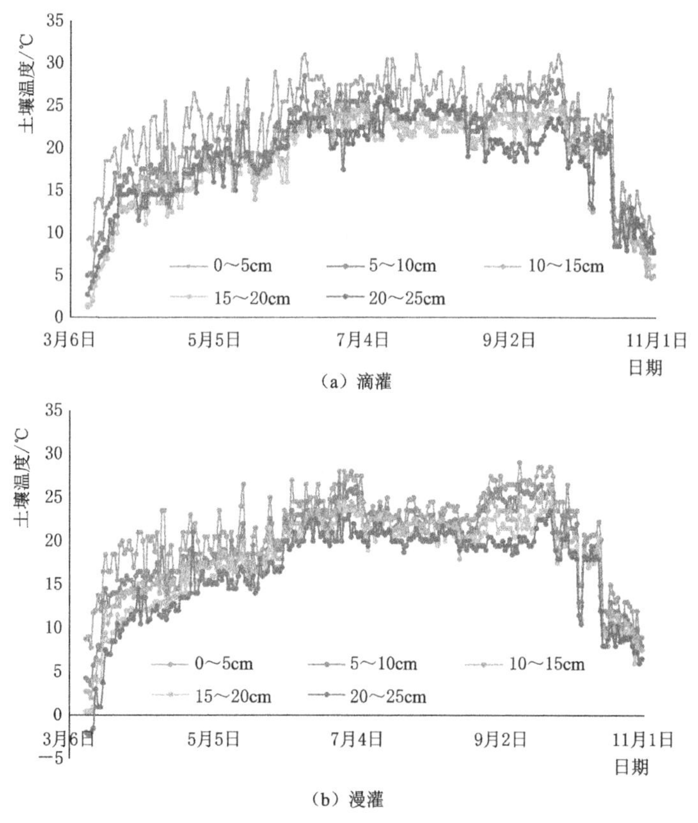

图 2-2　枣树生育期内不同灌溉方式下土壤温度变化

壤温度的差异大于漫灌，在生育期前期（灌水阶段）尤为明显，果实成熟期停止灌水后差异逐渐减小。并且3月中旬，在气温逐步提高至0℃以上时，漫灌处理由于较高的含水量，土壤处于冻融解冻期，土壤温度仍然维持在0℃以下。

2.3 不同滴灌条件下土壤水分的变化

图2-3～图2-5为4年生红枣不同水肥处理土壤含水率变化情况，全生育期内红枣土壤含水率基本维持在8%以上，与漫灌14%左右的含水率有较大差距，整体上红枣受到了一定程度的水分胁迫，但是与漫灌相比，滴灌条件下全生育期内土壤水分基本保持平稳状态。其中高定额灌水、中定额灌水、低定额灌水处理在7月水分变化较为剧烈，7月中旬达到了最低值，原因是7月中旬南疆光照最强烈，昼夜温度较高，蒸发较大。图2-3表明低定额灌水条件下施肥量越高则土壤水分含量整体上相对越低，但各个生育期又有所不同，其中芽期和新梢生长期施肥量对土壤水分影响较大。说明这一阶段养分供应不足容易造成植株生长动力不足，影响枣树蒸腾作用。所以，在芽期和新梢生长期应适当增加施肥量。而进入花期以后，施肥对土壤水分的影响逐渐趋于平缓，这一阶段土壤水分的变化主要受到气象条件的影响，特别是温度和光照，棵间蒸发较大。这一阶段土壤含水率大于8%，能够满足红枣的正常开花、坐果。但是进入挂果期以后土壤水分又受到养分的显著影响，特别是7月下旬到8月上旬这一阶段容易受到养分的影响，应追施P、K肥以满足红枣果实膨大生长的需要。而红枣生长后期施肥量的变化对土壤水分的影响不大，这一阶段应控制施肥量，减少土壤养分的流失和累积。

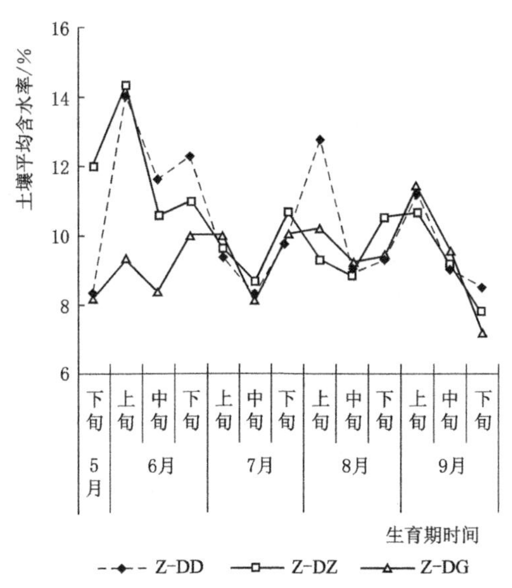

图2-3 低定额灌水下红枣不同生育期土壤含水量

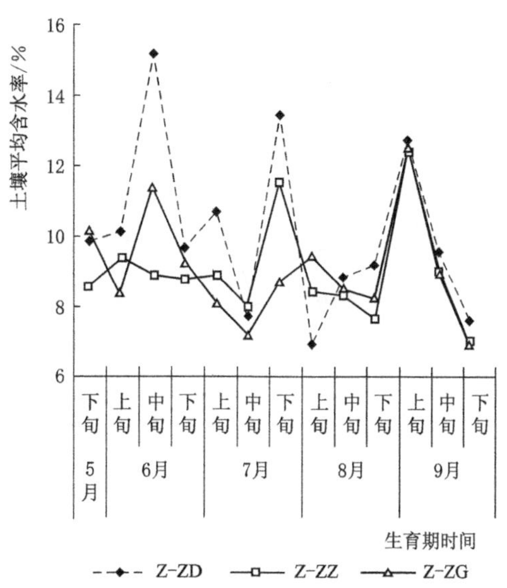

图2-4 中定额灌水下红枣不同生育期土壤含水量

图 2-6～图 2-8 为全生育期内同一施肥水平下的不同灌水处理红枣根区土壤的水分变化情况。由图可知，无论是低定额施肥、中定额施肥、高定额施肥，整个生育期土壤水分随着灌水频率的变化呈先波浪状变化，土壤含水率基本维持在 8%以上，但在 7 月中旬所有处理均达到最低值。整体上看，高定额灌水处理土壤水分较高，中定额灌水处理土壤含水量次之，低定额灌水土壤水分含量最低。但是在不同的施肥水平下又有所不同，特别是中定额灌水和低定额灌水下土壤水分差异较小。

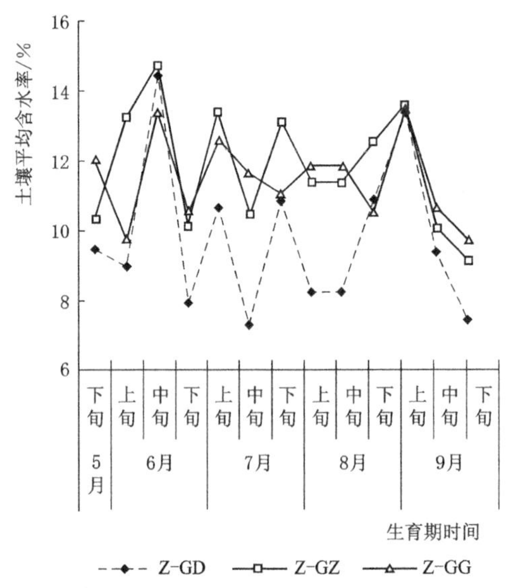

图 2-5　高定额灌水下红枣不同生育期土壤含水量

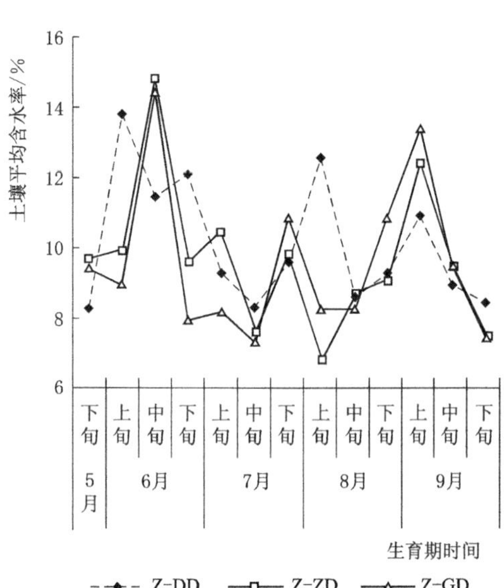

图 2-6　低定额施肥下红枣不同生育期土壤含水量

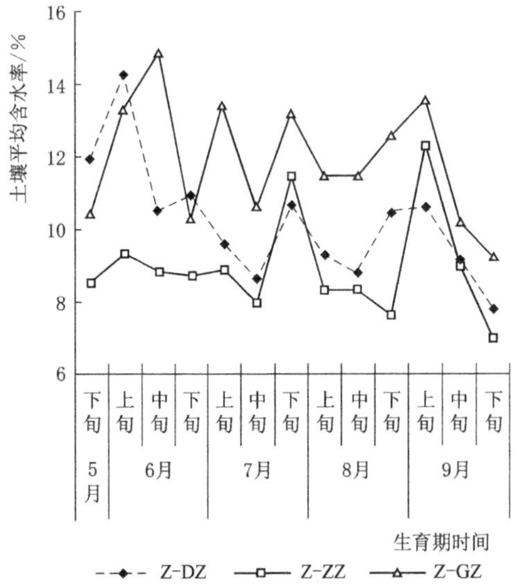

图 2-7　中定额施肥下红枣不同生育期土壤含水量

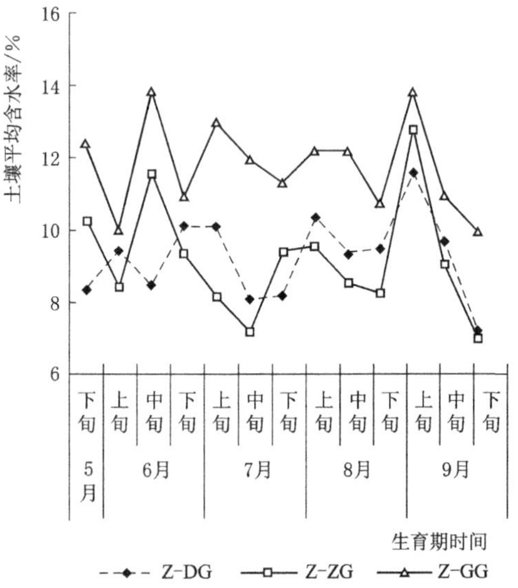

图 2-8　高定额施肥下红枣不同生育期土壤含水量

2.4 红枣耗水量分析

由表2-2结合灌水试验方案分析，耗水量和灌水量有直接关系，灌水量越大，耗水量相应也较大，主要是由于棵间蒸发较大造成的。但是不同的施肥水平下耗水量又有所不同。由表2-2可知，芽期和新梢增长期最高耗水量是处理Z-GD（高水低肥），为72.93mm；最低耗水量是处理Z-DG（低水中高肥），为49.54mm。花期最高耗水量是处理Z-GG（高水高肥），为147.76mm；最低耗水量是处理Z-DZ（低水中肥）92.93mm。幼果期最高耗水量是处理Z-GD（高水低肥），为139.69mm；最低耗水量是处理Z-DZ（低水中肥），为92.85mm。果实膨大期期最高耗水量是处理Z-GD（高水低肥），为100.70mm；最低耗水量是处理Z-DZ（低水中肥），为72.21mm。果实成熟期最高耗水量是处理Z-GD（高水低肥）为98.07mm；最低耗水量是处理Z-DZ（低水低肥），为68.61mm。低水处理红枣生育期耗水量平均为373.98mm，中水处理红枣生育期耗水量平均为462.37mm，高水处理红枣生育期耗水量平均为537.33mm。随着灌水量的增加，红枣耗水量呈增长的趋势，由于土壤表层含水量始终处于一个较高的水平，而土壤含水率的高水平，导致土壤在太阳辐射、风速等气象因素的影响下耗水量增大；高水滴灌水量较大，表层土壤含水趋于饱和，同时在蒸腾作用下，有利于枣树根系对水分的吸收，导致耗水量偏大。

表2-2　枣树不同生育期耗水量　　单位：mm

处理	芽期和新梢期	花期	幼果期	果实膨大期	果实成熟期	全生育期总耗水量
Z-DD	63.26	99.28	102.35	83.24	75.29	355.42
Z-DZ	57.95	92.93	92.85	72.21	68.61	384.55
Z-DG	49.54	93.73	93.29	75.78	69.64	381.98
Z-ZD	69.88	112.71	121.01	97.02	88.46	489.08
Z-ZZ	68.64	109.65	114.84	95.30	83.78	442.21
Z-ZG	67.47	100.80	102.84	98.57	86.14	455.82
Z-GD	72.93	137.31	139.69	100.70	98.07	548.7
Z-GZ	69.81	123.06	126.75	96.31	92.98	508.91
Z-GG	70.73	147.76	136.76	99.05	95.09	554.39

表2-3分析表明，芽期和新梢增长期阶段，高水灌溉和中水灌溉之间的差异不显著，而两者与低水灌溉差异显著，高水灌溉和中水灌溉在此阶段对枣树的耗水无显著差异，而低水灌溉明显抑制了枣树的水分利用。考虑节水灌溉因素，这一阶段适宜于中等灌水定额；在枣树花期阶段，中水灌溉和低水灌溉两者耗水量差异不显著，但高水灌溉与两者差异显著，由于花期正是南疆温度相对较高的阶段，枣树间蒸发及蒸腾作用较强，高水处理更有利于枣树应对高温胁迫；枣树幼果期，高水灌溉与中水灌溉、低水灌溉差异最显著，中水灌溉和低水灌溉时两者差异不显著，同花期类似，由于这一阶段枣树间蒸发及蒸腾作用较强，表明高水灌溉处理水平最优；在枣树果实膨大期阶段，中水灌溉显著高于其他处

理，但中水灌溉和高水灌溉两者差异不显著（$P<0.05$），说明此阶段中等定额灌溉处理较优；以上分析有助于了解枣树各生育期耗水量大小，适当的增加灌水定额和灌溉次数，以满足枣树生长发育时期的耗水要求。

表 2-3 三种不同灌溉水量方式下枣树生育期耗水量比较 单位：mm

生育期	芽期和新梢期	花期	幼果期	果实膨大期	果实成熟期
低水处理	56.92b	95.31b	96.16b	77.08b	71.18c
中水处理	68.66a	101.05b	106.23b	100.30a	86.13b
高水处理	72.82a	136.04a	134.40a	98.69b	95.38a

注 表中 a、b、c 表示显著性水平为 $P=0.05$ 时的差异性，有相同字母表示差异不显著。

图 2-9 分析了枣树各生育期耗水比例，枣树生育期最高为幼果期，所占枣树全生育期耗水量的比例为 25%，其耗水量的平均大小为 112.26mm。最低耗水量为芽期和新梢期，所占枣树全生育期耗水量的比例为 14%，耗水量的平均大小为 66.13mm。不同处理的耗水量呈现出幼果期＞花期＞果实膨大期＞果实成熟期＞芽期和新梢增长期的规律。芽期和新梢增长期枣树叶片没有完全展开，气温较低，湿度最小，土壤含水率较小，耗水量和耗水强度小；进入花期果树，枝条生长，气温升高，太阳辐射增加，耗水量和耗水强度明显增大；幼果期果树生长旺盛，气温较高，太阳辐射大，叶片蒸腾作用强烈，耗水量和耗水强度大；果实膨大期气温开始降低，果树生长减弱，地面覆盖度高，果实成熟期气温下降明显，太阳辐射较小，新梢生长停止，湿度较大，蒸腾作用减弱，耗水量和耗水强度较小，在此阶段为了提高枣的品质要严格控制灌水量。影响蒸散量的主要因素是土壤含水量，枣树耗水能力高，但当土壤含水量升高时枣树耗水能力反而降低。

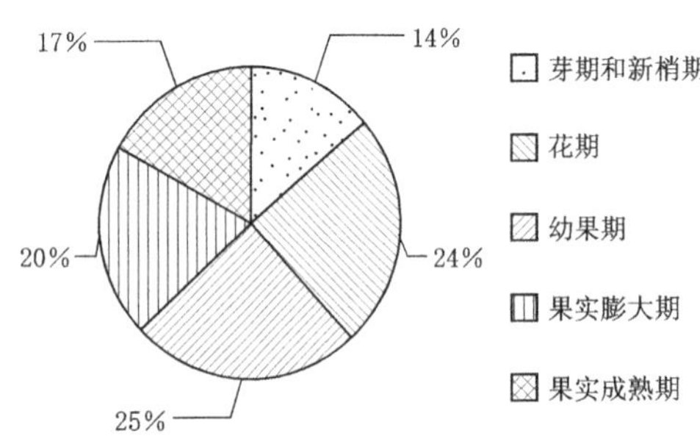

图 2-9 枣树各个生育期耗水量所占全生育期总耗水量比例

2.5 红枣水分、养分利用效率

由表 2-4 可知 Z-GD（高水低肥）处理的水分利用效率最大，达到了 28.64kg/(hm^2/mm)；其次是 Z-ZD（中水低肥），为 28.63kg/(hm^2/mm)，与 Z-GD（高水低肥）相差不大，其经济产量为 14003.55kg/hm^2 与产量最大的 Z-GD 处理差异不显著。而处理 Z-DZ（低水中肥），Z-ZZ（中水中肥）水分利用效率相对较低。由于本地区属于大陆性极端干旱的沙漠气候，日光照射强烈，土壤表层水分和枣树株间蒸发量大，加上该地区土壤为沙壤土，进入土层的水量容易深层渗漏，所以采用低水灌溉难以满足枣树的需水要求，而采取高水灌溉，不利于对水资源的节约，综合考虑灌水施肥效益和最终产量，确定中水（灌溉定额 5400m^3/hm^2）为最优的灌溉方式。

表2-5分析表明，养分利用效率最高的处理为Z-GD（高水低肥），达到了6.98；其次是Z-ZD（中水低肥），为6.22；养分利用最低效率为处理Z-DZ（低水中肥）和Z-ZG（中水高肥），分别只有2.72和3.24。综合考虑产量和灌水施肥效益，结合表2-4分析结果，选取Z-ZD（中水低肥）为最优的处理灌溉施肥方式。

表2-4　不同灌水处理水分利用效率（*WUE*）

处　理	耗水量/mm	产量/(kg/hm^2)	*WUE*/[$kg/(hm^2/mm)$]
Z-DD	355.42	8431.80	23.72
Z-DZ	384.55	8171.85	21.25
Z-DG	381.98	9657.60	25.28
Z-ZD	489.08	14003.55	28.63
Z-ZZ	442.21	9769.05	22.09
Z-ZG	455.82	12146.40	26.65
Z-GD	548.7	15712.20	28.64
Z-GZ	508.91	13037.85	25.62
Z-GG	554.39	15117.90	27.27

表2-5　不同施肥处理养分利用效率

处　理	施肥量/(kg/hm^2)	产量/(kg/hm^2)	养分利用效率
Z-DD	2250	8431.80	3.75
Z-DZ	3000	8171.85	2.72
Z-DG	3750	9657.60	2.58
Z-ZD	2250	14003.55	6.22
Z-ZZ	3000	9769.05	3.26
Z-ZG	3750	12146.40	3.24
Z-GD	2250	15712.20	6.98
Z-GZ	3000	13037.85	4.35
Z-GG	3750	15117.90	4.03

2.6　不同水肥方式对枣产量的影响

双因素方差分析表明，灌溉和施肥对枣树产量存在显著的交互作用（图2-10）。在不同灌溉水量处理水平下，通过显著性检验表明，高水灌溉和中水灌溉对枣树产量的影响没有显著差异（$P>0.05$），但中水灌溉和高水灌溉与低水灌溉处理的枣树产量之间存在差异显著（$P<0.05$）。低水灌溉处理的红枣产量平均为8753.70kg/hm^2，中水灌溉处理的红枣产量平均为11972.70kg/hm^2，高水灌溉得到的红枣产量平均为14622.60kg/hm^2。因此，考虑水分生产效益，中水灌溉为较优的灌溉水平；在不同施肥量处理水平下，低肥处理的红枣产量平均为12715.50kg/hm^2，中肥处理的红枣产量平均为10326.30kg/hm^2，

高肥处理的平均红枣产量为 12307.35kg/hm^2。低水平施肥量水平能够满足枣树对营养吸收的要求，并具有最高的产量。肥料的增产作用不仅在于肥料本身，更重要的还在于与土壤水分的交互作用。作物对矿质养分离子的吸收具有选择性，适宜的土壤水肥条件能促进根系发育，扩大根系与土壤的接触面积，有利于增加养分吸收量和矿质养分通过质流及扩散作用而运输，从而提高作物吸收土壤矿质养分的强度和数量。适宜的氮磷投入是提高水分利用效率的重要途径。施肥促进枣树根系生长发育，扩大枣树吸收水分和养分的空间，使枣树可以吸收利用更多的土壤水分，并在总供水量不变或增加不大的情况下，显著提高水分利用效率。综合考虑产量和灌水施肥效益，选取 Z-ZD（中水低肥）为最优的处理灌溉施肥方式。

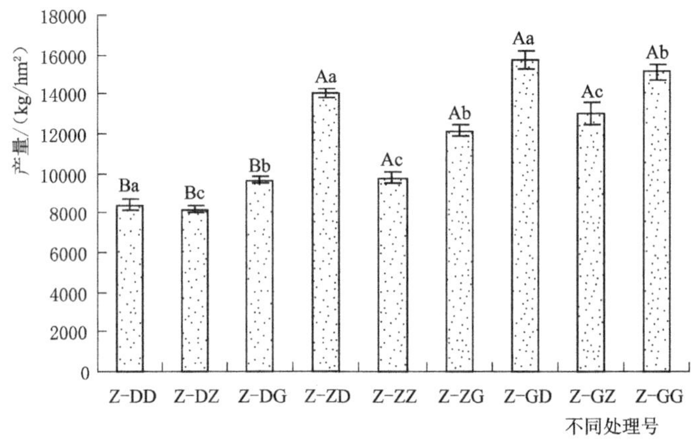

图 2-10　不同水肥处理枣树产量

注　A、B 和 a、b、c 分别表示显著性水平为 $P=0.05$ 时，不同灌水和施肥对产量影响的差异性。有相同字母表示差异不显著。

2.7　滴灌枣树的品质评价

表 2-6 反映了最优滴灌施肥和漫灌施肥条件下的田间验证结果，滴灌灌溉定额 5400m^3/hm^2，施肥量 2250kg/hm^2 灌溉施肥制度和漫灌果实品质的对比，由测定结果可以看出 V_C、总糖、灰分含量差异不显著（$P>0.05$）。而还原糖含量比漫灌条件下的还原糖含量较高，水分含量偏低。试验表明滴灌施肥对红枣的品质影响较小，在不影响产量的情况下，适宜的滴灌施肥制度能够改善红枣品质。

表 2-6　　不同灌溉方式下红枣的主要成分（以鲜果计）

项　　目	滴　　灌	漫　　灌
灰分/%	2.61±0.25	2.54±0.42
水分/%	45.26±0.37	48.36±0.68*
粗脂肪/%	3.12±0.69	3.22±0.58

续表

项　目	滴　灌	漫　灌
总糖/%	58.80±0.42	59.20±0.36
还原糖/(10^{-2}g/g)	26.90±0.89**	20.10±0.29
V_C/(10^{-2}g/g)	315.24±0.36	329.24±0.36
总黄酮/(mg/g)	0.39±0.033*	0.32±0.028

注　*代表0.5水平的差异显著性，**代表0.01水平的差异显著性。

2.8　枣树灌溉制度的初步确定

枣树花期和幼果期生育阶段枣树耗水量所占比例较大，需加强灌水，以满足枣树在这两个重要时期耗水需求。枣树耗水量随着土壤水分的降低而减小，各处理的耗水量变化趋势相同，即芽期新梢生长期耗水量最小，日均耗水量为1.6～2.5mm/d，从花期耗水量迅速增大至幼果期达到耗水最大值，日均耗水量为3.6～4.9mm/d，果实膨大期耗水量略低于幼果期，为耗水量第二高峰期，日均耗水量为2.4～3.3mm/d，果实成熟期耗水量逐渐减小，日均耗水量为2.3～3.4mm/d。因此，枣树的耗水临界期为开花坐果期，临界期耗水量为4.25mm/d，大田试验表明枣树整个生育阶段的耗水量为355.42～554.39mm。综合考虑灌水效益及经济产量，枣树在芽期和新梢生长期灌水2次，盛花期灌水4次，幼果期灌水4次，果实膨大期灌水2次，整个生育期共灌水12次，灌水定额为450m^3/hm^2，即灌溉定额5400m^3/hm^2时水分生产效率较优。具体灌溉施肥制度见表2-7，施肥N、P、K配比为：芽期和新梢增长期为4∶4∶1，花期为1∶1∶1，挂果期为1∶1∶4。滴灌红枣的施肥制度见表2-8，施肥方式为随水滴施。

表2-7　　滴灌红枣的灌溉制度

灌水时间	春灌（漫灌）	芽期和新梢生长期	花期	幼果期	果实膨大期
灌水次数/次	1	3	4	3	2
灌水周期/d	—	10	7	7	10
单次灌水量/(m^3/667m^2)	150	30	35	35	30
灌溉定额/(m^3/667m^2)	545				

注　枣树树龄每增加一年则每次灌水需增加灌水量5m^2/667m^2，全年增加灌水量60m^2/667m^2。

表2-8　　滴灌红枣的施肥制度

施肥时间及类型	全生育期 有机肥	芽期和新梢生长期 N、P、K	花期 N、P、K	幼果期 N、P、K	果实膨大期 N、P、K
施肥次数/次	1	1	1	1	1
施肥周期/d	—	—	—	—	—
单次施肥量/(kg/667m^2)	1000	40	40	40	30
总施肥量/(kg/667m^2)	1000	150			

2.9　小结

（1）枣树整个生育阶段的耗水量 355.42～554.39mm，枣树的耗水临界期为开花坐果期，临界期日均耗水量为 4.25mm/d，耗水量较大。芽期新梢增长期耗水量最小，日均耗水量 1.6～2.5mm/d。

（2）高水灌溉和中水灌溉对枣树产量影响显著性高于低水灌溉，但中水灌溉与高水灌溉两者相比对枣树产量影响没有显著差异，中水灌溉既能满足红枣对水分的需求，又能获得较高的经济产量，为最优的灌溉方式。

（3）通过对不同处理的养分生产效率分析表明，养分利用效率最高的处理为 Z－GD（高水低肥）其次是 Z－ZD（中水低肥），养分利用最低效率为处理 Z－DZ（低水中肥）和 Z－ZG（中水高肥）。表明低肥（$2250kg/hm^2$）即可满足枣树对肥料的吸收利用。结合以上结论，综合考虑产量和灌水施肥效益，选取 Z－ZD（中水低肥），即灌溉定额 $5400m^3/hm^2$、施肥量 $2250kg/hm^2$ 为最优的灌溉施肥方式。

（4）初步制定了大田红枣的灌溉制度，枣树在芽期和新梢生长期灌水 2 次，盛花期灌水 4 次，幼果期灌水 4 次，果实膨大期灌水 2 次。整个生育期共灌水 12 次，灌水定额 $450m^3/hm^2$，即灌溉定额 $5400m^3/hm^2$。

参考文献

[1] 左文龙，汪寿阳，陈曦，等. 新疆水资源开发利用现状及其应对跨越式发展的战略对策 [J]. 新疆社会科学，2013，1：33－39.

[2] 夏军，翟金良，占车生. 我国水资源研究与发展的若干思考 [J]. 地球科学进展，2011，26（9）：906－915.

[3] 王增发，洪小康. 试论我国的节水灌溉技术 [J]. 西北大学学报（自然科学版），1998，28（5）：451－454.

[4] 张志新. 滴灌工程规划设计原理与应用 [M]. 北京：中国水利水电出版社，2007.

[5] 邢维芹，王林权，骆永明，等. 半干旱地区玉米的水肥空间耦合效应研究 [J]. 农业工程学报，2002，6：46－49.

[6] 谢美玲. 基于土壤水分下限滴灌红枣灌溉制度研究 [D]. 乌鲁木齐：新疆农业大学，2012.

[7] 秦军红，庞保平，蒙美莲，等. 马铃薯膜下滴灌耗水规律的研究 [J]. 灌溉排水学报，2013，32（1）：47－50.

[8] 胡琼娟，陈杰，马英杰. 滴灌条件下核桃灌溉制度研究 [J]. 水土保持通报，2012，32（5）：244－247.

[9] 柴仲平. 滴灌条件下红枣水肥耦合效应研究 [D]. 乌鲁木齐：新疆农业大学，2010.

[10] 刘祖贵，段爱旺. 水肥调配施用对温室滴灌番茄产量及水分利用效率的影响 [J]. 中国农村水利水电，2003（1）：16－18.

[11] 罗永华. 滴灌条件下设施葡萄生长特性及灌溉制度研究 [D]. 兰州：甘肃农业大学，2012.

[12] 洪明，赵经华，靳开颜，等. 环塔里木盆地红枣灌溉现状调查研究 [J]. 节水灌溉，2013（2）：66－69.

第3章　滴灌对矮化密植枣园土壤养分及盐分赋存的影响

3.1　研究方法

3.1.1　试验区概况

试验在新疆阿拉尔市塔里木大学现代农业工程节水灌溉试验基地进行，位于塔克拉玛干沙漠绿洲农业区，距离塔里木河较近，为大陆性干旱气候，年均气温10.8℃，无霜期约为210d，年均降水量仅53.3mm，年均蒸发量1969.4mm。风沙浮尘天气频繁，土壤类型为灰漠土。试验田为枣园，枣树为骏枣［*Ziziphus ziziphus*（L.）Karst］，是南疆地区广泛种植的品种之一；其种植方式为矮化密植，行距为2m，株距为1m；每年年初修剪一次，株高保持在1.5～2.0m。土壤基本物理化学性质（0～80cm土层平均值）见表3-1。

表3-1　试验地土壤基本理化性质

灌溉方式	有机质/%	盐分/(mg/kg)	碱解氮/(mg/kg)	硝态氮/(mg/kg)	有效磷/(mg/kg)	有效钾/(mg/kg)	容重/(g/cm^3)	pH值	机械组成/%		
									砂粒	粉粒	黏粒
滴灌		0.95	17.29	8.81	30.32	126.66	1.31	7.4	41.2	52.4	7.4
漫灌		0.74	30.14	10.11	22.61	184.32	1.35	7.8	45.2	49.4	6.4

3.1.2　试验设计及分析方法

3.1.2.1　滴灌对土壤速效养分的影响试验设计

1. 试验设计

本试验分别选择漫灌和滴灌年限为5年的枣田。滴灌为采用当地常用的单翼迷宫式滴灌带，每个田块随机设置3个重复，滴灌带铺设在距枣树树干10cm处；常规处理灌水定额为$150m^3/667m^2$，全生育期灌水6次，其中新梢生长期1次，花期2次，果实膨大期2次，果实成熟期1次。生育期结束后冬灌1次，全年灌溉定额为$1050m^3/667m^2$；滴灌处理灌水定额为$20m^3/667m^2$，全生育期灌水16次，其中萌芽前期1次，新梢生长期2次，花期6次，幼果期2次，果实膨大期4次，果实成熟期1次，生育期结束后冬灌（常规灌）1次，全年灌溉定额为$470m^3/667m^2$，采用水表记录单次灌水量。

有机肥（主要为鸡粪）施入方式为穴施，3月底在距枣树根区30cm处挖深度20cm浅坑施入并覆土，无机肥（三元复合肥，氮磷钾配比为：2∶1∶1，总养分＞40%）施入主要集中在5月、6月、7月和8月4个需水关键期。漫灌试验区将复合肥在枣树根区20cm处挖坑穴施后再进行灌水，滴灌试验区随水滴施，滴灌和漫灌处理施肥量相同。施肥总量为$2250kg/hm^2$，全生育期施肥3次，施肥周期以枣树生育期为主，花期1次，幼果期 1 次，果实膨大期 1 次，单次施肥量按总施肥量进行平均。采样期间滴灌和漫灌各有 1 次灌水，无施肥，枣树生育期内常规灌和滴灌的农艺措施一致，采样期内无有效降雨。

2. 试验方法

本试验分别于 2017 年 4 月 10 日和 2017 年 5 月 20 日两次采集土样。滴灌和漫灌处理均采用土钻取土法进行土样采集，每个处理随机选取 3 棵具有代表性的枣树（重复 3 次）。其中，滴灌处理第一次取土在距枣树滴灌滴头处，水平距离分别记为 0cm、10cm、20cm、40cm、60cm、80cm 处和垂直深度 0～10cm、10～20cm、20～40cm、40～60cm、60～80cm，80～100cm 处进（见图 3-1，漫灌无滴灌管带铺设，采样位置与滴灌相同），第二次取土深度为 0～80cm，水平距离 0～60cm，土层间隔与第一次取土相同；漫灌处理则在距树干 15cm 处作为第一个采样点，往水平方向采样，采样间隔和方法与滴灌相同。第一次采集样品 216 份，第二次采集样品 150 份。将取好的土样带回实验室，风干后过 2mm 筛，剩余土样放入冰箱 4℃保存。硝态氮测定样品为鲜土样，其他指标测定均为干土样。

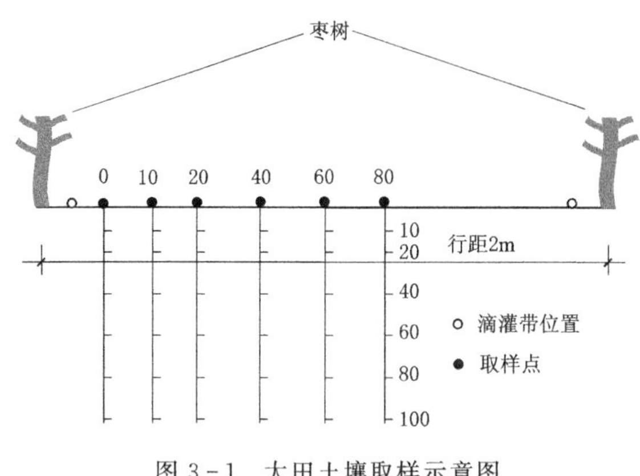

图 3-1　大田土壤取样示意图

采用碳酸氢钠浸提——钼蓝比色法测定土壤速效磷，采用分光光度法测定土壤硝态氮，采用碱解扩散法测定土壤碱解氮，采用火焰光度法测定速效钾。

3. 数据分析

试验数据采用 Microsoft Excel、Sufer 8.0、SPPS 22.0、Origin 8.0 进行处理、分析。

3.1.2.2　滴灌对土壤磷素形态和有效性影响试验设计

1. 灌溉施肥

本试验采用滴灌和漫灌两种灌溉方式。滴灌采用单翼迷宫式滴灌管，滴头间距 30cm，每年 3 月底在枣树根区铺设滴灌带。新梢生长期灌水 3 次，灌水周期为 10d；盛花期灌水 6 次，灌水周期为 7d；幼果期灌水 4 次，灌水周期为 7d；果实膨大期灌水 4 次，灌水周期为 7d；各生育时期滴灌单次灌水量均为 $150m^3/hm^2$；果实成熟期不灌水；整个生育期总灌水量 $2550m^3/hm^2$。漫灌新梢生长期灌水 1 次，盛花期灌水 2 次，幼果期灌水 1 次，果实膨大期灌水 2 次；每次灌水的单次灌水量均为 $1200m^3/hm^2$，枣树全生育期灌水 $7200m^3/hm^2$。

试验中采用的肥料类型分别为有机肥（羊粪）、尿素（含 N 量为 46.7%）、二铵（含 N 量为 21.2%）、重过磷酸钙（含 P_2O_5 为 30%）、硫酸钾（含 K_2O 为 50%）。其中，有机肥（$15000kg/hm^2$）、磷肥（$90kg/hm^2$）、钾肥（$90kg/hm^2$）一次性作为基肥施入。试验小区共划分为 4 个处理，分别为低氮（T1，$102kg/hm^2$）、中氮（T2，$204kg/hm^2$）、高氮（T3，$306kg/hm^2$）；漫灌小区统一施纯氮量 $204kg/hm^2$；分别于新梢生长期、花期、果实膨大期分 3 次施入。漫灌处理于灌水前在距枣树根部 15cm 处开环形沟（深约 20cm）将肥料均匀施入，再进行灌水；滴灌和漫灌处理基肥施入方式相同，即均在距枣树根部 15cm 处开环形沟进行施肥，氮肥则溶入施肥罐，随水滴施。

每个处理随机设置 3 个重复，小区为矩形（长 10m×宽 5m），面积 $50m^2$，东西走向，各小区之间设置 2m 的隔离带。本文中将滴灌 T2 处理和漫灌小区进行对比，比较不同灌溉方式下磷含量和形态的差异。

2. 土壤采样及分析

待 10 月红枣收获后，分别采集滴灌、漫灌各处理土壤样品；其中，滴灌 T1 和 T3 处理土样采集深度为 0～40cm，而漫灌和滴灌 T2 处理按 0～10cm、10～20cm、20～40cm、40～60cm 和 60～80cm 土层深度分层采集。采样点距枣树根部 15cm 处。每个处理收集 3 个土壤样品并完全混合，然后自然干燥以获得复合样品，并用 100 目筛网筛分，储存在密封袋中，用于基本理化性质测定。

土壤容重用环刀法测定；有效磷用 Olsen 法测定；有效钾用 Page 的方法测定；土壤机械组成用比重计法测定，用国际制标准进行土壤质地分类。土壤硝态氮采用分光光度法测定；土壤碱解氮用碱解扩散法测定；土壤总磷采用 250℃ $H_2SO_4-HClO_4$ 消解、钼-蓝比色法测定；土壤盐分采用烘干法测定。

使用改良的 Hedley 连续提取方法浸提、测定不同形态土壤磷含量（图 3-2）。选择该方法的原因是，它可以直接估计不同操作意义磷库的稳定性，并且是研究土壤中磷有效性和动态差异的最常用方法。具体操作步骤为：将 0.5g 的土壤样品分别按如图 3-1 所示顺序依次转移至装有 30mL 的去离子水、0.5M 碳酸氢钠（$NaHCO_3$）、0.1M 氢氧化钠（NaOH）、1M 盐酸（HCl）以及浓硫酸-过氧化氢（$H_2SO_4-H_2O_2$）的 50mL 离心管中逐步提取不同形态磷。每次提取后，将样品以 10000g 离心 15min，并将上清液转移至比色管中。用比色法测定提取物中的无机态磷（P_i）含量（Murphy 等，1986）。同时测定 H_2O、$NaHCO_3$ 和 NaOH 提取物中的总磷。并通过各形态总磷与 P_i 的差值计算有机态磷（P_o）。H_2O-P 和 $NaHCO_3-P$ 组成的总不稳定磷被定义为生物可利用的磷。浓硫酸-过氧化氢提取态磷被定义为残留态磷（Residue-P）。

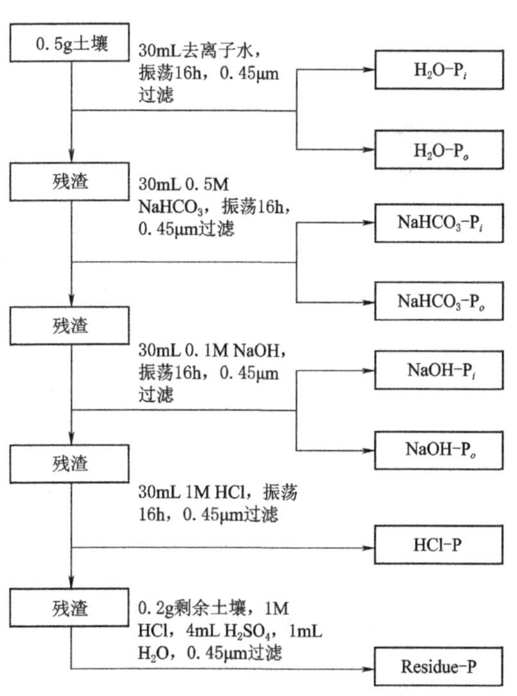

图 3-2 改进的 Hedley 连续提取法

3. 数据分析

试验数据采用 Microsoft Excel 进行原始数据的处理。使用 SPSS 22.0 分析软件中的 Tukey 分离程序来识别不同施氮处理和不同磷形态含量之间的显著差异，显著水平设置为 $P=0.05$。采用 Origin 2017 进行数据绘图。

3.1.2.3　滴灌对土壤盐分的影响试验设计

1. 试验材料与种植模式

枣树选择试验地生长条件一致、矮化密植种植模式下的 4 年树龄骏枣为研究对象，种植株行距为 1.5m×0.5m，亩均定植 446 棵。待成熟收果后修剪，株高保持在 1～1.5m。

2. 灌溉施肥方式

在枣树全生育期内采用滴灌方式进行不同灌水定额滴水试验，采用单翼迷宫式滴灌带，滴头间距为 30cm，滴头流量 2.4L/h。施肥方式为随水滴施肥料。施肥主要以尿素（碳酰二胺-CON_2H_4）和磷酸二氢钾（KH_2PO_4）为主。

3. 试验设计

考虑到水分和肥料的互作效应，在整个枣树生育期内采用滴灌方式进行不同灌水定额滴水施肥试验。全生育期灌水 10 次，分别为萌芽期 1 次，花期 4 次，挂果前期 3 次，挂果后期 2 次，每次每个处理灌水定额相同。滴灌施肥量 16kg/(667m^2/次)，全生育期共施肥 4 次，其中新梢期 1 次，花期 2 次，果实膨大期 1 次。施肥方式为随水滴施，各处理施肥量相同，施肥配比不同。试验选用灌水量和施肥配比两因子，分别用 W 和 F 表示。灌水定额设置 4 个水平，施肥配比设置 5 个水平，组合形成水肥耦合各处理，共 20 个处理，每处理 3 个重复，每 10 株树为一试验小区，采用随机区组布设。各处理见表 3-2。

表 3-2　灌水施肥试验处理表

处理	处理代号	灌水定额/(m^3/667m^2)	施　肥　配　比
T1	W1F1	14.27	30%尿素+70%KH_2PO_4
T2	W2F1	11.6	30%尿素+70%KH_2PO_4
T3	W3F1	8.47	30%尿素+70%KH_2PO_4
T4	W4F1	5.8	30%尿素+70%KH_2PO_4
T5	W1F2	14.27	40%尿素+60%KH_2PO_4
T6	W2F2	11.6	40%尿素+60%KH_2PO_4
T7	W3F2	8.47	40%尿素+60%KH_2PO_4
T8	W4F2	5.8	40%尿素+60%KH_2PO_4
T9	W1F3	14.27	50%尿素+50%KH_2PO_4
T10	W2F3	11.6	50%尿素+50%KH_2PO_4
T11	W3F3	8.47	50%尿素+50%KH_2PO_4
T12	W4F3	5.8	50%尿素+50%KH_2PO_4
T13	W1F4	14.27	60%尿素+40%KH_2PO_4
T14	W2F4	11.6	60%尿素+40%KH_2PO_4
T15	W3F4	8.47	60%尿素+40%KH_2PO_4
T16	W4F4	5.8	60%尿素+40%KH_2PO_4
T17	W1F5	14.27	70%尿素+30%KH_2PO_4

续表

处理	处理代号	灌水定额/($m^3/667m^2$)	施 肥 配 比
T18	W2F5	11.6	70%尿素+30%KH_2PO_4
T19	W3F5	8.47	70%尿素+30%KH_2PO_4
T20	W4F5	5.8	70%尿素+30%KH_2PO_4

4. 测定项目与方法

土壤电导率测定：在萌芽期、花期、挂果期和果实成熟期灌水前后一天，用土钻在距离枣树根区 10cm 处取土，取土深度为 0～10cm、10～20cm、20～30cm、30～40cm、40～50cm、50～60cm。放入铝盒，105℃烘干。称取土壤样品 10g 放入锥形瓶中，以土水比 1：5 的比例加入去离子水 50mL，加塞盖好，置于振荡机充分振荡 5min，制备完成土壤待测液，静置 30min，用 DDS-307A 型电导率仪测定浸提液电导率。

3.2 滴灌对土壤速效养分赋存的影响

3.2.1 滴灌对土壤硝态氮的影响

图 3-3、图 3-4 反映了滴灌和漫灌条件下土壤硝态氮的二维分布，枣树根区（滴头附近）土壤硝态氮随深度的增加而逐渐减少；水平方向则随着与根区间距的增加逐渐升高；枣树生育期开始阶段，滴灌枣树和漫灌枣树根区土壤硝态氮的含量具有一定的相似性，即均在 40cm 以下土层深度形成“亏缺区”，亏缺区域与枣树侧根分布形状一致，且各土层土壤硝态氮含量较低，均低于 10mg/kg。可能是枣树越冬期根际土壤微生物处于休眠阶段，硝化细菌硝化作用弱，土壤以上一年残留氮素为主，萌芽期，枣树自身对硝态氮开始急剧增加，导致土壤硝态氮含量较低，20cm 以下为枣树侧根和吸收根较发达的区域，硝态氮亏缺最严重。此时，硝态氮含量在水平方向上 60cm 处于峰值，此处正好处于

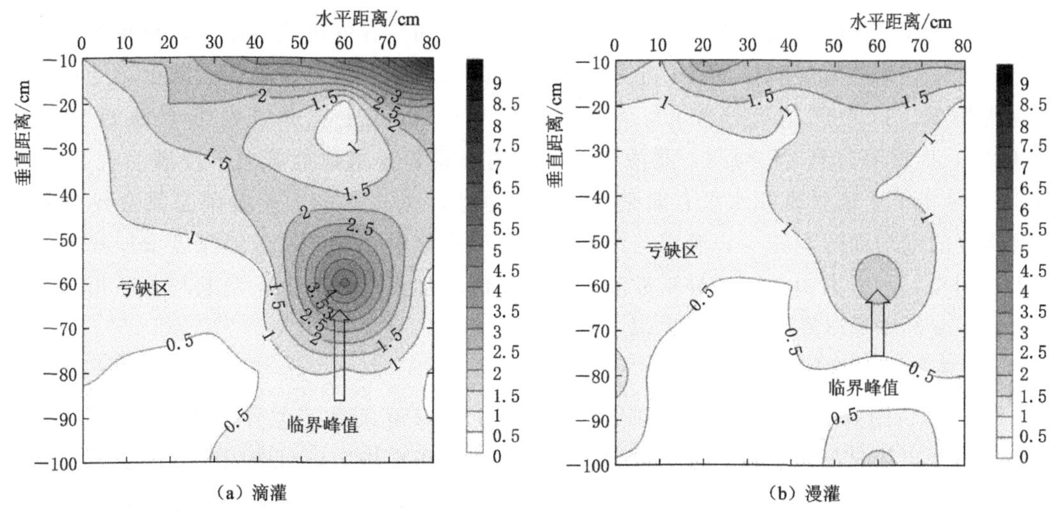

图 3-3 滴灌和漫灌土壤硝态氮的二维分布图（4 月 10 日第一次采样）

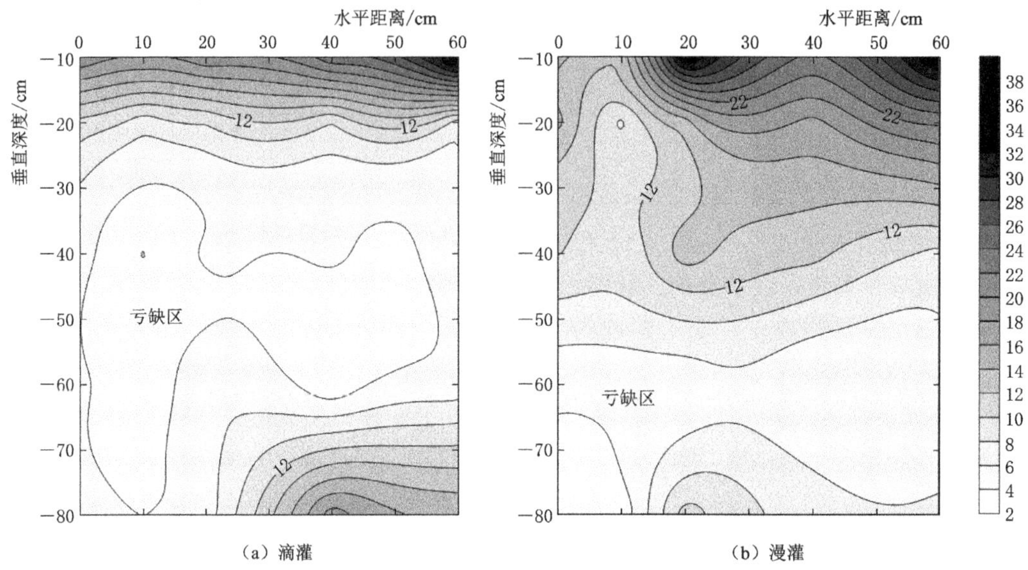

图 3-4　滴灌和漫灌土壤硝态氮二维分布图（5 月 20 日第二次采样）

枣树行间条带正中位置。虽然该处为枣树根系交错区，但调查发现，该区域以二级侧根和毛细根为主，由于两者休眠期二级侧根和吸收根系的死亡，此处，对土壤氮素的利用较弱，硝态氮残余量高，且滴灌枣树的临界峰值大于漫灌。

枣树进入新梢生长期后（图 3-4），土壤硝化细菌开始活跃，表现为土壤硝态氮含量普遍增高，40cm 以上土层升温快，硝态氮含量最高，滴灌 40～60cm 出现"亏缺区"，硝态氮含量多在 6mg/kg 以下，漫灌则在 60～80cm 出现"亏缺区"，硝态氮含量均在 8g/kg 以下。反映了滴灌和漫灌枣树根系的差异，滴灌时表层土壤水分含量高，硝态氮累积量也高，滴灌枣树吸收根系与漫灌相比，吸收根上浮，表现为硝态氮"亏缺区"上浮。

硝态氮由于易受土壤水分影响，在土壤中的空间变异性较大。其在土壤中的含量除受水分影响外也受作物根系分布影响。滴灌土壤水分空间变异性也比漫灌大，滴头附近土壤水分含量较高，随着湿润体下移，土壤水分含量减少，硝态氮含量也逐渐减少，变异系数也有所降低。以根区附近（0cm）为例，滴灌 0～10cm 土层硝态氮变异系数达到了 36.62%，而漫灌只有 24.84%，滴灌表层土壤硝态氮变异系数显著大于漫灌（表 3-3）。图 3-5 分析了土壤垂直和水平方向硝态氮变异系数。垂直方向上土壤硝态氮变异系数随土壤深度的增加而逐渐减少，滴灌与漫灌相比，硝态氮垂直变异系数随深度增加减少幅度增大；同样，水平方向上，变异系数随水平距离的增加而逐渐降低，滴灌与漫灌相比，硝态氮水平变异系数随距离增加减少幅度较大。

3.2.2　滴灌对土壤碱解氮的影响

图 3-6、图 3-7 反映了滴灌和漫灌条件下土壤碱解氮的二维分布状况，由图可知，碱解氮的分布状况与硝态氮有很大差异，碱解氮的分布更均匀，且空间变异性更小。但总体上随土壤深度的增加呈现减少的趋势，水平方向上硝态氮含量差异不显著。枣树生育期开始阶段（图 3-7）土壤碱解氮含量相对较低，与硝态氮相似，滴灌土壤碱解氮最大值

表 3-3　不同灌溉方式下土壤硝态氮含量方差分析表（5月20日第二次取样）

水平距离 /cm	土层深度 /cm	滴灌				漫灌			
		平均值 /(mg/kg)	方差 /(mg/kg)	标准差 /(mg/kg)	变异系数 /%	平均值 /(mg/kg)	方差 /(mg/kg)	标准差 /(mg/kg)	变异系数 /%
0	0～10	21.57	62.40	7.90	36.62	16.56	16.91	4.11	24.84
	10～20	10.94	8.12	2.85	26.03	16.12	7.70	2.78	17.22
	20～40	6.85	2.33	1.53	22.29	11.79	4.13	2.03	17.22
	40～60	6.59	1.93	1.39	21.10	6.50	1.18	1.08	16.69
	60～80	6.98	1.14	1.07	15.27	5.01	0.59	0.77	15.27
10	0～10	19.49	40.61	6.37	32.70	14.62	15.21	3.90	26.67
	10～20	8.63	4.57	2.14	24.76	9.53	5.39	2.32	24.35
	20～40	3.94	0.64	0.80	20.32	10.92	5.77	2.40	21.99
	40～60	4.32	0.71	0.84	19.57	6.73	2.02	1.42	21.15
	60～80	6.14	0.82	0.91	14.78	4.62	0.87	0.93	20.14
20	0～10	20.29	32.74	5.72	28.21	33.89	58.24	7.63	22.52
	10～20	10.30	6.41	2.53	24.57	15.40	14.81	3.85	25.00
	20～40	6.09	2.06	1.44	23.59	15.26	13.58	3.68	24.14
	40～60	7.97	3.08	1.75	22.00	6.86	2.16	1.47	21.43
	60～80	6.50	0.86	0.93	14.27	12.59	6.01	2.45	19.47
40	0～10	24.56	47.58	6.90	28.09	23.37	25.09	5.01	21.43
	10～20	10.01	5.23	2.29	22.85	17.63	17.47	4.18	23.71
	20～40	6.82	1.77	1.33	19.52	13.01	10.49	3.24	24.89
	40～60	4.41	0.78	0.88	20.00	6.10	1.73	1.32	21.57
	60～80	20.37	13.21	3.63	17.84	8.81	3.20	1.79	20.30
60	0～10	36.69	61.83	7.86	21.43	34.22	66.06	8.13	23.75
	10～20	8.67	3.27	1.81	20.87	22.48	22.00	4.69	20.87
	20～40	7.39	2.33	1.53	20.66	9.73	3.50	1.87	19.23
	40～60	6.93	1.05	1.03	14.80	6.72	1.71	1.31	19.49
	60～80	17.93	9.59	3.10	17.27	8.49	2.40	1.55	18.25

为 34.59mg/kg，最小值为 5.82mg/kg；漫灌土壤碱解氮最大值为 56.85mg/kg，最小值为 7.53mg/kg。总体上漫灌土壤碱解氮稍高于滴灌。

进入新梢生长期后（图 3-7），随着温度升高，土壤微生物活跃，有机氮分解，土壤碱解氮含量逐渐升高。此时，滴灌和漫灌 0～60cm 的土壤碱解氮的含量均在 30mg/kg 以上，两者在水平方向的分布都较为均匀。滴灌 0～20cm 土壤碱解氮的变异系数稍大于漫灌，各个土层的变异系数差异不大。因此，可以认为不同灌溉方式对土壤碱解氮有一定的影响，但与硝态氮相比，影响较小。

滴灌 0～20cm 土壤碱解氮的变异系数稍大于漫灌，各个土层的变异系数差异不大

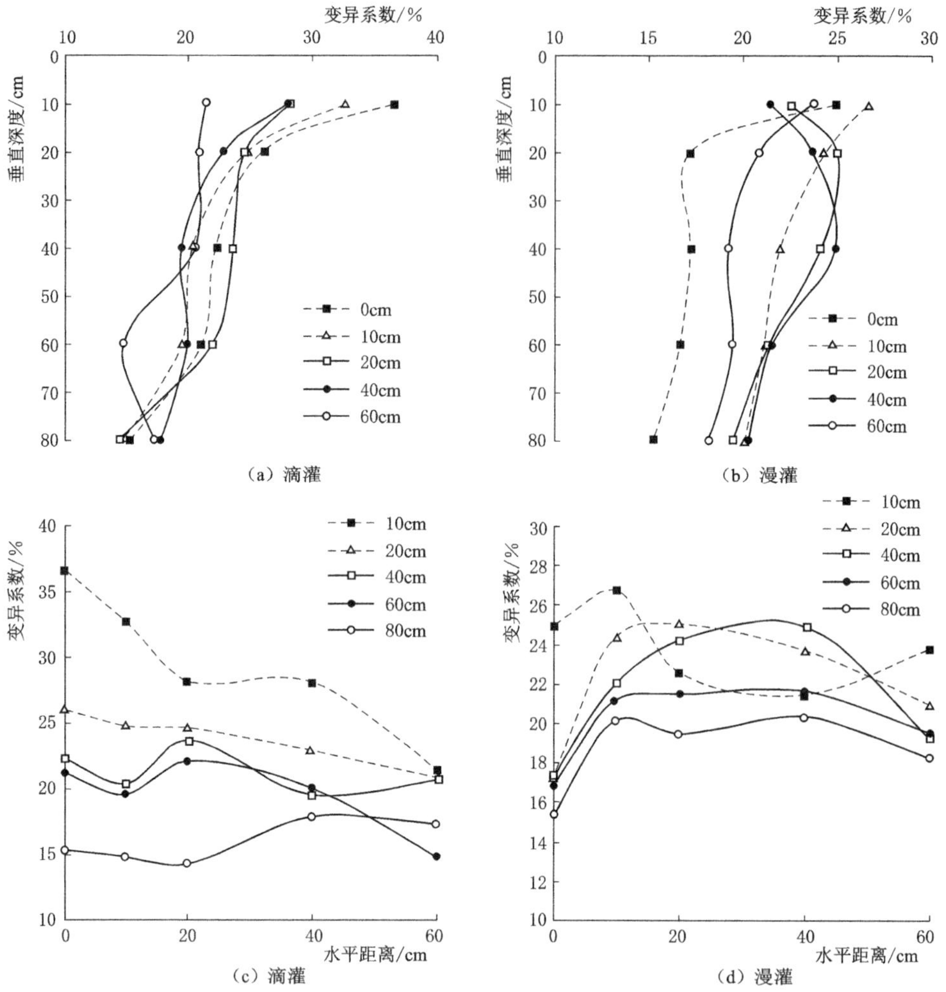

（a）滴灌　（b）漫灌

（c）滴灌　（d）漫灌

图 3-5　不同灌溉方式下土壤硝态氮垂直和水平变异系数（5 月 20 日第二次取样）

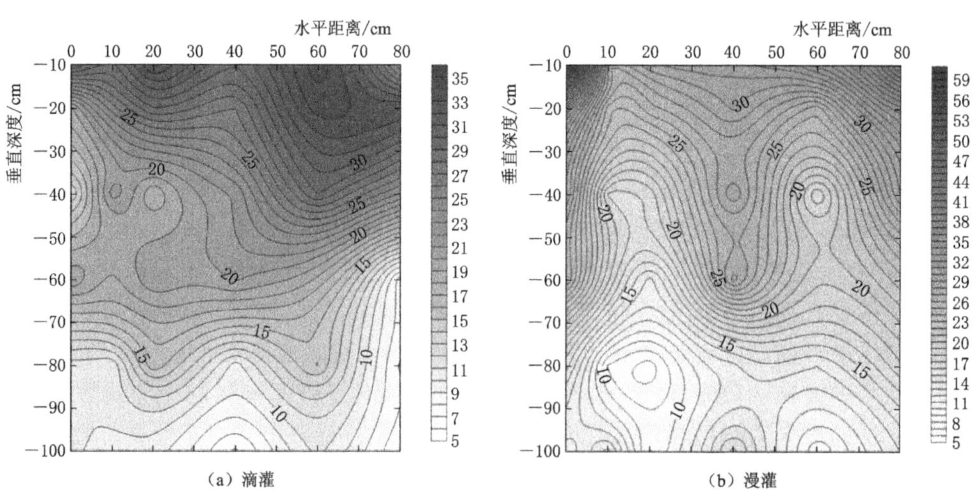

（a）滴灌　（b）漫灌

图 3-6　滴灌和漫灌土壤碱解氮的二维分布图（第一次取样）

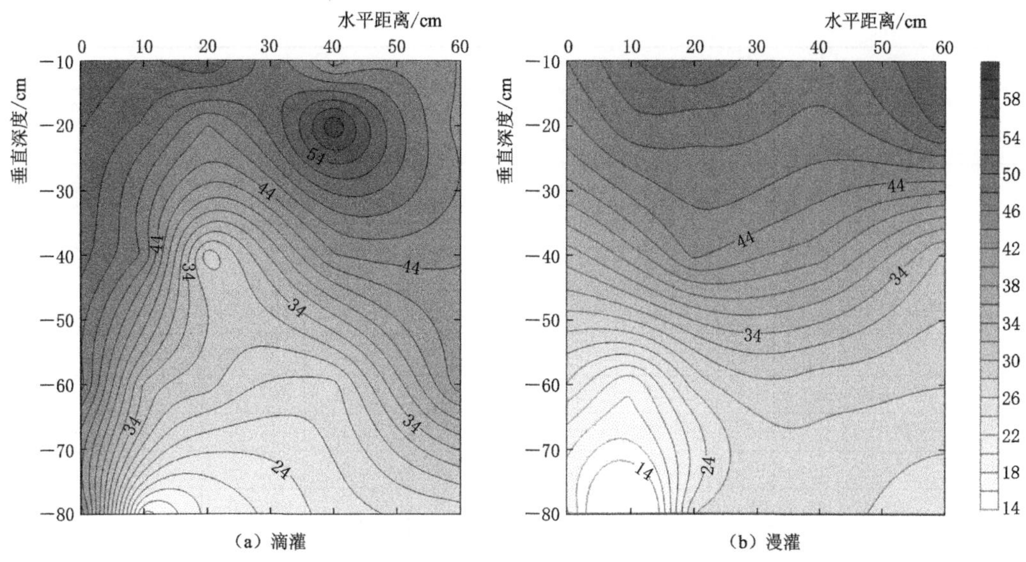

图 3-7 滴灌和漫灌土壤碱解氮二维分布图（第二次取样）

(表 3-4)。因此，不同灌溉方式对土壤碱解氮有一定的影响，但与硝态氮相比，影响较小。图 3-8 分析可知两种灌溉方式下土壤碱解氮的变异系数均集中在 10%～15%。滴灌最大变异系数为 14.57%，最小为 8.35%，而漫灌最大变异系数为 15.41%，最小为 7.22%。

表 3-4 不同灌溉方式下土壤碱解氮含量方差分析（第二次取样）

水平距离/cm	土层深度/cm	滴灌				漫灌			
		平均值/(mg/kg)	方差/(mg/kg)	标准差/(mg/kg)	变异系数/%	平均值/(mg/kg)	方差/(mg/kg)	标准差/(mg/kg)	变异系数/%
0	0～10	54.93	48.34	6.95	12.66	44.59	38.86	6.23	13.98
	10～20	53.03	36.31	6.03	11.36	44.91	34.61	5.88	13.10
	20～40	49.93	52.95	7.28	14.57	33.07	14.81	3.85	11.64
	40～60	49.68	17.22	4.15	8.35	23.50	3.85	1.96	8.35
	60～80	46.79	24.80	4.98	10.64	18.06	2.61	1.62	8.95
10	0～10	52.70	42.51	6.52	12.37	49.82	58.94	7.68	15.41
	10～20	51.03	52.78	7.27	14.24	48.83	32.35	5.69	11.65
	20～40	46.34	28.63	5.35	11.55	38.27	10.21	3.20	8.35
	40～60	33.12	11.42	3.38	10.20	18.15	2.67	1.63	9.00
	60～80	14.97	2.28	1.51	10.08	3.96	0.11	0.33	8.45
20	0～10	54.71	45.82	6.77	12.37	54.12	42.17	6.49	12.00
	10～20	45.44	23.38	4.84	10.64	47.18	11.59	3.40	7.22
	20～40	28.29	7.64	2.76	9.77	42.89	19.89	4.46	10.40
	40～60	29.49	8.20	2.86	9.71	26.36	7.23	2.69	10.20
	60～80	20.14	3.55	1.88	9.35	24.90	5.85	2.42	9.71

续表

水平距离/cm	土层深度/cm	滴灌				漫灌			
		平均值/(mg/kg)	方差/(mg/kg)	标准差/(mg/kg)	变异系数/%	平均值/(mg/kg)	方差/(mg/kg)	标准差/(mg/kg)	变异系数/%
40	0～10	44.42	36.84	6.07	13.66	50.26	41.95	6.48	12.89
	10～20	57.74	51.14	7.15	12.38	45.53	31.80	5.64	12.38
	20～40	44.13	27.74	5.27	11.93	38.45	18.99	4.36	11.33
	40～60	27.31	9.94	3.15	11.54	27.24	8.47	2.91	10.69
	60～80	24.67	6.33	2.52	10.20	26.85	6.31	2.51	9.35
60	0～10	43.91	18.19	4.26	9.71	53.25	37.78	6.15	11.54
	10～20	43.40	15.53	3.94	9.08	49.93	33.76	5.81	11.64
	20～40	41.97	21.28	4.61	10.99	31.30	12.05	3.47	11.09
	40～60	42.58	18.87	4.34	10.20	27.15	10.20	3.19	11.76
	60～80	25.38	6.49	2.55	10.04	23.50	4.83	2.20	9.35

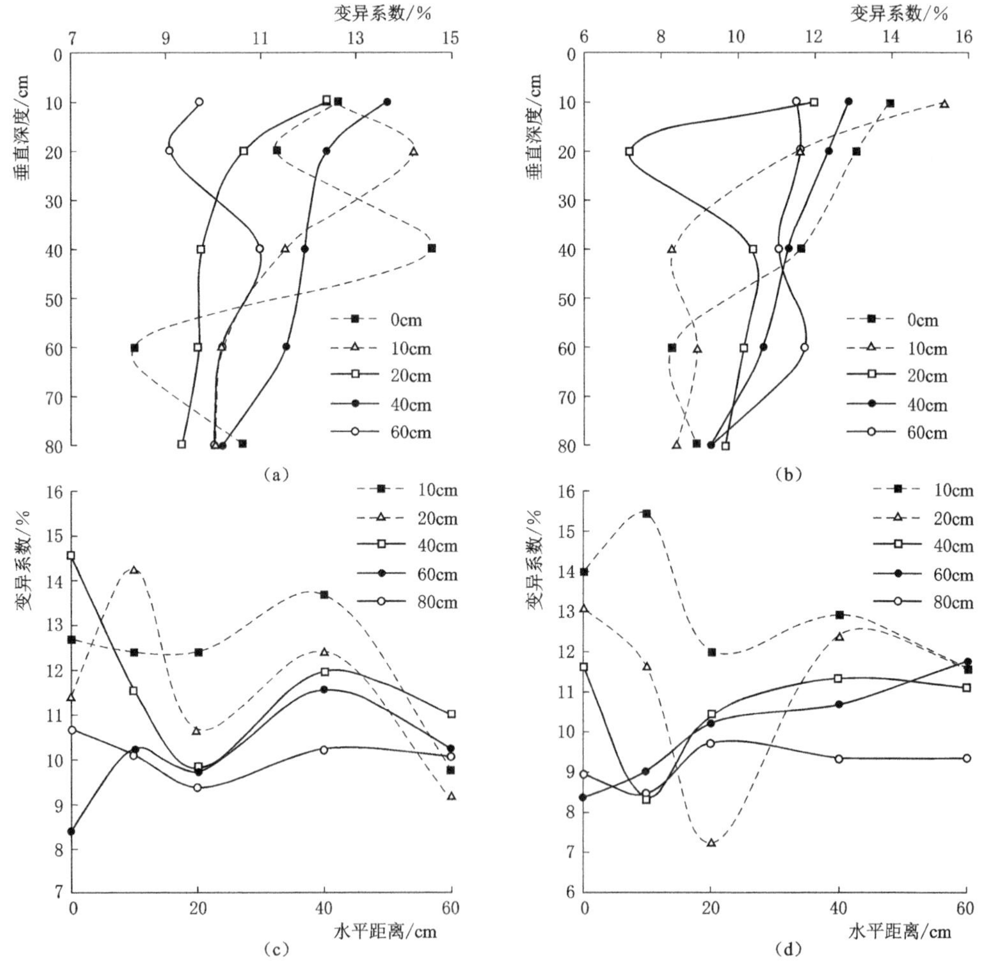

图 3-8 不同灌溉方式下土壤碱解氮垂直和水平变异系数（第二次取样）

3.2.3 滴灌对土壤有效磷的影响

土壤速效磷在枣树生育期开始阶段处于较高水平（图 3-9），此时滴灌土壤含量最大值为 78.89mg/kg，最小值为 0.44mg/kg；漫灌土壤最大值为 62.48mg/kg，最小值为 6.17mg/kg。滴灌和漫灌处理枣树根区附近速效磷含量显著大于其他各点，这与硝态氮和速效钾的分布规律相反。且两者均随着土壤深度的增加呈减少的趋势，水平方向上则随着水平距离的增加呈现先减少后增加的趋势，在距滴头 60cm 处出现一个临界点。此时，滴灌和漫灌处理土壤速效磷分布极为相似。

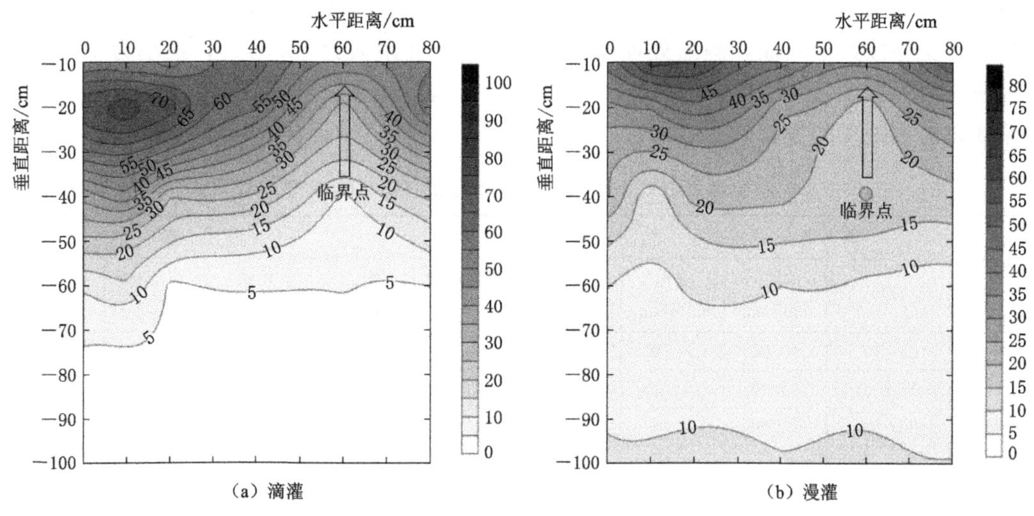

图 3-9　滴灌和漫灌土壤速效磷的二维分布图（第一次取样）

枣树进入新梢期后（图 3-10），土壤速效磷含量迅速降低，此时滴灌土壤速效磷含量最大值为 14.02mg/kg，最小值为 0.80mg/kg；漫灌土壤速效磷含量最大值为

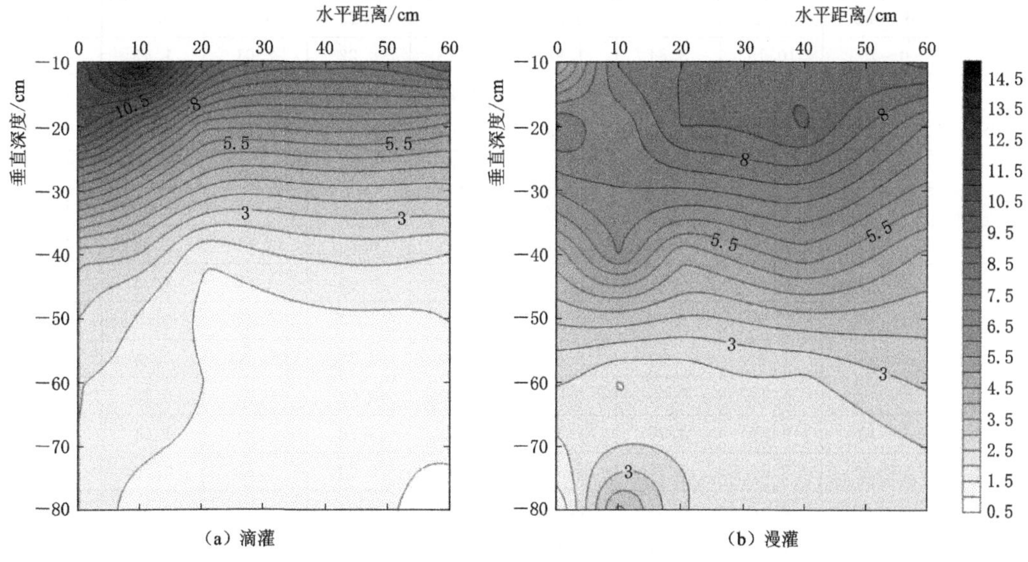

图 3-10　滴灌和漫灌土壤速效磷的二维分布图（第二次取样）

8.78mg/kg，最小值为 0.91mg/kg；但总体上，滴灌处理速效磷在土壤中的分布规律与生育期开始阶段相似，仍然以滴头附近最高，随土壤深度和水平距离的增加含量逐渐降低，40cm 以下土层速效磷含量极低。而漫灌处理在水平方向上的差异性则小于滴灌，且 60cm 以下土层速效磷含量较少。所以，可认为植物新梢生长期对土壤速效磷的吸收也较多，但总体上速效磷的分布受灌溉方式的影响稍弱于硝态氮。

表 3-5 和图 3-11 对第二次取土壤速效磷的分布进行了方差和变异性分析。滴灌和漫灌在水平方向的变异系数均随着距离的增加呈减小的趋势，滴头附近（0cm 处）的变异系数均较大，而 60cm 处的变异系数均较小。随土壤深度的增加，变异系数逐渐减小。滴灌处理变异性大于漫灌，滴灌处理变异系数最大变异系数为 25.57%，最小为 10.08%，而漫灌最大变异系数为 18.46%，最小为 7.95%。滴灌处理变异系数稍大于漫灌，但两者随深度和水平距离的变化具有一致性。

表 3-5　　不同灌溉方式下土壤速磷方差分析（第二次取样）

水平距离/cm	土层深度/cm	滴灌				漫灌			
		均值/(mg/kg)	方差/(mg/kg)	标准差/(mg/kg)	变异系数/%	均值/(mg/kg)	方差/(mg/kg)	标准差/(mg/kg)	变异系数/%
0	0～10	10.91	7.78	2.79	25.57	4.62	0.73	0.85	18.46
	10～20	10.97	5.41	2.33	21.20	7.97	1.80	1.34	16.84
	20～40	3.26	0.45	0.67	20.66	4.44	0.40	0.63	14.24
	40～60	2.11	0.13	0.36	17.15	2.56	0.12	0.35	13.46
	60～80	2.05	0.12	0.35	17.16	0.91	0.02	0.13	14.57
10	0～10	13.92	9.31	3.05	21.91	7.74	1.66	1.29	16.67
	10～20	8.63	2.78	1.67	19.33	6.90	1.07	1.03	14.99
	20～40	3.02	0.36	0.60	19.77	6.10	0.76	0.87	14.27
	40～60	1.97	0.10	0.32	16.22	1.93	0.08	0.29	14.99
	60～80	1.32	0.04	0.21	15.95	4.25	0.32	0.57	13.35
20	0～10	10.19	3.84	1.96	19.23	8.22	2.01	1.42	17.22
	10～20	6.29	1.32	1.15	18.25	8.26	1.79	1.34	16.20
	20～40	1.66	0.09	0.29	17.63	4.70	0.43	0.65	13.86
	40～60	1.56	0.07	0.26	16.69	2.09	0.06	0.25	12.00
	60～80	1.43	0.04	0.19	13.35	2.59	0.09	0.30	11.42
40	0～10	9.15	2.46	1.57	17.15	8.25	1.51	1.23	14.89
	10～20	6.33	0.71	0.85	13.35	8.60	1.65	1.28	14.92
	20～40	2.10	0.06	0.25	12.09	5.77	0.44	0.67	11.54
	40～60	1.29	0.02	0.14	10.54	2.28	0.06	0.24	10.54
	60～80	1.36	0.05	0.23	16.68	2.02	0.03	0.18	8.80
60	0～10	9.58	1.78	1.33	13.92	8.78	1.23	1.11	12.64
	10～20	5.84	0.53	0.73	12.41	6.93	0.63	0.79	11.47
	20～40	2.07	0.04	0.21	10.18	4.54	0.21	0.46	10.18
	40～60	1.21	0.01	0.12	10.08	3.09	0.07	0.26	8.48
	60～80	0.88	0.01	0.10	11.90	2.07	0.03	0.16	7.95

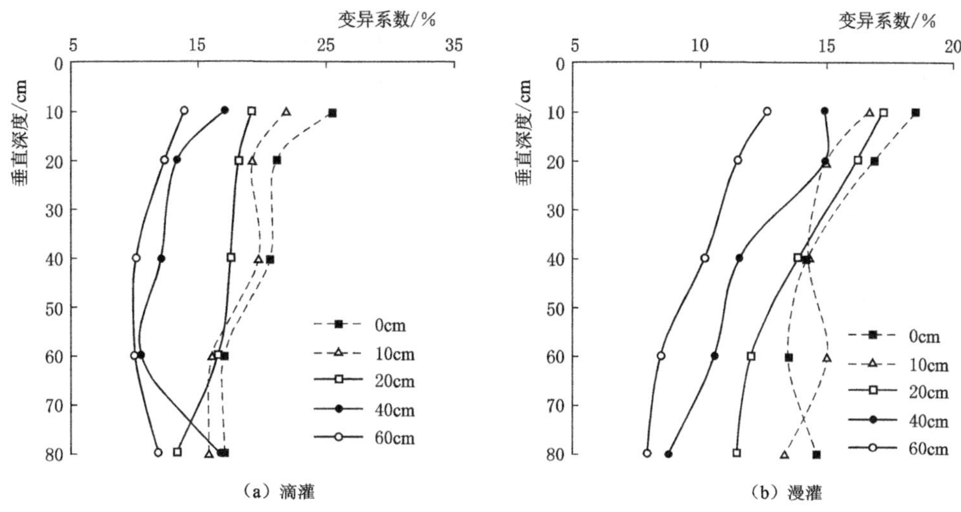

(a) 滴灌 (b) 漫灌

图 3－11 不同灌溉方式下土壤速效磷垂直和水平变异系数（第二次取样）

3.2.4 滴灌对土壤速效钾的影响

生育期不同时期，土壤速效钾含量变化十分明显。枣树生育期开始阶段（图 3－12）滴灌和漫灌枣树根区各层土壤速效钾含量较高，且根区附近各土层含量差异不大。但滴灌处理土壤中的速效钾含量显著低于漫灌处理，其最大值为 422mg/kg，最小值为 85mg/kg；而漫灌处理的最大值为 1261mg/kg，最小值为 488mg/kg。按照土壤供钾水平标准，此时，滴灌土壤大部分处于高钾（速效钾范围 60～160mg/kg），漫灌土壤均处于极高供钾水平（速效钾>160mg/kg）。钾离子的累积量主要为上季钾肥施入后的残余量。

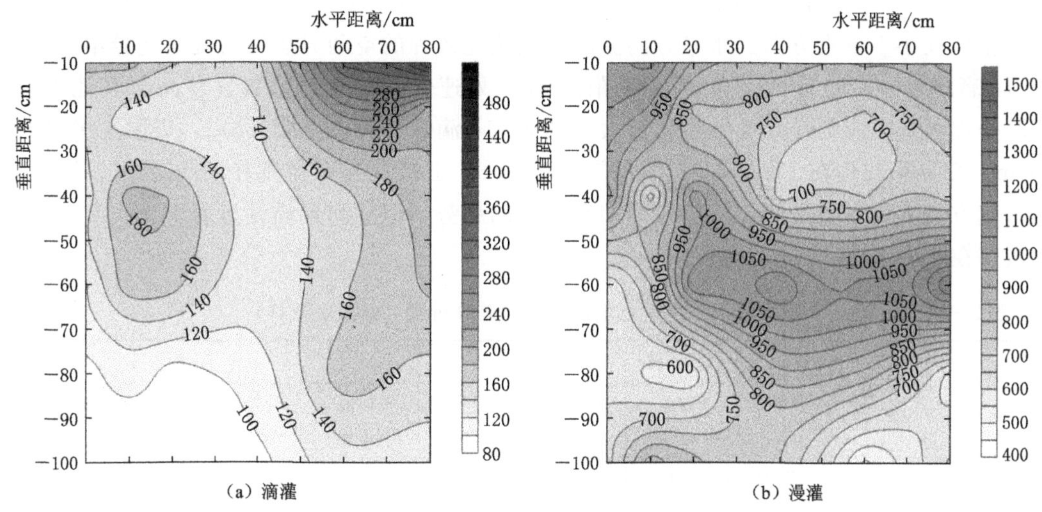

(a) 滴灌 (b) 漫灌

图 3－12 滴灌和漫灌土壤速效钾的二维分布图（第一次取样）

枣树进入新梢生长期后，对速效钾的需求逐渐加大，由于前期没有钾肥施入，土壤钾离子含量迅速下降（图 3－13）。此时滴灌土壤速效钾最大值为 45mg/kg，最小值只有

12mg/kg，漫灌土壤速效钾最大值为33mg/kg，最小值为10mg/kg。土壤供钾水平处于中低水平（速效钾<60mg/kg）。此时滴灌和漫灌处理均出现2个“亏缺区”，该“亏缺区”与枣树侧根系的生长区域相吻合。滴灌枣树根区速效钾含量变异大于漫灌，但两者在垂直方向都随着深度增加而呈逐渐减少的趋势，水平方向则呈增大的趋势。

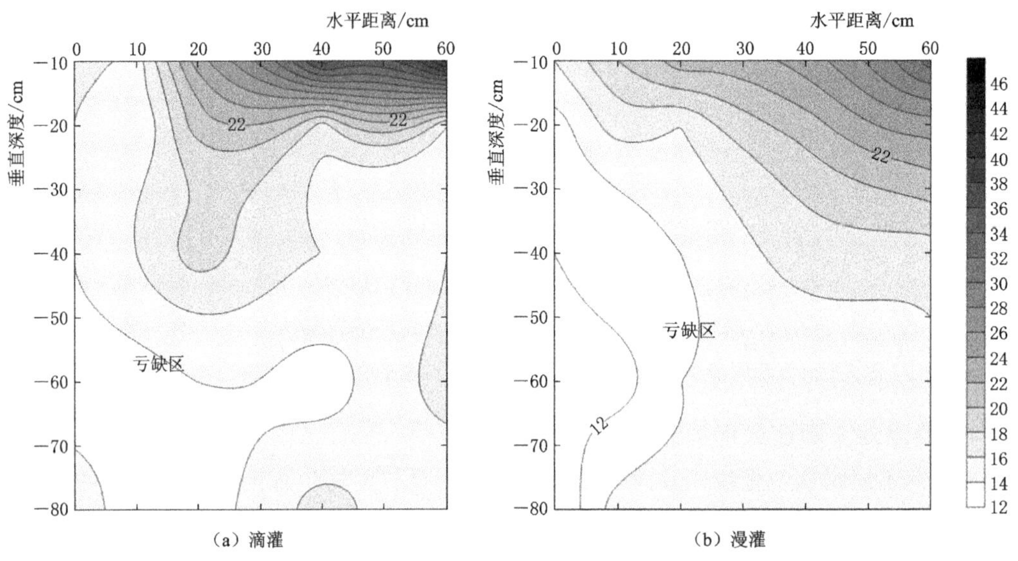

图3-13 滴灌和漫灌土壤速效钾的二维分布图（第二次取样）

滴灌和漫灌条件下土壤速效钾含量的变异系数均随着土壤深度的增加而减小（表3-6，图3-14）；随着水平距离的增加，呈现先减小后增大的趋势，但在水平方向上的变异系数差异性小于垂直方向。水平方向上滴灌土壤速效钾的空间异质性与漫灌差异不大［图3-14滴灌（a），漫灌（b）］，但滴头附近0cm处速效钾的变异系数显著高于其他土层。滴灌处理垂直方向的变异系数变化较大［图3-14滴灌（a），漫灌（b）］，表层土壤（0～20cm）变异系数均在15%以上，而深层土壤80cm土层变异系数则在10%以下。漫灌处理垂直方向变异系数虽然也随土层增加有降低的趋势，但空间异质性显著小于滴灌，变异系数多在10%～15%。

表3-6 不同灌溉方式下土壤速效钾方差分析表（第二次取样）

水平距离/cm	土层深度/cm	滴灌				漫灌			
		平均值/(mg/kg)	方差/(mg/kg)	标准差/(mg/kg)	变异系数/%	平均值/(mg/kg)	方差/(mg/kg)	标准差/(mg/kg)	变异系数/%
0	0～10	17.34	9.15	3.02	17.44	15.09	4.00	2.00	13.25
	10～20	15.36	8.60	2.93	19.09	12.31	2.05	1.43	11.64
	20～40	13.72	4.47	2.11	15.41	11.80	1.93	1.39	11.79
	40～60	12.52	2.03	1.43	11.39	11.56	1.44	1.20	10.40
	60～80	15.63	1.95	1.40	8.95	9.83	0.92	0.96	9.77

续表

水平距离/cm	土层深度/cm	滴灌				漫灌			
		平均值/(mg/kg)	方差/(mg/kg)	标准差/(mg/kg)	变异系数/%	平均值/(mg/kg)	方差/(mg/kg)	标准差/(mg/kg)	变异系数/%
10	0～10	14.35	5.72	2.39	16.67	19.80	4.44	2.11	10.64
	10～20	13.72	3.37	1.84	13.38	16.89	3.51	1.87	11.09
	20～40	15.84	2.33	1.53	9.64	12.83	1.71	1.31	10.20
	40～60	13.00	1.37	1.17	9.00	11.04	0.88	0.94	8.48
	60～80	11.72	0.87	0.93	7.95	14.70	1.51	1.23	8.35
20	0～10	24.17	18.58	4.31	17.84	22.69	10.44	3.23	14.24
	10～20	20.51	10.78	3.28	16.00	15.95	3.39	1.84	11.54
	20～40	18.24	5.63	2.37	13.01	13.58	2.29	1.51	11.15
	40～60	13.77	2.20	1.48	10.78	13.81	1.99	1.41	10.20
	60～80	12.52	0.88	0.94	7.51	14.85	2.50	1.58	10.64
40	0～10	38.74	54.96	7.41	19.14	24.67	16.08	4.01	16.26
	10～20	16.77	9.40	3.07	18.28	20.30	5.70	2.39	11.76
	20～40	15.63	5.49	2.34	14.99	16.94	3.82	1.96	11.54
	40～60	12.44	1.19	1.09	8.77	14.60	2.37	1.54	10.54
	60～80	16.72	2.67	1.63	9.77	14.40	2.09	1.45	10.05
60	0～10	44.25	62.44	7.90	17.86	31.57	15.94	3.99	12.64
	10～20	15.68	5.84	2.42	15.41	23.67	7.58	2.75	11.64
	20～40	15.95	3.39	1.84	11.54	16.66	2.43	1.56	9.35
	40～60	16.94	3.82	1.96	11.54	14.85	2.50	1.58	10.64
	60～80	13.53	1.12	1.06	7.83	14.60	1.56	1.25	8.55

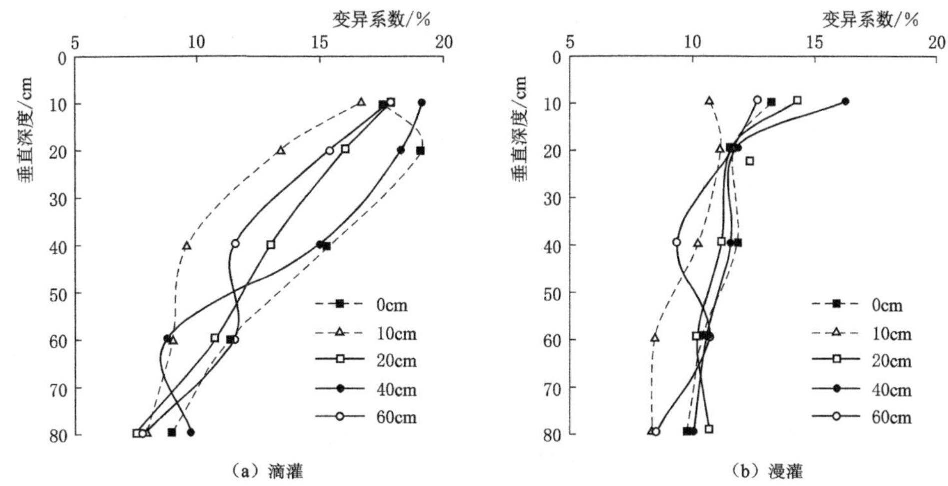

图 3-14（一） 不同灌溉方式下土壤速效钾垂直和水平变异系数（第二次取样）

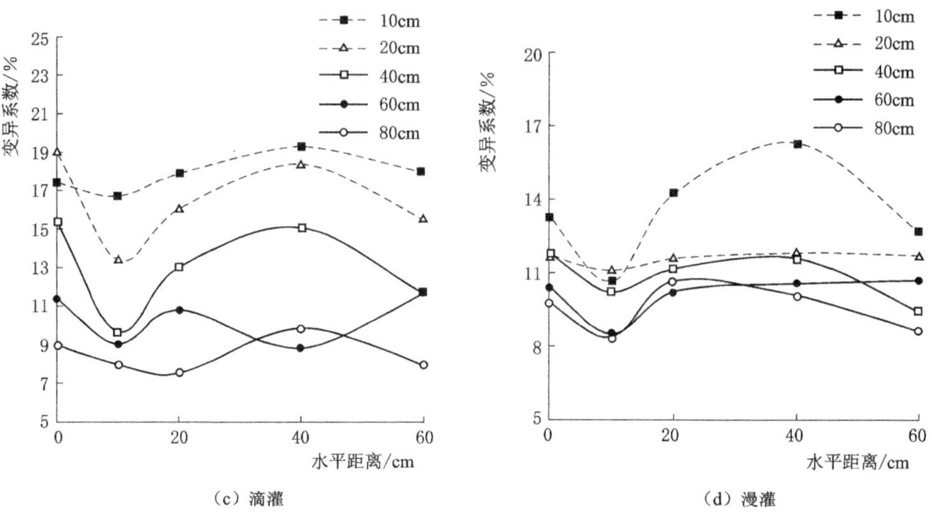

图 3-14（二）　不同灌溉方式下土壤速效钾垂直和水平变异系数（第二次取样）

3.3　滴灌对土壤磷素形态和有效性的影响

3.3.1　土壤总磷和有效磷的变化

图 3-15 表示了不同灌溉方式下土壤中总磷和有效磷含量随土壤深度的变化。在滴灌土壤中，总磷和有效磷均随土层深度的增加呈下降趋势，而漫灌土壤中，两者则为先升高后降低。表层土壤总磷和有效磷含量较高，其中滴灌和漫灌 0～20cm 的总磷平均含量分别达到了 0.99g/kg 和 1.01g/kg，有效磷含量分别达到了 31.96mg/kg 和 21.85mg/kg；而 60～80cm 土层总磷分别只有 0.67g/kg 和 0.79g/kg，有效磷含量分别仅有 5.22mg/kg 和 7.17mg/kg。除了 10cm 滴灌土壤总磷高于漫灌外，其他各层土壤总磷均低于漫灌［图 3-15（a）］。滴灌总磷随土层深度的增加逐渐下降，而漫灌土壤总磷最高的土层为 40cm。滴

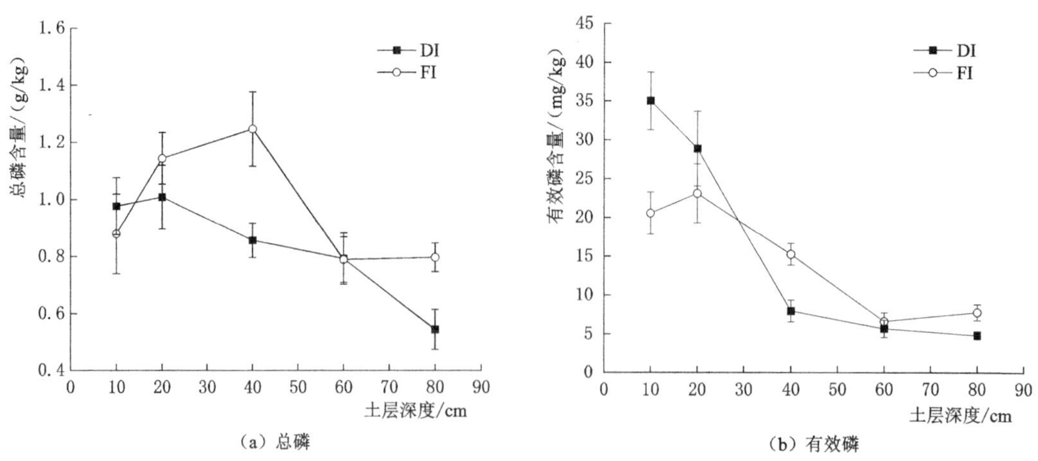

图 3-15　滴灌（DI）和漫灌（FI）方式下的土壤总磷和有效磷含量随土壤深度的变化

灌土壤 0～20cm 有效磷的含量显著高于漫灌［图 3－15（b）］。但滴灌处理 20cm 以下土层的有效磷均小于漫灌处理。且两种灌溉方式下 40～80cm 土壤有效磷含量均较低，均低于 10mg/kg。

3.3.2 不同灌溉方式下各形态磷的分布

滴灌和漫灌土壤各形态磷的平均含量占总磷的比例依次为：HCl－P＞Residue P＞$NaHCO_3$－P＞NaOH－P＞H_2O－P（图 3－16）。而两者生物活性磷（$NaHCO_3$－P 和 H_2O－P）的平均比例分别为 10.2%和 9.4%。与土壤总磷和有效磷相似，滴灌土壤的生物活性磷的比例随灌溉土壤深度的增加逐渐降低，有利于表层土壤生物活性磷的积累，10cm 和 20cm 土层的 $NaHCO_3$－P 含量分别达到了 19%和 11%，远高于漫灌处理的 13%和 7%。与滴灌相比，漫灌处理 20～80cm 土层的生物活性磷分布更均匀，且 40～80cm 土壤的生物活性磷占比明显高于滴灌。

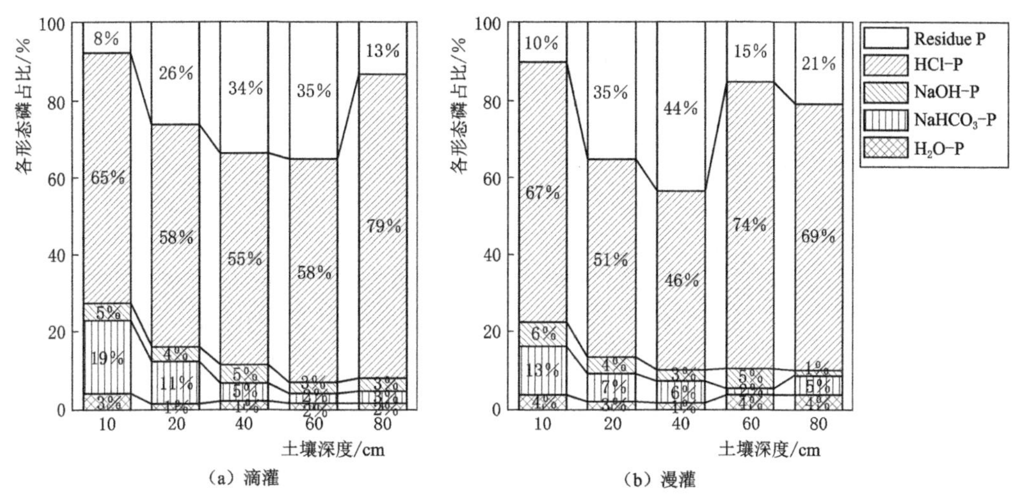

图 3－16 漫灌和滴灌土壤各形态磷占比

图 3－17 进一步区分了土壤各形态磷的无机态磷［图 3－17（a）］和有机态磷［图 3－17（b）］在不同土层的分布状况。滴灌土壤各形态无机态磷含量均随土壤深度的增加呈明显的递减规律。其中，$NaHCO_3$－P_i 显著高于 H_2O－P_i 和 NaOH－P_i（$P<0.05$），10cm 和 20cm 土壤的 $NaHCO_3$－P_i 分别达到了 165.75mg/kg 和 95.08mg/kg，而 40～80cm 各土层 $NaHCO_3$－P_i 含量较低。说明滴灌土壤中的无机态磷主要以高活性的 $NaHCO_3$－P_i 为主，且主要存在于浅层土壤中。除了 $NaHCO_3$－P_i 外，漫灌土壤中无机态磷含量也基本随土壤深度的增加呈现递减规律。但 $NaHCO_3$－P_i 则分别在 10cm 和 40cm 处显著高于其他土层。漫灌土壤 $NaHCO_3$－P_i 的平均含量为 34.32mg/kg 远低于滴灌处理的 65.49mg/kg。但两者 H_2O－P_i 和 NaOH－P_i 的差异较小。

滴灌和漫灌土壤有机态磷具有明显的差异。在滴灌土壤中，0～20cm 土层以 $NaHCO_3$－P_o 为主，显著高于 H_2O－P_o 和 NaOH－P_o（$P<0.05$），而 40～80cm 土壤中则以 NaOH－P_o 为主，且 60～80cm 土层高活性的 H_2O－P_o 和 $NaHCO_3$－P_o 均低于 5mg/kg。漫灌土壤中各土层高活性的 H_2O－P_o 和 $NaHCO_3$－P_o 显著高于滴灌。其中，10cm 和 20cm 土层

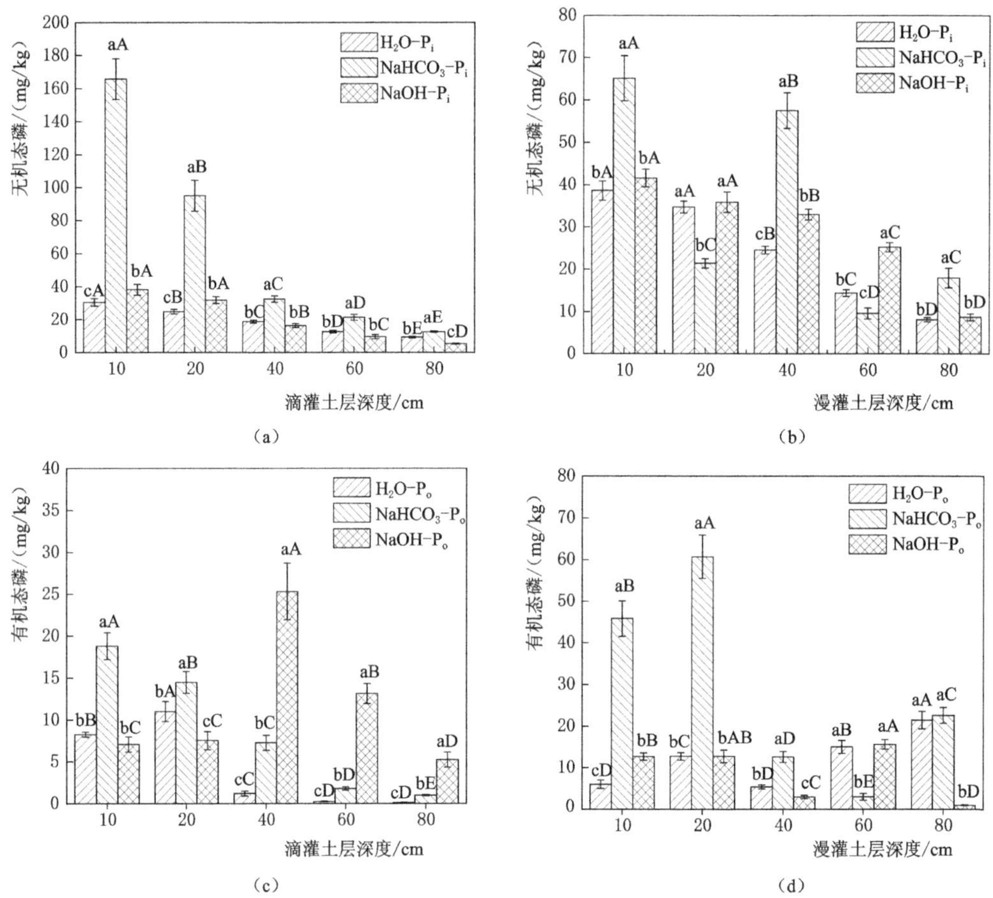

图 3-17　不同灌溉方式下中高活性的土壤无机态磷（P_i）和有机态磷（P_o）在不同土层的分布

的 $NaHCO_3-P_o$ 含量分别是滴灌的 2.4 倍和 4.2 倍。而 H_2O-P_o 的平均含量为 12.12mg/kg，显著高于滴灌的 4.16mg/kg。因此，漫灌土壤中高活性的有机磷含量高于滴灌，而滴灌土壤则以高活性的无机磷含量高于漫灌。

3.3.3　不同施氮量对磷形态的影响

图 3-18 表明了不同施氮量下土壤各形态磷的差异。不同施氮处理下的各形态磷含量也以 HCl-P 最高，Residual P 含量次之，H_2O-P 最低。除了 $NaOH-P_i$ 外，H_2O-P_i、H_2O-P_o、$NaHCO_3-P_i$、$NaHCO_3-P_o$、NaOH-P 和 $NaOH-P_o$ 均随施氮量的增加而增加；而 HCl-P 和 Residua P 则随着施氮量的增加而逐渐下降。表明氮肥输入增加了土壤中高生物活性磷的含量，而降低了土壤低活性磷的含量。

3.3.4　讨论

研究表明，无论滴灌或漫灌表层土壤的有效磷含量均较高，且随土层深度的增加有明显下降的趋势，与其他学者的研究结果一致。主要是由于磷肥和其他基肥的施用深度约为 20cm，施肥后磷酸根离子迅速与土壤颗粒发生吸附作用，被表层土壤中黏粒、Fe、Al 氧

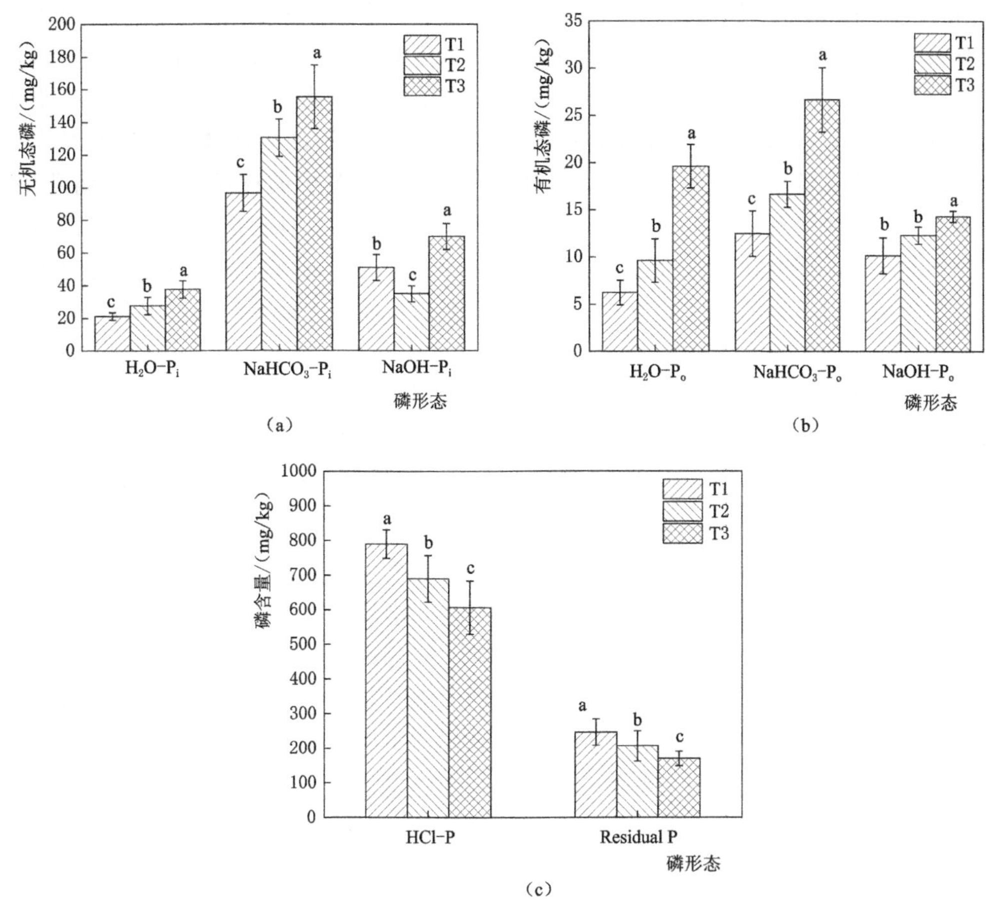

图 3-18 不同施氮量（T1、T2、T3）对土壤无机态磷（P_i）、有机态磷（P_o）、HCl-P 和 Residual P 的影响

化物和有机物固定。由于磷素的迁移能力较低，导致其在土壤剖面呈现梯度性分布，而表层土壤较高的磷有效性有利于植物根系对的磷的利用。另外，滴灌处理表层土壤的有效磷大于漫灌处理，且漫灌处理 40cm 处的总磷含量最高。是因为两次滴灌间隔时间较短，表层土壤一直处于周期性湿润状态，与漫灌相比，高分子有机磷化合矿化速率较高，提高了土壤磷的有效性。有研究表明，长期滴灌导致了枣树根系主要在 0～40cm 土层内生长，这可能与滴灌土壤表层较高的养分含量（如有效磷）和水分含量有关。而大水漫灌产生的剪切作用较强，促使土壤中的磷素明显向下迁移，由于 40cm 以下为黏质土层，磷素迁移受到阻滞并在此处积累，导致总磷浓度升高。而滴灌土壤并未发现相似的规律，可能是由于滴灌湿润层较浅，入渗作用弱，表层可溶性的有机磷和无机磷受土壤空隙毛细作用和吸附作用下，很难向下部迁移，从而导致表层磷素的累积。综上所述，滴灌有利于土壤磷的有效性和减少磷的深层渗漏，而漫灌则可能造成了磷的淋溶流失。

生物活性磷的比例随灌溉土壤深度的增加逐渐降低，且与漫灌相比，滴灌有利于表层土壤生物活性磷的积累。漫灌土壤中高活性的有机磷含量高于滴灌，而滴灌则以高活性的无机磷含量高于漫灌，表明滴灌有利于土壤有机态磷向无机态磷的转化，从而提高了磷的生物有效性。一方面，可能是滴灌导致土壤持续的湿润状态，促使了土壤小分子有机磷的降解，提高了土壤无机态磷的含量；另一方面，可能是滴灌使土壤处于厌氧状态，土壤化学电势下降，Fe、Al 氧化物对磷的吸持力降低，被土壤吸附的胶体磷颗粒从团聚体中释放出来。由于本试验中土壤为沙质土，水分及磷分子在空隙中的迁移较快。与滴灌相比，漫灌增加了土壤中高活性有机态磷向深层土壤的迁移量。与其他在南方稻田系统的研究结论明显不同，这些研究认为淹水提高了土壤及田面水中的无机磷含量。总之，在旱地沙质土壤中，漫灌导致了高活性磷的流失，长期大水漫灌可能加速磷素的深层渗漏，降低磷肥的利用效率和导致地下水污染等。

本试验表明，氮肥输入增加了土壤中生物可利用的高活性磷含量，而降低了土壤低活性磷的含量。这意味着施氮促使了土壤磷素的有效性的显著提升。一些研究表明，氮肥的过量施入增加了土壤小分子的有机和无机态磷的迁移能力，并且降低了 HCl - P_i 的比例和提高了 NaOH - P_i 的比例。而稻田系统中的研究发现，追施氮肥会引起田面水中磷浓度显著升高。其他在草地方面的一些研究也发现了氮肥施用增加了土壤正磷酸盐的含量。同时，施氮会激发土壤微生物活动、刺激初级生产并增加生物对磷的需求，提高磷素转化相关酶活性，从而加速土壤磷的溶解和生物周转，促进难降解的磷单脂向磷二脂转化。这些现象在高有机质和低养分的草场和森林土壤中尤其明显。也有学者认为这与土壤磷吸附点位被掩蔽有关，因为多施的氮素占据了土壤胶体或铁、铝氧化物表面的吸附点位后，土壤对磷的吸持能力下降。但另一些研究表明，长期施氮增加了表层土壤中的有机磷含量，却降低了无机磷的含量。本试验对不同水肥管理下的养分形态特征进行了基础性分析，未来的研究应聚焦于灌溉方式和氮肥输入下土壤养分的流失特性，寻找既能够提高作物经济效益，又能减少养分流失和环境污染的水肥管理模式。

3.4　滴灌对土壤盐分的影响

3.4.1　相同灌水定额不同施肥配比组合土壤电导率变化

测定了各水肥处理坐果期和果实膨大期 0～60cm 剖面土壤电导率值。灌水和施肥两因子对土壤剖面盐分平均含量及各土层的含量差异性进行了方差分析（表 3 - 7～表 3 - 9）。灌水定额对 0～60cm 整体土壤剖面电导率影响未达到显著水平；但分层来看，灌水定额对 0～10cm 土层土壤电导率有显著影响（$P \leqslant 0.01$），对其他各土层电导率的影响也未达到显著水平，说明滴灌定额对土壤表层盐分累积影响极为显著；但施肥配比对 0～60cm 整个土壤剖面电导率有显著影响（$P \leqslant 0.05$）。分层来看，对 0～10cm 土层电导率值影响极为显著（$P \leqslant 0.01$）、20～30cm 土层电导率影响显著（$P \leqslant 0.05$），对其他土层盐分影响较小。

图 3 - 19 反映了在相同灌水定额，不同施肥配比组合条件下，土壤电导率平均值的变化。随施氮肥量的增加，土壤电导率值呈现先减小后增大的趋势，当施氮肥的比例增加为 70%时，电导率值最大，土壤含盐量也最高。与 Ferreria 研究结果一致，认为过量施用氮

表 3-7　　枣树根区 0～60cm 土层电导率均值方差分析

变异来源	SS	df	MS	F值	显著性
灌水量	15684.54	3.00	5228.18	1.43	
施肥比例	44942.08	4.00	11235.52	3.08	*
误差	43780.62569	12	3648.385475		

注　*代表 0.05 水平的显著性。

表 3-8　　枣树根区 0～10cm 土层电导率均值方差分析

变异来源	SS	df	MS	F值	显著性
灌水量	162850.81	3.00	54283.60	9.64	* *
施肥比例	238466.20	4.00	59616.55	10.58	* *
误差	67597.68	12.00	5633.14		

注　* *代表 0.01 水平的显著性。

表 3-9　　枣树根区 20～30cm 土层电导率均值方差分析

变异来源	SS	df	MS	F值	显著性
灌水量	23525.45	3.00	7841.82	2.07	
施肥比例	69564.37	4.00	17391.09	4.60	*
误差	45364.04	12.00	3780.34		

注　*代表 0.05 水平的显著性。

肥会造成土壤次生盐碱化，进而加重盐分对作物生长的不利影响，盐分和氮肥之间表现出明显的交互作用。随着枣树生育期的推进，土壤电导率值呈现减少趋势，果实膨大期土壤剖面 0～60cm 平均电导率值较花期减少 18.06%。说明水肥耦合效应能够有效控制土壤盐分含量。

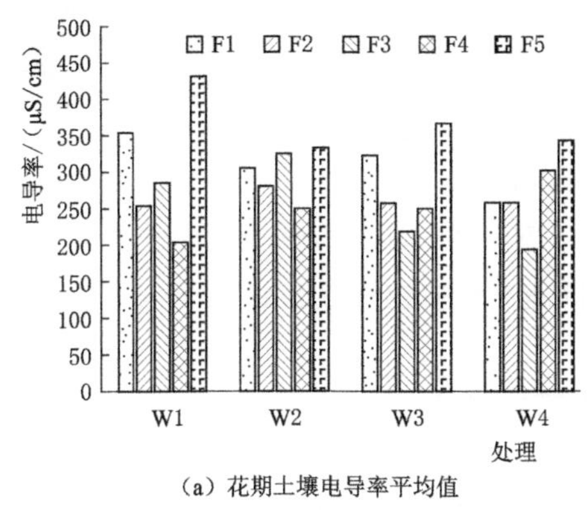

(a) 花期土壤电导率平均值

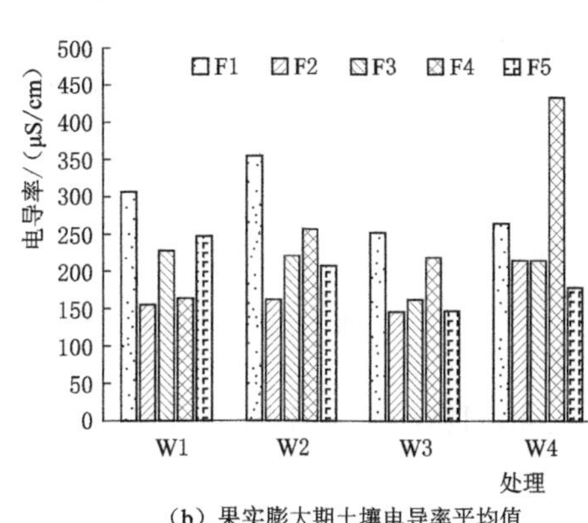

(b) 果实膨大期土壤电导率平均值

图 3-19　不同施肥配比对土壤剖面电导率平均值的影响

图 3-20 为相同灌水定额不同施肥配比，土壤电导率垂直分布情况，由图可知，当灌水定额较大时，土壤电导率值在不同施肥配比组合下，各处理电导率分布差异较大。而当灌水定额很小时，各处理组合土壤电导率垂直分布情况趋于一致，在整个土壤剖面上先减

少再增加。整体来看，在 40cm 土壤剖面土壤电导率值显著降低，可能是由于该区域盐分受蒸发蒸腾影响向上迁移，受重力排水影响向下迁移，因此呈现低含盐区域带。施用钾肥较多时，土壤电导率在垂直分布上变化较平缓，而施用氮肥较多时，土壤电导率在垂直方向上变化剧烈。当灌水定额较大时（W1 和 W2），F4（60%尿素+40%KH_2PO_4）处理在整个土壤剖面上土壤电导率值最小，F5（70%尿素+30%KH_2PO_4）处理土壤电导率值最大。由此得出，在高水条件下氮肥与钾肥配比为 6：4 时具有显著的抑盐效果。而当灌水定额较小时（W3 和 W4），采用施肥配比 F3（50%尿素+50%KH_2PO_4）处理在整个土壤剖面上土壤电导率值最小，而当采用施肥配比 F5（70%尿素+30%KH_2PO_4）处理时，土壤电导率值最大。由此得出，在低水条件下氮肥与钾肥配比为 5：5 时抑盐效果显著。这也说明水肥对土壤盐分的累积具有一定交互作用。

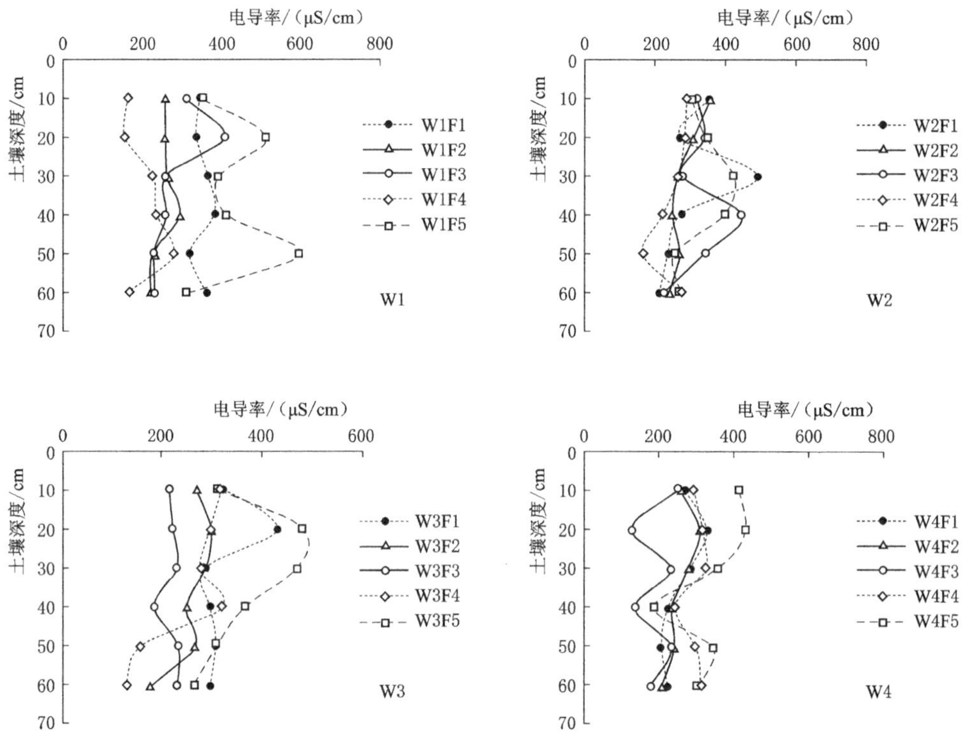

图 3-20 不同施肥配比对土壤剖面电导率垂直分布的影响

3.4.2 相同施肥配比不同灌水定额组合土壤电导率变化

由图 3-21 可知，当增加施肥配比中钾肥施用量的比重时，随着灌水定额的增加土壤剖面电导率呈增加的趋势；而当增加施肥配比中氮肥施用量的比重时，随着灌水定额的增加土壤剖面电导率呈减少的趋势；但当采用施肥配比 F5（70%尿素+30%KH_2PO_4）处理时，氮钾肥的配比为 7：3，土壤剖面电导率值较其他施肥配比处理显著增加，且在高水条件下，土壤整个剖面电导率值较其他处理增幅显著，但能将盐分淋洗到土层 50cm 处；相反，在低水条件下，土壤剖面电导率值显著减小。

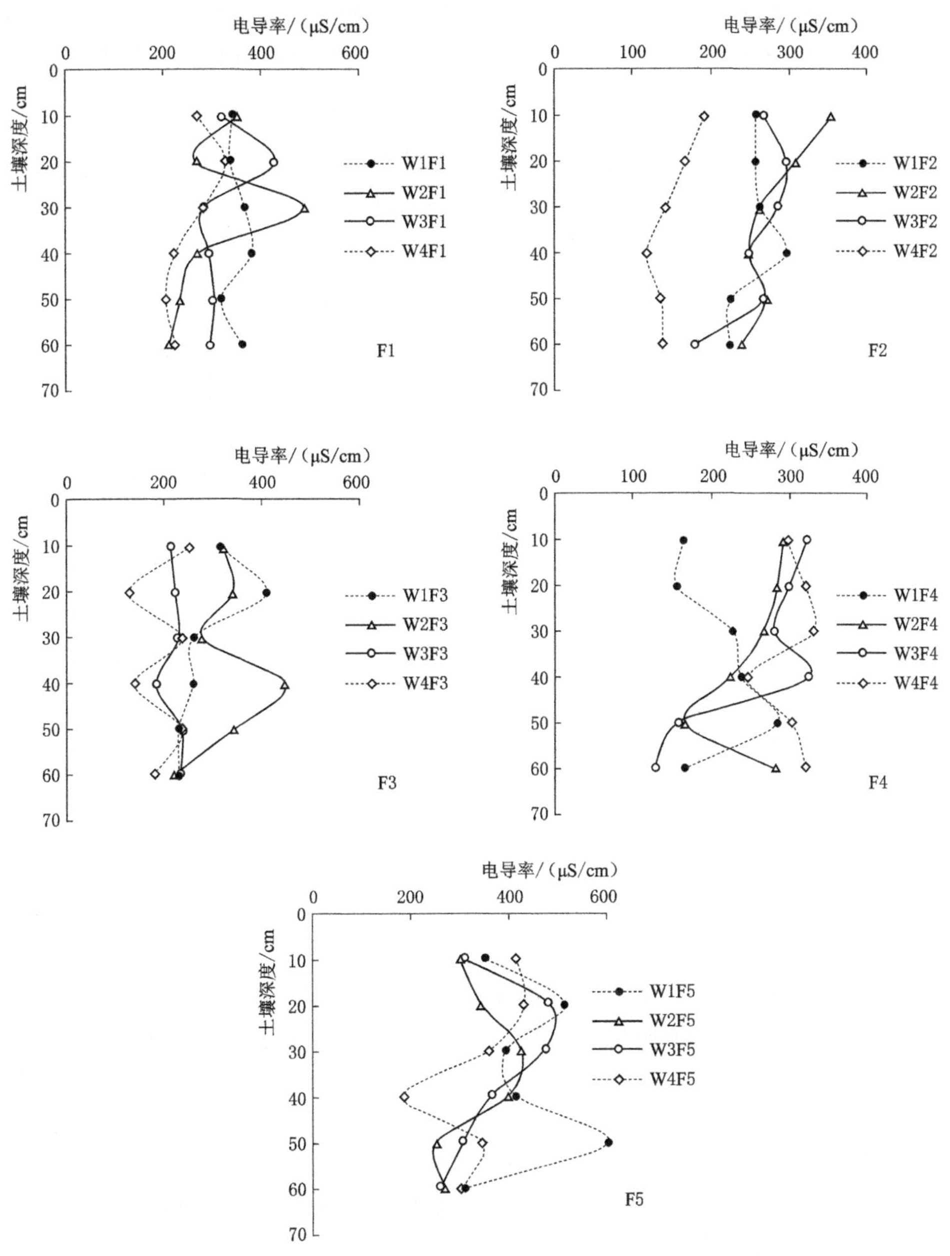

图 3-21 不同灌水定额对土壤剖面电导率垂直分布的影响

3.4.3 灌水前后土壤脱盐效果分析

单独进行灌溉时对土壤盐分具有淋洗作用，本研究通过不同水肥组合处理研究发现，当灌水和施肥同时进行时，则会对土壤盐分产生不同的影响。分析了滴灌施肥前后土壤盐分的变化情况，研究表明，一些灌水施肥组合会导致土壤盐分含量增高，主要可能是因为肥料中含有一定量的盐分离子，在土壤中滞留。而一些灌水施肥组合会产生脱盐效果，可能是淋洗起到主导作用。由图 3-22 可知，滴灌施肥后各处理土壤电导率均有不同程度的变化。变化量为灌水前的电导率值与灌水后电导率值的差值。增加即为正，减少即为负值。电导率值变化量从 9.58～219.05μS/cm。脱盐率为灌水前电导率值与灌水后电导率值的差值与灌水前电导率的比值。负值表示积盐，正值表示脱盐。

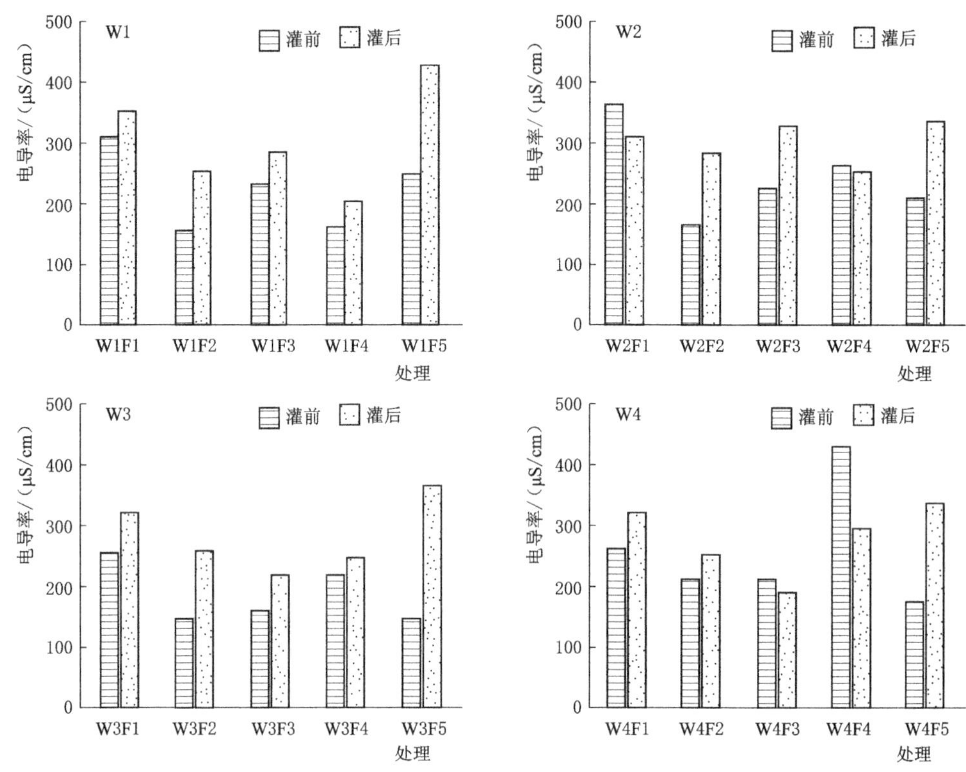

图 3-22 不同施肥配比处理灌水前后土壤剖面电导率平均值变化

由表 3-10 可知，W4F4 处理，即灌水定额 5.80m^3/667m^2，施肥配比 60%尿素+40%KH_2PO_4，土壤整个剖面脱盐率达到 31.15%；而 W3F5 即灌水定额 8.47m^3/667m^2，施肥配比 70%尿素+30%KH_2PO_4，土壤整个剖面积盐率达到 81.19%。因此，大部分处理滴灌后土壤盐分呈现不同程度的增加，可能跟滴灌后表层土壤湿润度较高，深层盐分倾向于向土表聚集。但是高灌水定额时，随着湿润层的迅速下移，脱盐逐渐占据主导。而由于不同的施肥与滴灌处理的交互作用，导致了土壤盐分的变化情况也各不相同。总体上讲，W4F4 处理的节水控盐效果较好。

表 3-10　　灌水前后 0～60cm 土壤电导率平均值变化分析　　单位：μS/cm

处理		灌前	灌后	变化量	脱盐率/%
W1	F1	308.83	352.33	−43.50	−14.09
	F2	156.68	253.67	−96.98	−61.90
	F3	229.68	283.17	−53.48	−23.29
	F4	163.25	203.17	−39.92	−24.45
	F5	249.00	429.67	−180.67	−72.56

续表

处理		灌前	灌后	变化量	脱盐率/%
W2	F1	357.33	305.50	51.83	14.51
	F2	162.37	280.83	−118.47	−72.96
	F3	222.18	324.17	−101.98	−45.90
	F4	259.33	249.75	9.58	3.70
	F5	208.17	332.13	−123.97	−59.55
W3	F1	254.17	322.17	−68.00	−26.75
	F2	146.53	257.27	−110.73	−75.57
	F3	162.60	218.93	−56.33	−34.65
	F4	220.67	249.42	−28.75	−13.03
	F5	146.62	265.67	−219.05	−81.19
W4	F1	264.83	324.00	−59.17	−22.34
	F2	215.12	256.67	−41.55	−19.32
	F3	215.28	194.07	21.22	9.86
	F4	436.00	300.17	135.83	31.15
	F5	178.17	240.50	−162.33	−34.98

3.4.4 水肥互作效应对土壤电导率的影响

对花期灌水前土壤电导率值分析，灌水定额与施肥配比两因子互做效应在各土层均呈现显著性，如图 3-23 所示，在土壤表层土壤电导率值最高，最高值达到 677.5μS/cm，土壤盐分表聚现象显著，可能是蒸腾作用、土壤水势存在梯度差和土壤表面蒸发的以及滴灌施肥相互作用下引起土壤盐分聚集。0～10cm 土层，当灌水定额最大，施肥配比中氮钾肥呈 7：3 比例时，土壤电导率值达到峰值。而当灌水定额小，W3（8.47m^3/667m^2），施肥配比中氮钾肥呈 5：5 时，土壤电导率值达到最低值 158.8μS/cm。10～20cm 土层，当灌水定额 W2（11.60m^3/667m^2），施肥配比中氮钾肥呈 3：7 时，土壤电导率值达到峰值 610μS/cm；而当灌水定额最大，W1（14.27m^3/667m^2），施肥配比中氮钾肥呈 4：6 时，土壤电导率值达到最低值 141μS/cm。20～30cm 土层，当灌水定额 W4（5.80m^3/667m^2），施肥配比中氮钾肥呈 6：4 时，土壤电导率值达到峰值 416μS/cm；而当灌水定额 W3（8.47m^3/667m^2），施肥配比中氮钾肥呈 4：6 时，土壤电导率值达到最低值 141.3μS/cm。30～40cm 土层，土壤电导率值显著减少。当灌水定额 W4（5.80m^3/667m^2），施肥配比中氮钾肥呈 6：4 时，土壤电导率值达到峰值 354μS/cm；而当灌水定额最大，W1（14.27m^3/667m^2），施肥配比中氮钾肥呈 6：4 时，土壤电导率值达到最低值 132.5μS/cm。40～50cm 土层，当灌水定额 W1（14.27m^3/667m^2），施肥配比中氮钾肥呈 3：7 时，土壤电导率值达到峰值 341μS/cm；而当灌水定额 W2（11.60m^3/667m^2），施肥配比中氮钾肥呈 4：6 时，土壤电导率值达到最低值 72.8μS/cm。50～60cm 土层，当灌水定额 W4（$5.80m^3/667m^2$），施肥配比中氮钾肥呈 6∶4 时，土壤电导率值达到峰值 329μS/cm；而当灌水定额 W3（$8.47m^3/667m^2$），施肥配比中氮钾肥呈 6∶4 时，土壤电导率值达到最低值 115.4μS/cm。

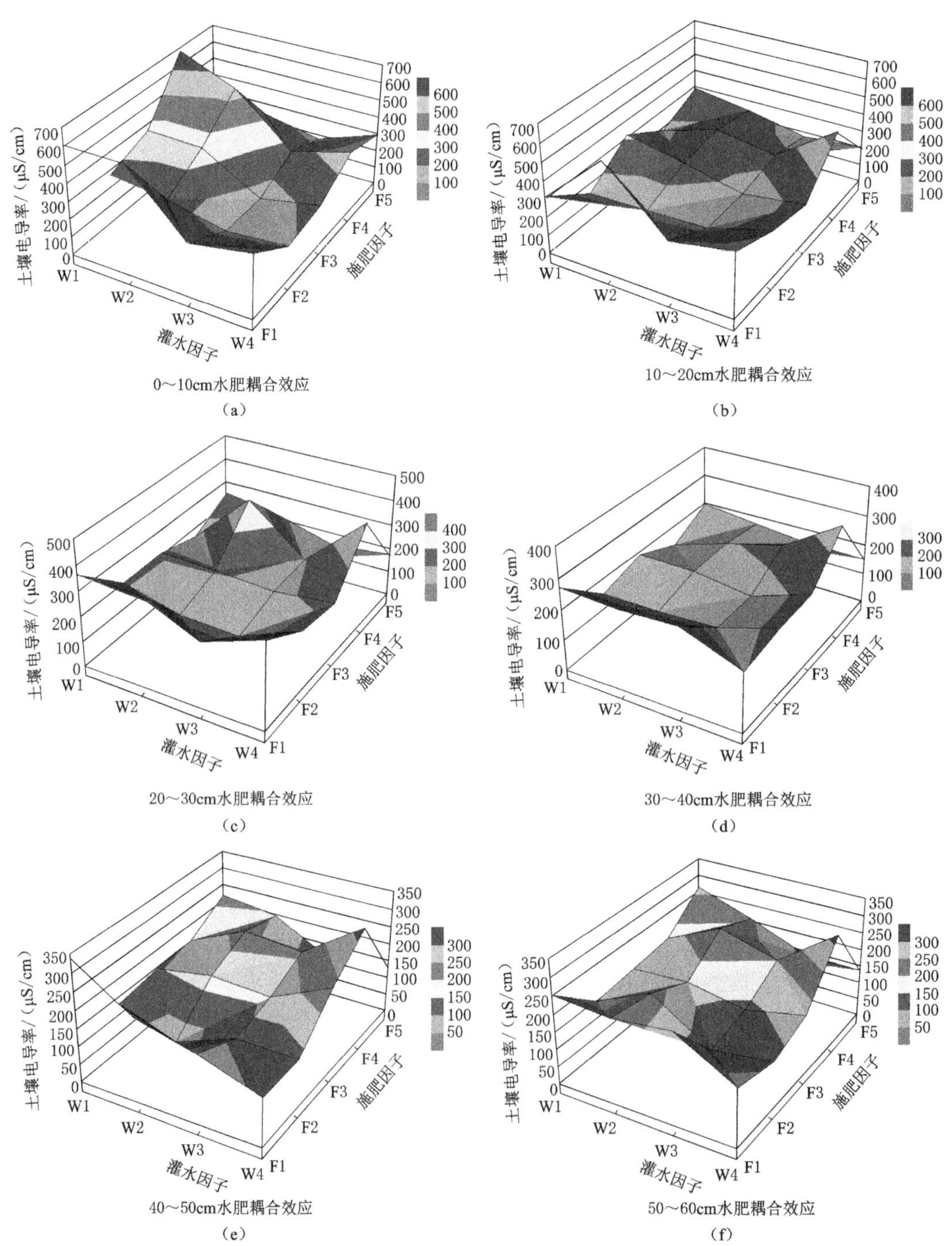

图 3-23　不同灌水施肥处理对各土层土壤电导率耦合影响

3.5 小结

(1) 枣树根区土壤硝态氮含量随土壤深度增加呈减少趋势，随水平距离增加而逐渐升高。生育期初期土壤硝态氮含量较低，新梢期土壤硝态氮逐渐增加，滴灌和漫灌土壤硝态氮变异系数均随着土壤深度和水平距离的增加而减少，减少幅度滴灌大于漫灌；生育期初始阶段两种灌溉方式下土壤碱解氮随深度的增加均呈现减少的趋势，水平方向上碱解氮含量差异不明显，新梢期土壤碱解氮呈现增加的趋势，灌溉方式对土壤碱解氮的空间异质性影响较小；枣树生育初期，滴灌和漫灌枣树根区各层土壤速效钾含量较高，进入新梢期后其含量迅速下降。滴灌和漫灌下土壤速效钾含量的变异系数均随着土壤深度的增加而减小，随着水平距离的增加呈现先减小后增大的趋势；土壤有效磷枣树生育期开始阶段含量较高，新梢期迅速降低。滴灌和漫灌在水平方向的变异系数均随着距离的增加而减小，滴灌处理变异性大于漫灌。综上所述，灌溉方式对土壤硝态氮的空间分布和变异性的影响最大，对碱解氮的影响最小。

(2) 灌水定额与施肥配比均对 0～10cm 土壤电导率有显著影响，灌水定额对其他各土层电导率的影响不显著。施肥配比因子对 0～60cm 整个土壤剖面电导率平均含量有显著影响，对 20～30cm 土层电导率影响显著，对其他土层盐分影响较小。水肥对土壤盐分的累积具有一定交互作用，高水条件下，氮肥与钾肥施用配比为 6：4；低水条件下，氮肥与钾肥配比为 5：5 时抑盐效果显著。随施氮肥量的增加，土壤电导率值呈现先减小后增大的趋势，当施氮肥的比例增加为 70%时，土壤电导率值最大，施用钾肥较多时，土壤电导率在垂直分布上变化较平缓，而施用氮肥较多时，土壤电导率在垂直分布上较急剧。在施肥配比中，氮肥施用比例对土壤电导率影响权重较大。当施肥配比氮钾比为 7：3 时，土壤严重积盐。在水肥共同作用下，土壤盐分表聚现象显著，各层土壤电导率呈现峰值与最低值的水肥组合呈现一定规律性，灌水多时，多施氮肥；灌水少时，多施钾肥，能够达到脱盐作用。通过脱盐率分析，得出 W4F4 处理脱盐率较高，节水控盐效果较好。

(3) 漫灌导致了磷素向深层土壤的迁移，而滴灌有利于表层土壤磷素的积累。生物活性磷的比例随灌溉土壤深度的增加逐渐降低，且滴灌有利于表层土壤生物活性磷的积累。漫灌土壤中高活性的有机磷含量高于滴灌，而滴灌则以高活性的无机磷含量高于漫灌。与滴灌相比，漫灌增加了土壤中高活性的有机磷向深层土壤的迁移量。施氮有利于提高土壤高活性的磷素的含量。因此，长期漫灌可能导致土壤磷素的大量流失，滴灌和施氮是提高磷素利用效率，降低磷流失风险的有效途径之一。但是，氮肥的施用也应该结合作物各生育期的不同需求进行施用，施氮量的增加也可能导致氮素流失的加剧。

参考文献

[1] 王秀康，李占斌，邢英英．覆膜和施肥对玉米产量和土壤温度、硝态氮分布的影响［J］．植物营养与肥料学报，2015，21（4）：884-897.

[2] 李发永，王兴鹏，林杰，等．不同矿化度的微咸水滴灌对红枣根区土壤碱解氮的影响［J］．干旱

区研究，2013，30 (3)：424 - 429.

[3] 侯晓华，朱耀辉，李发永，等．不同灌溉方式对枣树根区土壤速效养分赋存及空间异质性的影响 [J]．中国农村水利水电，2018，432 (10)：130 - 140.

[4] 刘志平，武雪萍，李若楠，等．温室滴灌条件下施用鸡粪和磷肥对土壤磷素的影响 [J]．中国农业科学，2019，52 (20)：3637 - 3647.

[5] 李发永，姚宝林，孙三民，等．不同灌溉方式对枣树根系生长及抗寒性能的影响 [J]．北方园艺，2018，20：13 - 25.

[6] 叶玉适，梁新强，李亮，等．不同水肥管理对太湖流域稻田磷素径流和渗漏损失的影响 [J]．环境科学学报，2015，35 (4)：1125 - 1135.

[7] 吴俊，樊剑波，何园球，等．苕溪流域不同施肥条件下稻田田面水氮磷动态特征及产量研究 [J]．土壤，2013，45 (2)：207 - 213.

第4章 滴灌对矮化密植枣树生长和生理的影响

4.1 研究方法

4.1.1 研究区概况

研究区地处于欧亚大陆腹地，受天山和塔克拉玛干大沙漠影响，属暖温带级端干旱荒漠气候，夏季酷热，日照时数为2935h，年平均降水42.4mm，主要集中在5—9月，全年降水平均为22.4d，年平均蒸发量为2044.6mm。年均气温10.7℃，≥10℃积温4113℃，无霜期197d，土壤类型主要为砂壤土，试验地土壤理化性质见表4-1。

表4-1 试验地土壤理化状况

土壤质地	碱解氮	硝态氮	土壤容重	田间持水率	有效磷	速效钾
砂壤土	14.45～24.25	0.96～2.21	1.60	21%	6.95～16.79	14.56～19.97

4.1.2 试验材料

研究对象为红枣（天山骏枣，*Zizyphus Jujube*），长势一致、矮化密植红枣苗木。

4.1.3 试验设计

4.1.3.1 滴灌对枣树光合作用的影响试验设计

红枣种植株行距为1m×2m，在整个红枣生育期内采用滴灌方式进行不同灌水定额滴水试验。滴灌施肥量16kg/(667m^2·次)，施肥配方为30%尿素+70%KH_2PO_4；施肥主要以尿素（碳酰二胺-CON_2H_4）和磷酸二氢钾（KH_2PO_4）为主，施肥方式为随水滴施。共4个灌水试验小区，分别为W1、W2、W3、W4，每小区10株树。全生育期灌水10次，分别为发芽期1次，花期4次，挂果前期3次，挂果后期2次，每次每个处理灌水定额相同。W1、W2、W3、W4灌水定额分别为0.32m^3、0.26m^3、0.19m^3、0.13m^3。

施肥实验枣树种植模式同灌水实验，划分为5个实验小区，每小区10株枣树，灌水采用上述4个灌水定额W1（0.32m^3）、W2（0.26m^3）、W3（0.19m^3）、W4（0.13m^3）。共设置5个施肥水平，分别为：F1—30%尿素+70%KH_2PO_4；F2—40%尿素+60%KH_2PO_4；F3—50%尿素+50%KH_2PO_4；F4—60%尿素+40%KH_2PO_4；F5—70%尿素+30%KH_2PO_4。每个处理有4个重复，共设4个小区，每个小区有10株树。同时考虑枣树生育关键期内（盛花期和挂果前期）累积灌水量和累积施肥量对净光合速率的影响，其中累积灌水量和累积施肥量分别见表4-2、表4-3。

表 4-2　　各个处理的施肥总量

每亩施肥量/(kg/亩)	枣树个数/(棵/亩)	每棵树需肥量/kg	每个处理需肥量/kg
16	446	0.036	0.36

表 4-3　　各处理下的小区灌水量和施肥量

处理编号		每个处理的灌水量/m^3	生长关键期内累积灌水量/m^3	尿素/kg	磷酸二氢钾(KH_2PO_4)/kg	生长关键期累积施尿素量/kg	生长关键期累积施磷酸二氢钾(KH_2PO_4)/kg
1	W1F1	0.32	3.2	0.11	0.25	1.1	2.5
2	W2F1	0.26	2.6	0.11	0.25	1.1	2.5
3	W3F1	0.19	1.9	0.11	0.25	1.1	2.5
4	W4F1	0.13	1.28	0.11	0.25	1.1	2.5
5	W1F2	0.32	3.2	0.14	0.22	1.4	2.2
6	W2F2	0.26	2.6	0.14	0.22	1.4	2.2
7	W3F2	0.19	1.9	0.14	0.22	1.4	2.2
8	W4F2	0.13	1.28	0.14	0.22	1.4	2.2
9	W1F3	0.32	3.2	0.18	0.18	1.8	1.8
10	W2F3	0.26	2.6	0.18	0.18	1.8	1.8
11	W3F3	0.19	1.9	0.18	0.18	1.8	1.8
12	W4F3	0.13	1.28	0.18	0.18	1.8	1.8
13	W1F4	0.32	3.2	0.22	0.14	2.2	1.4
14	W2F4	0.26	2.6	0.22	0.14	2.2	1.4
15	W3F4	0.19	1.9	0.22	0.14	2.2	1.4
16	W4F4	0.13	1.28	0.22	0.14	2.2	1.4
17	W1F5	0.32	3.2	0.25	0.11	2.5	1.1
18	W2F5	0.26	2.6	0.25	0.11	2.5	1.1
19	W3F5	0.19	1.9	0.25	0.11	2.5	1.1
20	W4F5	0.13	1.28	0.25	0.11	2.5	1.1

4.1.3.2　滴灌对枣树生长的影响试验设计

参见表 4-2 不同水肥组合试验表。

4.1.3.3　滴灌对枣树根系生长的影响试验设计

试验区位于新疆阿拉尔市塔里木大学现代农业工程重点实验室节水灌溉试验基地（40°20′47～41°47′18″N，79°22′33～81°53′45″E）。该区属大陆性干旱气候区，降水量稀少，蒸发量大，气候干燥。年均降水量 40.1～82.5mm，年均蒸发量 1976.6～2558.9mm。年均气温 10.8℃，1 月平均气温 −8℃，7 月平均气温 25℃。日照时间 2855～2967h，太阳总辐射量 544.115～590.155J/cm^2，无霜期 205～219d，风沙浮尘天气较多，主要集中在春季和夏季。春季升温快而不稳，秋季降温快。土壤为沙壤土，4 月 10 日取样测定初始土壤的理化学性质（80cm 土层平均值）及土壤机械组成见表 4-4 和表 4-5。

表 4-4　　初始土壤理化性质

灌溉方式	含水率 /%	总盐 /(mg/kg)	碱解氮 /(mg/kg)	硝态氮 /(mg/kg)	有效磷 /(mg/kg)	速效钾 /(mg/kg)
滴灌	12.25	0.95	17.29	8.81	30.32	126.66
漫灌	10.23	0.74	30.14	10.11	22.61	184.32

表 4-5　　试验区 0～80cm 土壤机械组成

土层 /cm	粒径百分比/%				容重 /(g/cm³)
	质地	砂粒 $d>0.075$mm	粉粒 $0.005\text{mm}<d<0.075$mm	黏粒 $d<0.005$mm	
0～10	粉壤土	41.2	52.4	7.4	1.31～1.38
10～20	粉壤土	40.3	54.2	6.5	1.33～1.37
20～40	粉壤土	37.5	53.4	9.1	1.31～1.41
40～60	粉壤土	36.1	50.3	10.6	1.38～1.43
60～80	黏壤土	23.4	49.6	25	1.47～1.56

注　按美国农业部（USDA）制划分。

4.1.3.3.1　枣树种植方式

枣树品种为红枣（*Ziziphus zizyphus*），以酸枣（*Ziziphus jujuba var. spinosa*）为砧木嫁接而成，6 年生，单作枣树行距为 2.0m，株距 1.0m。年初进行修剪，株高保持在 1.5～2.0m。生育期为 4 月中下旬至 10 月上中旬，约 180d 左右，生育期内最大冠层直径维持在 1.5m 内。

4.1.3.3.2　灌溉施肥方式

本试验分别选择常规灌（漫灌）和滴灌应用年限为 5 年的枣树田块，每个田块随机设置 3 个重复，常规灌灌水定额为 150m³/亩，全生育期灌水 6 次，其中新梢生长期 1 次，花期 2 次，果实膨大期 2 次，果实成熟期 1 次。生育期结束后冬灌 1 次，全年灌溉定额为 1050m³/亩。滴灌定额为 20m³/亩，全生育期灌水 16 次，其中萌芽前期 1 次（4 月 15 日），新梢生长期 2 次（5 月 4 日、5 月 15 日），花期 6 次（5 月 25 日、6 月 1 日、6 月 10 日、6 月 20 日、6 月 30 日、7 月 10 日），幼果期 2 次（7 月 20 日、7 月 30 日），果实膨大期 4 次（8 月 7 日、8 月 14 日、8 月 21 日、8 月 28 日），果实成熟期 1 次（9 月 20 日），生育期结束后冬灌（常规灌）1 次。全年灌溉定额为 470m³/亩。

有机肥施入方式为穴施，3 月底在距枣树根区 30cm 处挖深度 20cm 浅坑施入并覆土，无机肥施入主要集中在 5 月、6 月、7 月和 8 月 4 个需水关键期。氮、磷、钾肥施入主要以复合肥为主，N、P、K 比例为 2∶1∶1，施肥量为 2250kg/hm²，全生育期施肥 3 次，施肥周期以枣树生育期为主，花期 1 次，幼果期 1 次，果实膨大期 1 次，单次施肥量按总施肥量进行平均。滴灌处理为随水滴施，漫灌处理则将复合肥在枣树根区 20cm 处挖坑穴施后再进行灌水，滴灌和漫灌处理施肥量相同。

4.1.3.3.3　试验方法

（1）枣树根系观测方法。枣树根系观测采用三维根系挖掘法，第二年春，即 2017 年 4 月 15 日在枣树根区单侧半径 2m，圆心角为 90°，面积约 3.14m^2 的扇形区域沿垂直和水平方向逐层挖掘（见图 4-1），每个处理选择 3 个重复，选好标准株后，以根径处为三维坐标起点，布设坐标，平行条带方向，即东西走向方向为 x 轴，垂直条带走向，即南北方向为 y 轴，铅垂方向为 z 轴布设坐标。坐标布设完成后，沿根茎周围逐层挖掘，记录沿每段根系每层测量根系的起点坐标和终点坐标及根径变化，拐弯或分叉处重新编号测量其起、终点坐标和根茎变化。并调查每层的死根、一级侧根（$d>$2mm）、二级侧根（1mm$<d\leqslant$2mm）的数目。每层挖掘过程中对一级侧根和二级侧根进行分选，并将全部根系挑出带回实验室，用清水洗涤多次，筛选出毛细根（$d\leqslant$1mm）和死根。进行根密度和根生物量统计，将各类根系平铺在放有白纸的底板上，使用扫描仪扫描成灰阶模式 TIF 图像文件，将获取的 TIF 图像文件用 WinRhizo 图像处理系统分析根总长。

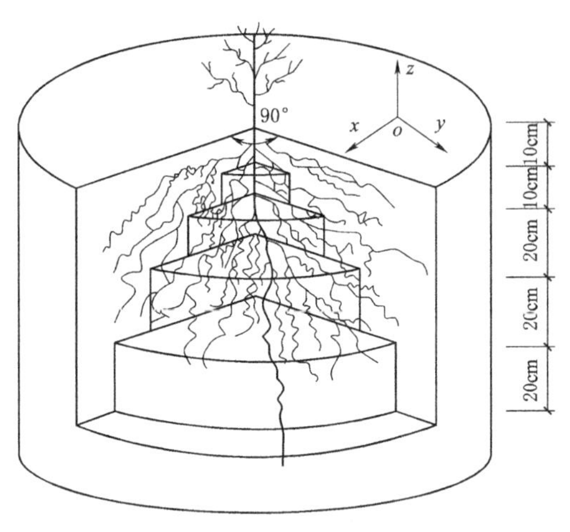

图 4-1　根系调查示意图

（2）根系抗寒性能试验方法。将上述挖掘的各层侧根系带回实验室放入冷冻循环箱，在－25℃下进行 12h 的低温胁迫处理。处理后，解冻 30min，取出各处理不同深度的部分侧根系进行各项抗寒性能指标的测定。每个处理重复 3 次。

（3）测试项目及方法。将各类根系放入烧杯置于烘箱内，105℃干燥 48h，取出测定根系干质量；单位面积根重＝根干质量/土层面积；单位面积根长＝总根长/土层面积；根长密度＝总根长/土层体积。

超氧化物歧化酶（SOD）活性用愈创木酚比色法测定；丙二醛（MDA）含量采用分光光度法测定；根系活力采用氯化三苯基四氮唑（TTC）法测定；氧化氢酶（CAT）采用高锰酸钾滴定法测定；可溶性糖采用蒽酮法测定；采用 Wilner 的 EL 法测定质膜电解质渗出率，利用电导率仪进行测定。

试验区气温从小型气象站（型号：Vantage Pro2）获得，土壤温度采用曲管温度计测定，温度计埋设深度为 0～5cm、5～10cm、10～15cm、15～20cm、20～25cm，记录日期 2016 年 3 月 13 日—10 月 31 日。每天中午 14：00 记录一次数据，每个处理埋设 3 组地温计。

试验数据采用 Microsoft Excel、SPPS 22.0、Origin 8.0 进行处理、分析、模型构建等。

4.1.4　测定方法

选取树冠外围中上部枝条上从顶端数第 6～8 片生长一致的向阳健康成熟叶片。于红枣生长关键期（盛花期和挂果前期），选择晴朗天气，分别在 6 月 14 日、6 月 23 日、7 月 22 日对枣树叶片的净光合速率、蒸腾速率等光合特性进行测定，利用自然光照，用LI—6400型光合仪对叶片进行活体测定，从10：00开始测定至20：00，每隔2h测定1次。测定项目包括净光合速率［P_n，μmol/(m^2/s)］、蒸腾速率［T_r，μmol/(m^2/s)］等光合生理指标。

采用烘干法测定土壤含水率 θ_m；采用磷钼蓝比色法测定土壤有效磷含量；采用火焰光度法测定土壤速效钾含量。

4.2 滴灌施肥对枣树光合作用的影响

4.2.1 滴灌前后不同灌水定额的枣树净光合速率与蒸腾速率的变化

灌前各处理红枣净光合速率相差不大（图4-2），4个处理的净光合速率分别为22.10μmol/(m^2/s)、19.70μmol/(m^2/s)、20.13μmol/(m^2/s)、17.70μmol/(m^2/s)，而灌水后枣树冠层叶片的净光合速率明显增加，分别达到了46.70μmol/(m^2/s)、40.00μmol/(m^2/s)、38.16μmol/(m^2/s)、24.38μmol/(m^2/s)。各个处理有显著差异，且随着灌水量的增加而增加，即灌水后净光合速率W1＞W2＞W3＞W4。研究表明红枣净光合速率和土壤含水率有较高的相关性。大致可以得出灌水量越大，同一时刻红枣净光合速率也越大。

图4-3为灌水前后不同处理蒸腾速率的变化曲线，滴灌前后蒸腾速率的变化和净光合速率的变化相似，灌水前各处理的蒸腾速率相差不大，分别为9.09mmol/(m^2/s)、8.21mmol/(m^2/s)、8.55mmol/(m^2/s)、8.11mmol/(m^2/s)。灌水后枣树冠层叶片蒸腾速率增加较为明显，W1＞W2＞W3＞W4，分别达到了18.12mmol/(m^2/s)、16.39mmol/(m^2/s)、15.17mmol/(m^2/s)、12.18mmol/(m^2/s)。植物蒸腾速率的变化受很多因素的影响，但是土壤水分的变化特别是水分亏缺对作物的蒸腾速率影响较大，灌水量越大红枣蒸腾速率也越大，一旦发生水分亏缺，蒸腾速率则迅速下降。但是蒸腾作用强度的增加对红枣的影响有两方面的影响；一方面，可以降低冠层叶片的温度，防止高温灼伤，提高土壤矿质元素和营养物质的输送效率的；另一方面，会增加枣树叶片耗水量。

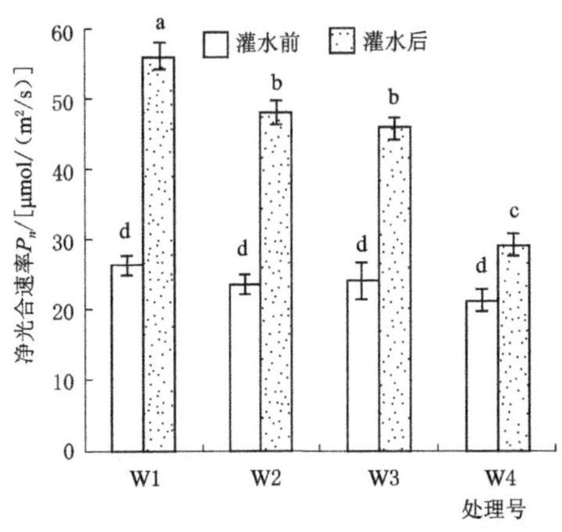

图4-2 滴灌前后红枣净光合速率变化

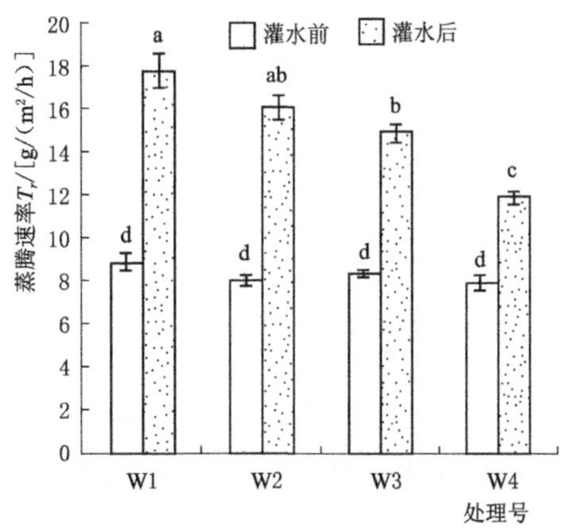

图4-3 滴灌前后红枣蒸腾速率变化

4.2.2 不同灌水定额对净光合速率及蒸腾速率日变化的影响

图4-4为不同灌水定额处理下滴灌红枣净光合速率的日变化，由图可知枣树冠层叶片P_n日变化为双峰曲线，均具有典型的午休特征，其峰均出现在12：00和16：00，第一个峰值出现在12：00，峰值最大为W1（灌水定额为15m^3/亩）46.70μmol/(m^2/s)。最小的为W4，净光合光合值为24.38μmol/(m^2/s)。第二个峰值出现在16：00，其中W2>W1>W3>W4。最大为W2，P_n值达到了23.85μmol/(m^2/s)。从峰值的变化可以看出，第一个峰值明显要大于第二个峰值，研究发现枣树的净光合速率变化情况和其他作物有着相似的特征，均表现出午休特征，影响红枣12：00光合作用出现午休特征的因素很多，最可能的一种情况是温度过高导致枣树叶片保卫细胞失水，渗透压降低，最终导致气孔关闭引起。从图也可以看出W1、W2、W3的净光合速率相差不大，但是W4的净光合速率明显较低，说明水分过度胁迫容易影响红枣的净光合速率，而适宜的干旱胁迫下红枣可以通过调节气孔开度适宜干旱环境。

图4-5为不同滴灌定额处理红枣蒸腾速率日变化情况，由图可以看出，全日内红枣冠层叶片的蒸腾速率呈现出先增加，14：00左右达到峰值，而后又逐渐降低，未出现和红枣净光合作用相似的双峰曲线。四个处理的变化曲线极为相似，其中14：00蒸腾速率T_r值W2>W1>W3>W4。通过图可以发现蒸腾速率主要受到两方面的影响。一方面是土壤含水率，灌水量能够直接影响土壤含水率的大小。灌水量越大土壤含水率也越大，红枣蒸腾速率也相对较高；另一方面是温度能够直接影响蒸腾速率的大小，14：00气温达到最高，红枣叶片的呼吸作用最强，叶片对水分的需求最大，蒸腾速率也达到峰值。

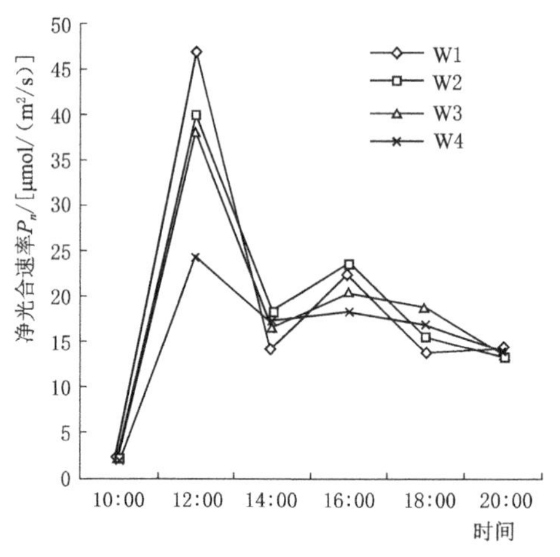

图4-4 不同滴灌定额处理红枣净光合速率日变化

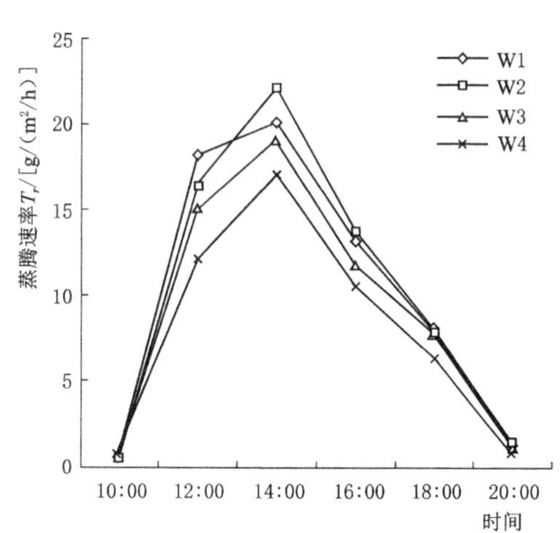

图4-5 不同滴灌定额处理红枣蒸腾速率日变化

4.2.3 不同施肥水平对净光合速率（P_n）日变化的影响

不同施肥水平对净光合速率测定结果表明（图4-6），在晴天时：枣树叶片P_n日变化为双峰曲线，均具有典型的午休特征，其峰均出现在12：00和18：00，灌水定额较低时（W1、W2），枣树光合速率受施肥影响较大，以12：00为例，此时枣树的光合速率大小依次为：F5、F4、F3、F2、F1，施肥量越大，则光合速率也越大；但当灌水量较高时（W3、W4），枣树的光合速率大小依次为：F4、F5、F3、F2、F1，说明此时枣树光合速率不仅受到施肥的影响，同时受到灌水量的影响，灌水量过高可能对其产生抑制作用。

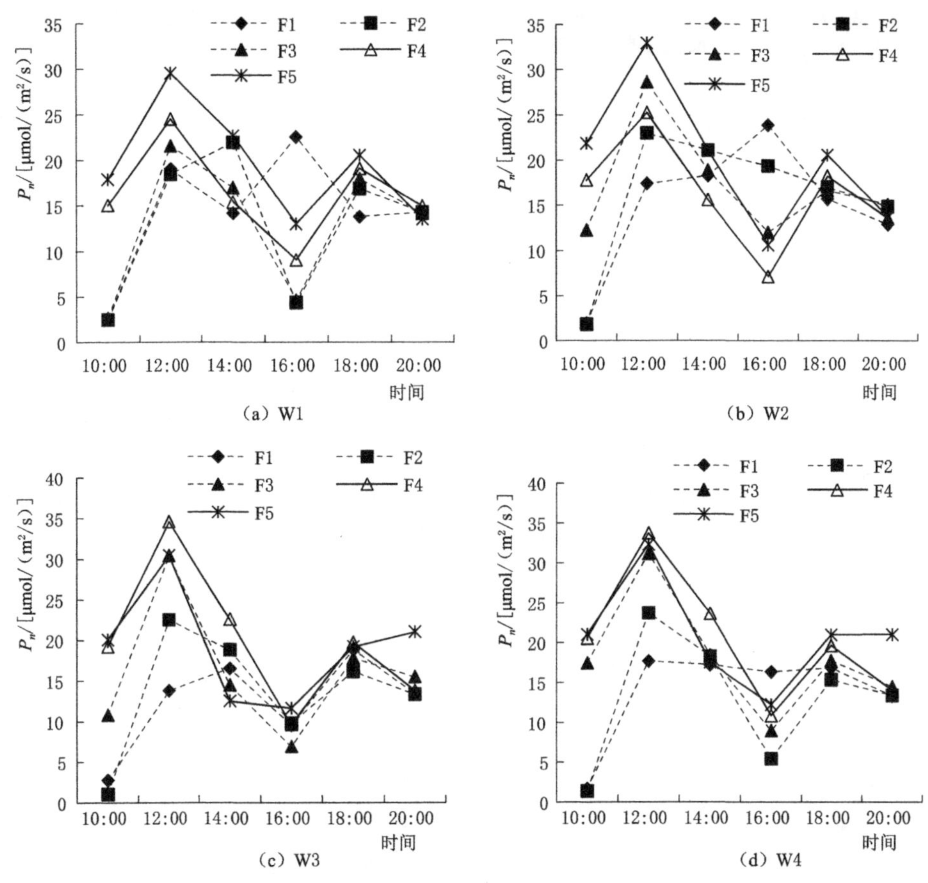

图 4-6　不同施肥水平对红枣净光合速率日变化

4.2.4　土壤水分、养分和净光合速率的关系曲线

图 4-7 表示 7 月 22 日 12：00 各处理红枣冠层叶片净光合速率和土壤含水率的相关关系。由图 4-7 可知，在一定的土壤含水率范围内，处理 W1F1～W4F5 共 20 个处理的土壤含水率都与枣树叶片的净光合速率具有良好的相关性，土壤含水率的变化趋势与红枣净光合速率基本趋于一致，枣树叶片净光合速率随着土壤含水的增加而增加。对土壤含水率和各处理的净光合速率 P_n 进行了线性拟合，拟合方程为 $y=0.7338x+11.433$，其中 $R^2=0.8899$。表明土壤含水率与枣树叶片净光合速率具有较好线性相关（图 4-8）。

由图 4-9 可以看出，枣树根区土壤的速效钾含量较低的处理，如处理 W3F3、W4F4、W2F5、W4F5，其枣树叶片的净光合速率反而较高，枣树根区土壤的速效钾含量较高的处理，如处理 W1F1、W2F2、W4F2、W1F4、W2F4，其净光合速率反而较低，土壤

土壤含水量/%
土壤含水率
净光合速率（P_n）
P_n/[μmol/(m²/s)]
处理号

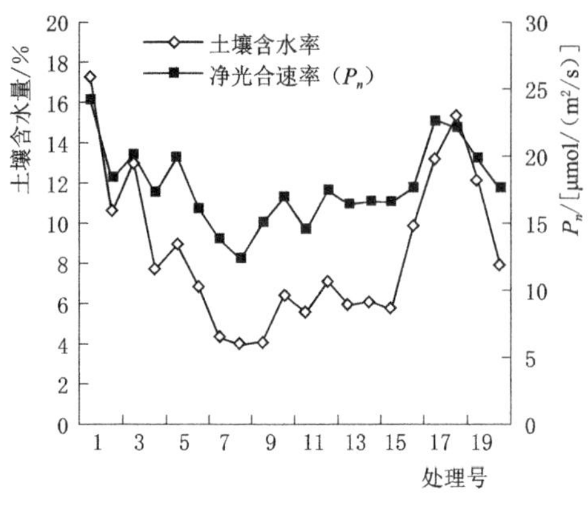

图4-7　不同滴灌定额处理红枣净光合速率日变化

P_n/[μmol/(m²/s)]
y=0.7338x+11.433
R²=0.8899
土壤含水率/%

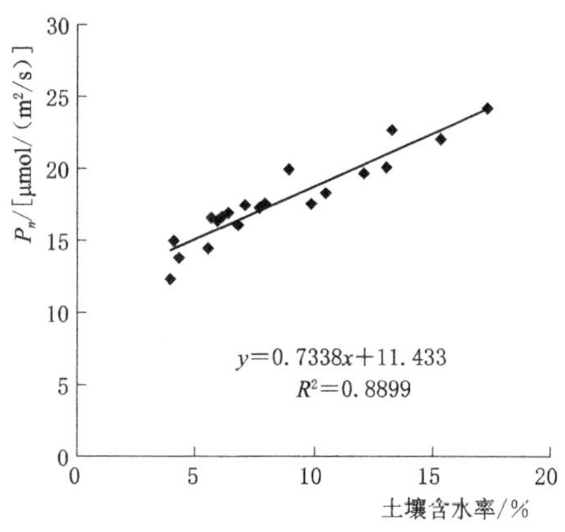

图4-8　土壤含水率与净光合速率的拟合曲线

速效钾的含量与红枣净光合速率成反比，其中9个处理枣树根区的土壤速效钾与枣树叶片净光合速率的二阶相关系数为$R^2=0.63$，达到显著水平（图4-10）。其余处理的枣树根区速效钾与枣树叶片处理也存在不同程度的相关性。

P_n
速效钾
P_n/[μmol/(m²/s)]
速效钾/(mg/kg)
处理号

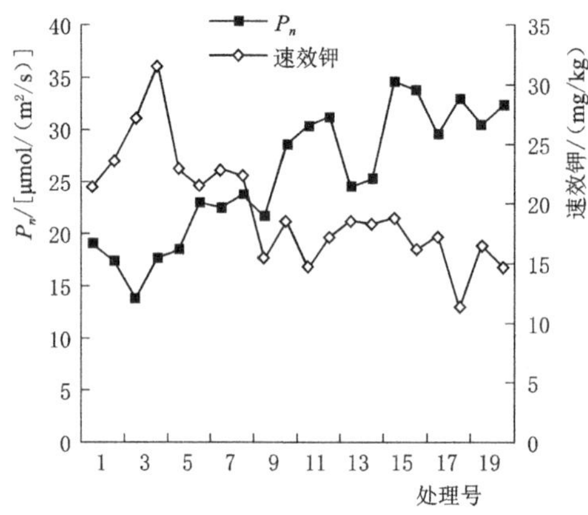

图4-9　土壤速效钾与净光合速率的相关曲线

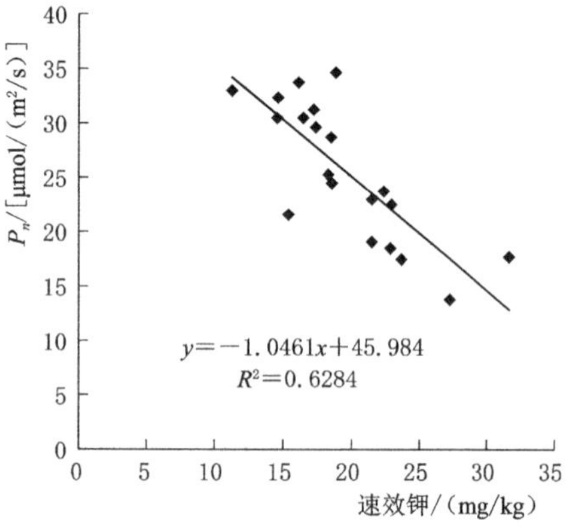

P_n/[μmol/(m²/s)]
y=-1.0461x+45.984
R²=0.6284
速效钾/(mg/kg)

图4-10　速效钾与净光合速率的拟合曲线

由图4-11可知，整体上土壤有效磷的变化趋势与净光合速率的变化趋于一致。枣树根区土壤的有效磷较高的处理，其对应的冠层叶片的净光合速率也偏高，如处理W1F1、W4F1、W2F2、W3F3、W2F5。根区土壤有效磷与枣树叶片的净光合速率之间不存在显著的线性关系（图4-12）。初步得出在枣树生育关键期内，适量的追施钾肥有助于提高枣树叶片的净光合速率，但应注意钾肥施入不宜过量，否则容易造成土壤钾离子的过度累积，反而会降低红枣的净光合速率及干物质的生成。而土壤施有效磷的累积对红枣光合速率的却有促进作用，在红枣生育关键期可以适当增加磷肥的施入量来提高土壤有效磷的含量。

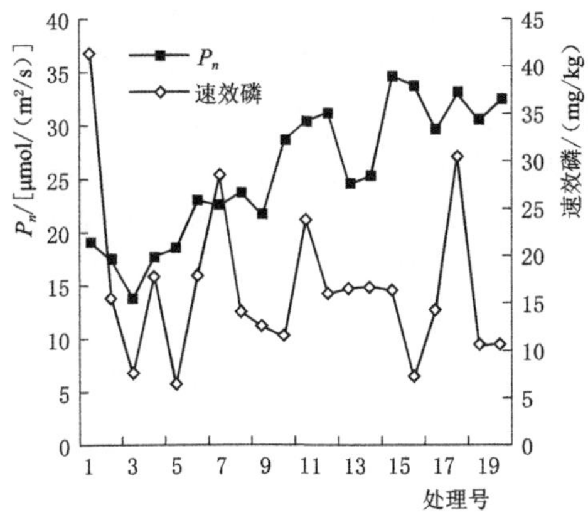

图 4-11　土壤速效磷与净光合速率关系

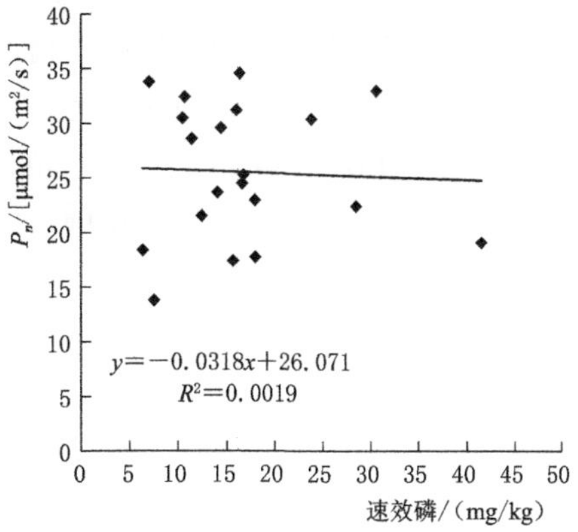

图 4-12　速效磷与净光合速率的拟合曲线

4.2.5　累积施氮量和累积施磷钾肥量对红枣净光合速率的影响

图 4-13 和图 4-14 分别为不同施氮量与施磷钾肥量与红枣生长关键期（7 月 22 日，为全天加密监测）的净光合速率拟合曲线。由图可知，在生长关键期施肥量与枣树净光合速率也具有良好的相关性，其中累积施氮量与净光合速率的关系：$y=-5.9525x^2+31.468x-10.224$，$R^2=0.7459$，枣树的净光合速率随着施氮量的不断增加而增加。6 月中旬到 7 月底为南疆地区光照最强烈的阶段，这一时期红枣对氮肥的需求较大，累积施氮量间接影响到红枣净光合速率的大小。有研究表明，施入高氮量能够增强作物对强光和高温的适应性，有利于叶片与大气进行水气交换。图为和累积施磷酸二氢钾量与净光合速率之间的关系：$y=-5.9525x^2+11.24x+26.06$，$R^2=0.7459$，在一定范围和条件下，枣树的净光合速率随着施磷酸二氢钾的量的增加而减小。虽然有研究发现单施磷肥能够提高植物的净光合速率，但本实验中磷钾肥为磷酸二氢钾混施，在一定程度上能够增加土壤速效钾的含量，而从以上发现土壤速效钾的含量在一定程度上能够抑制红枣净光合速率的进行。混施磷钾肥有可能是速效钾起到了主要作用。

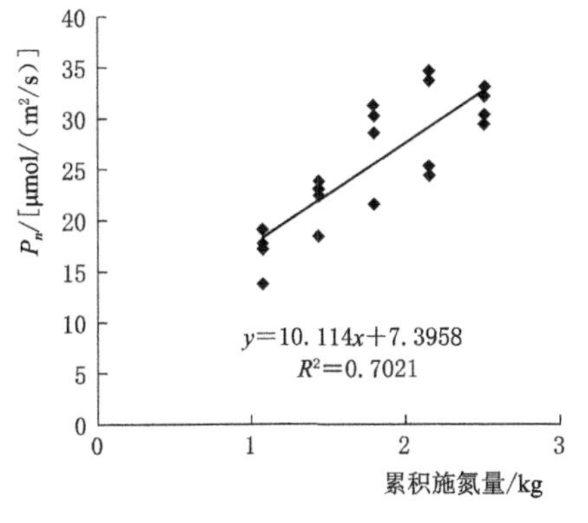

图 4-13　累积施氮量对枣树净光合速率的影响

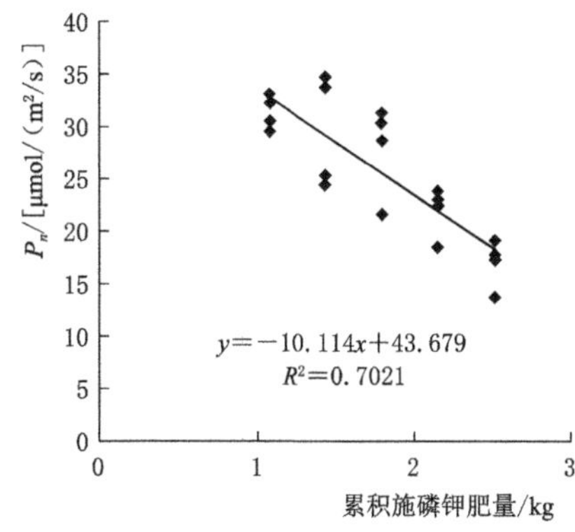

图 4-14　累积施磷钾肥对枣树净光合速率的影响

4.2.6　不同水肥组合下的光合速率优化

图 4-15、图 4-16 利用 Sufer 软件初步对灌溉定额、累积施氮量和累积施磷钾肥量

与净光合速率的关系进行了模拟。研究发现，在水氮组合影响下，施氮量在（2～2.4kg）和灌水量在（1.6～2m^3）的范围内枣树叶片净光合速率最大，其中在水氮组合（1.9m^3，2.2kg）达到峰值约为 34.60μmol/(m^2/s)，而在水与 P、K 肥组合影响下，施 P、K 肥量在 1.2～1.6kg 和灌水量在 1.6～2m^3 范围内枣树叶片净光合速率最大，其中在灌水量与磷钾肥组合为（1.9m^3，1.4kg）中峰值约为 34.60μmol/(m^2/s)。通过对比发现在一定水肥组合下有利于枣树的净光合速率的提高，并发现在 F4 处理下的枣树叶片净光合速率最大。从以上可以得出以最优灌水、施氮、磷钾肥组合为（1.9m^3，2.2kg，1.4kg），换算成亩为：溉水量为 88.54m^3/667m^2，施氮肥量为 102.52kg/667m^2，施磷钾肥为 65.24 kg/667m^2。

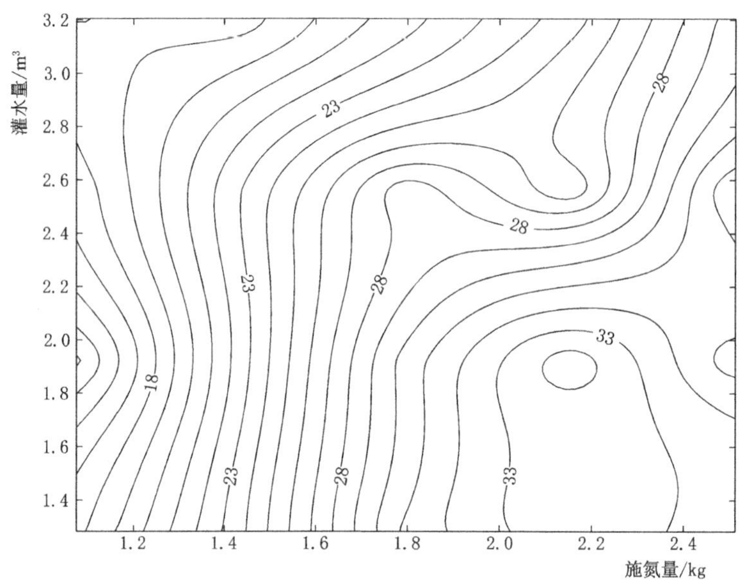

图 4-15　水、氮肥对红枣净光合速率的影响

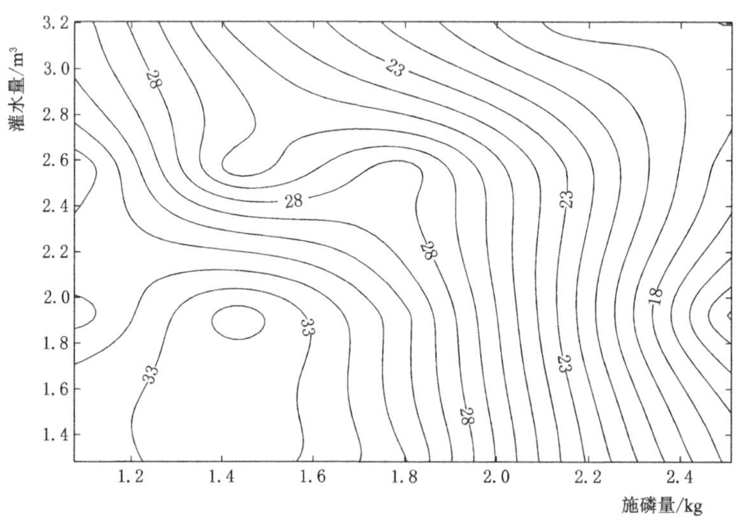

图 4-16　水、磷钾肥对红枣净光合速率的影响

4.3 滴灌对枣树生长的影响

4.3.1 滴灌枣树株高的影响

表 4-6 和图 4-17 为枣树生育关键期的株高和生长速率，由于矮化密植枣树的主干高度基本固定，所以本实验测定的枣树高度实际为冠层顶的高度，受田间农艺措施的影响较大，但是也能反映出不同滴灌和施肥对其影响差异。从表 4-6 可以看出，ZG 处理枣树的株高在 7 月 2 日以前显著高于其他处理，但在 7 月 2 日以后各处理差异性逐渐减小。说明水肥对株高的影响主要出现在新梢期和花期前，7 月 2 日以后枣树逐渐进入花后期和幼果期，枣树株高基本固定，枣树以侧向生长为主。从图 4-17 也可以看出，枣树株高的生长速率先随时间逐渐增加，而后逐渐减小，在 7 月 2 日出现拐点。不同水肥处理对枣树生长速率的影响具有交互作用，表现为不同灌水定额和不同施肥定额下生长速率的影响具有不同的变化规律。以 7 月 2 日峰值为例，低水处理时，高肥处理相比其他处理生长速率较高；中水时，则以低肥处理最高；高水时，以中肥处理最高。考察不同灌水处理时，中水处理下的枣树生长速率均较高。

表 4-6 枣树关键生育期枣树株高的变化 单位：m

处理	6月13日	6月22日	7月2日	7月14日
DD	1.3±0.15b	1.42±0.09a	1.54±0.11a	1.52±0.08a
DZ	1.27±0.09b	1.38±0.08ab	1.43±0.08b	1.55±0.07a
DG	1.21±0.08bc	1.29±0.09ab	1.45±0.13b	1.49±0.14a
ZD	1.25±0.07b	1.33±0.10ab	1.50±0.12ab	1.52±0.09a
ZZ	1.12±0.10c	1.16±0.09c	1.31±0.13b	1.42±0.18ab
ZG	1.41±0.10a	1.45±0.08a	1.59±0.05a	1.54±0.17a
GD	1.18±0.17c	1.22±0.18b	1.35±0.16b	1.29±0.17c
GZ	1.15±0.13c	1.24±0.07b	1.40±0.11b	1.44±0.10ab
GG	1.17±0.25c	1.20±0.23bc	1.23±0.23c	1.19±0.18d

4.3.2 滴灌施肥对枣树树干直径的影响

滴灌施肥对枣树树干直径和生长速率的影响见表 4-7 和表 4-8。由表可知，与枣树株高不同的是，在枣树生育期前期，水肥对树干直径的生长无显著影响，各处理无显著性差异，但是随着生育期的进行，7 月 2 日以后各处理的差异逐渐明显。此时，ZG 肥处理的直径显著大于其他各处理。但是枣树直径生长速率则有所不同，7 月 2 日以前 DZ 处理显著高于其他处理，7 月 2 日以后则是 ZZ 处理较高。

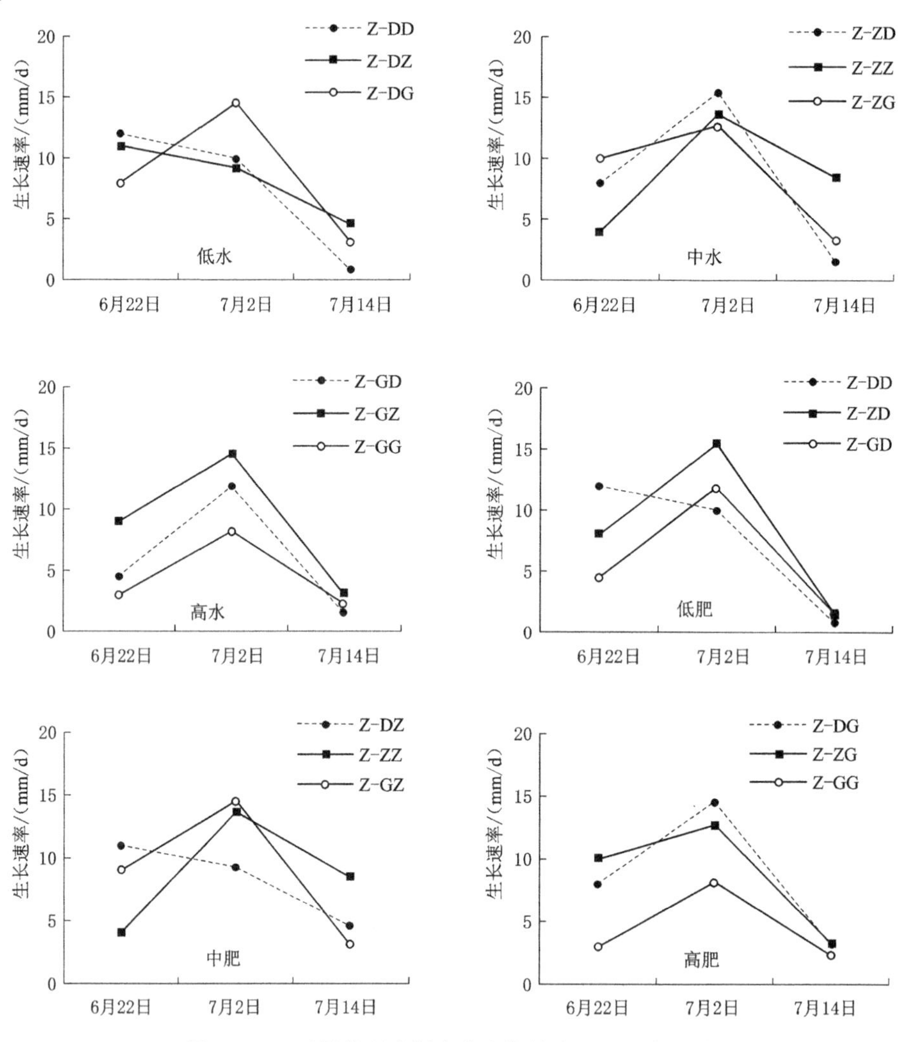

图 4-17　不同处理枣树全生育期株高生长速率变化

表 4-7　　**枣树关键生育期枣树树干直径的变化**　　单位：cm

处　　理	6 月 22 日	7 月 2 日	7 月 14 日
DD	3.11±0.79	3.18±0.85	3.20±0.81
DZ	2.44±0.14	2.85±0.69	3.00±0.72
DG	2.66±0.57	2.52±0.57	2.84±0.60
ZD	3.13±0.38	3.09±0.59	3.22±0.56
ZZ	2.25±0.53	2.35±0.50	2.85±1.02
ZG	3.17±0.64	3.25±0.63 *	3.41±0.43 *
GD	2.51±0.30	2.63±0.24	2.67±0.34
GZ	3.02±0.77	2.93±0.71	3.23±0.45
GG	2.59±1.03	2.68±1.03	2.80±1.03

注　* 为 $P<0.05$。

表 4-8 不同生长阶段枣树直径生长速率 单位：cm/d

生长阶段	处理号								
	DD	DZ	DG	ZD	ZZ	ZG	GD	GZ	GG
6.22～7.2	0.06	0.38**	0.06	0.05	0.09	0.07	0.11	0.10	0.08
7.2～7.14	0.02	0.13*	0.09	0.03	0.42**	0.14	0.03	0.08	—

注 * 为 $P<0.05$；

** 为 $P<0.01$。

4.3.3 滴灌施肥对枣树新生枝数、果枝数及坐果率的影响

DZ、ZD、GZ处理的新生枝条数稍高于其他处理（表4-9），与株高相同，由于受到农艺措施影响较大，大多数新生枝条被限制生长，因此，这一指标在本书中仅供参考。

果枝数则能直接影响枣树的坐果率和产量。由分析可知，DZ、ZD、GZ处理的果枝数显著大于其他处理。枣树坐果率（表4-10），则以GD处理最高，ZD和GG处理次之，且差异不显著，高水低肥有利于枣树坐果。

表 4-9 滴灌施肥下枣树新生枝数及果枝数

项目	处理号								
	DD	DZ	DG	ZD	ZZ	ZG	GD	GZ	GG
平均新生枝干数/个	2.67	3	3.33	3.33	2.33	2.67	2.33	3.33	3.33
平均果枝数/个	31.67	43.67**	32.33	43**	28	38	29.67	42**	30.67

注 * 为 $P<0.05$；

** 为 $P<0.01$。

表 4-10 滴灌施肥下枣树的坐果率

项目	处理号								
	DD	DZ	DG	ZD	ZZ	ZG	GD	GZ	GG
平均花蕾数/(个/棵)	450.34	329.00	470.09	445.39	363.09	445.00	386.00	509.49	465.09
平均枣果数/(个/棵)	113.50	110.00	130.00	188.50	131.50	163.50	211.50	175.50	203.50
坐果率/%	0.25	0.33*	0.28	0.42*	0.36	0.37	0.55**	0.34	0.44*

注 * 为 $P<0.05$；

** 为 $P<0.01$。

4.4 滴灌对枣树根系的影响

4.4.1 不同灌溉方式对枣树根系生长的影响

滴灌处理的一级侧根与漫灌相比分布较均匀，主要集中在0～60cm土层，60cm以下无一级侧根，该土层二级侧根与毛细根主要附属于60cm的以上的一级侧根系，属于以上土层相关根系的延伸部分。

滴灌处理（表4-11）的一级侧根干质量大小依次为20～40cm>10～20cm>40～60cm>0～10cm；二级侧根干质量大小依次为20～40cm>40～60cm>10～20cm>60～

80cm>0～10cm；毛细根干质量大小依次为 0～10cm>20～40cm>10～20cm>40～60cm>60～80cm。表 4-11 反映出长期滴灌处理枣树一级侧根主要分布在 10～40cm 土层，二级侧根则主要分布在 20～60cm 土层，毛细根则在 20cm 以上的土层分布稍多，但 0～60cm 土层垂直分布变化不大。漫灌处理（表 4-12）一级侧根系与滴灌相比明显下移，0～10cm 未见一级侧根生长。一级侧根干质量大小依次为 20～40cm>10～20cm>40～60cm>60～80cm；二级侧根干质量大小依次为 20～40cm>40～60cm>10～20cm>0～10cm>60～80cm；毛细根干质量大小依次为 20～40cm>10～20cm>40～60cm>0～10cm>60～80cm。

表 4-11　滴灌处理不同土壤深度枣树总根重及单位面积根干质量

根系类别		根系深度/cm				
		0～10	10～20	20～40	40～60	60～80
一级侧根	根干质量/g	14.24±1.24	77.63±11.65	77.67±5.28	45.36±7.22	—
	单位面积干质量/(g/m^2)	3.24±0.28	17.64±2.65	17.65±1.20	10.31±1.64	—
二级侧根	根干质量/g	18.08±0.81	50.37±5.14	171.36±11.59	128.73±21.74	19.58±5.35
	单位面积干质量/(g/m^2)	4.11±0.19	11.45±1.17	38.95±2.64	29.26±4.94	4.45±1.22
毛细根	根干质量/g	4.80±1.78	4.21±0.61	4.44±0.08	3.00±0.65	1.94±0.17
	单位面积干质量/(g/m^2)	1.09±0.40	0.96±0.14	1.01±0.02	0.68±0.15	0.44±0.04
死根	根干质量/g	1.62±0.28	5.50±1.20	31.88±7.99	3.95	—
	单位面积干质量/(g/m^2)	0.37±0.06	1.25±0.27	7.25±1.82	0.90±0.16	—

表 4-12　漫灌处理不同土壤深度枣树总根重及单位面积根干质量

根系类别		根系深度/cm				
		0～10	10～20	20～40	40～60	60～80
一级侧根	根干质量/g	—	132.93±22.51	289.06±7.79	53.86±3.63	21.81±4.07
	单位面积干质量/(g/m^2)	—	30.21±5.12	65.70±1.77	12.24±0.82	4.96±0.93
二级侧根	根干质量/g	42.06±2.61	82.04±20.06	282.18±25.81	100.56±18.02	28.56±6.77
	单位面积干质量/(g/m^2)	9.56±0.59	18.64±4.56	64.13±5.87	22.86±4.10	6.49±1.54
毛细根	根干质量/g	5.66±0.92	18.10±0.53	59.58±4.46	12.61±1.84	5.39±0.39
	单位面积干质量/(g/m^2)	1.29±0.21	4.11±0.12	13.54±1.01	2.87±0.42	1.22±0.09
死根	根干质量/g	2.84±0.84	3.05±0.56	14.88±0.81	9.74±2.00	4.03±0.68
	单位面积干质量/(g/m^2)	0.64±0.19	0.69±0.13	3.38±0.18	2.21±0.45	0.91±0.16

漫灌处理各层土壤的枣树一级、二级侧根及毛细根干质量均显著大于滴灌处理。以各类根系集中分布的 20～40cm 为例，漫灌与滴灌处理相比，一级、二级侧根及毛细根干质量、单位面积干质量分别高了 272.16%、64.67%、1151.80%。分析表明，漫灌处理的一级根系和毛细根系在 20～40cm 异常发达。而滴灌处理的根系分布则要均匀的得多，且根系明显欠发达，代表枣树吸水能力的毛细根系显著较少，且主要浮于浅层土壤。这种分布状况显然与滴灌方式有关，由于每次滴灌水量有限，灌溉湿润层深度多在 60cm 以上，且水分多集中在根区半径 40cm 范围内，导致吸水根系上浮，根系向周围的分生能力不足。

为了调查滴灌枣树非生育期根系活力及越冬状况，对各土层的死根干质量也进行了测定，死根的分布比例与各根系的分布比例具有一定相似性，根系分布较多的区域，死根也较多。滴灌与漫灌处理相比，10～40cm 土层死根干质量显著较高，分别占该土层总根重的 3.99%和 11.17%，漫灌处理则只占 1.29%和 2.30%，表明滴灌对枣树根系的越冬有显著影响。2016 年南疆极端低温在－17℃以下，0～40cm 冻土层根系受极端低温影响较大，由于根系浮于表层土壤，根系冻死比例较大。虽然根系死亡是植物生命系统交替必不可缺的一部分，但是，死根比例过高可能造成枣树萌芽期延长，调查发现滴灌处理较漫灌处理萌芽晚 5～7d。

滴灌处理（表 4－13）一级侧根总根长及根长密度在各土层内大小依次为 20～40cm>0～10cm>10～20cm>40～60cm，其中，0～40cm 各土层差异较小；二级侧根总根长及根长密度在各土层内大小依次为 40～60cm>20～40cm>60～80cm>10～20cm>0～10cm；毛细根总根长及根长密度在各土层内大小依次为 0～10cm>20～40cm>10～20cm>40～60cm>60～80cm。漫灌处理（表 4－14）一级侧根总根长及根长密度大小依次为 20～40cm>10～20cm>40～60cm>60～80cm；二级侧根总根长及根长密度大小依次为 20～40cm>40～60cm>10～20cm>0～10cm>60～80cm；毛细根总根长及根长密度大小依次为 20～40cm>10～20cm>40～60cm>0～10cm>60～80cm。

表 4－13　滴灌处理不同土壤深度枣树总根长、单位面积根长、根长密度

根系类别		根系深度/cm				
		0～10	10～20	20～40	40～60	60～80
一级侧根	总根长/cm	354.20±67.78	324.10±72.27	368.8±43.64	215.38±52.32	—
	单位面积根长/(cm/cm^2)	0.81±0.15	0.74±0.16	0.84±0.10	0.49±0.12	—
	根长密度/(cm/cm^3)	0.08±0.02	0.074±0.02	0.08±0.01	0.05±0.01	—
二级侧根	总根长/cm	1607.80±146.72	2341.10±283.38	6722.60±354.09	8761.60±360.81	2702.10±432.00
	单位面积根长/(cm/cm^2)	3.65±0.33	5.32±0.64	15.28±0.80	19.91±0.82	6.14±0.98
	根长密度/(cm/cm^3)	0.37±0.03	0.53±0.06	1.53±0.08	1.99±0.08	0.61±0.10
毛细根	总根长/cm	3501.99±70.20	3071.54±262.23	3239.34±183.84	2188.75±279.99	1415.39±230.68
	单位面积根长/(cm/cm^2)	7.96±0.16	6.98±0.60	7.36±0.42	4.97±0.64	3.22±0.52
	根长密度/(cm/cm^3)	0.80±0.02	0.70±0.06	0.74±0.04	0.50±0.06	0.32±0.05
死根	总根长/cm	571.70±48.04	1444.73±96.19	8371.38±310.28	1036.41±167.80	—
	单位面积根长/(cm/cm^2)	1.30±0.11	3.28±0.22	19.03±0.71	2.36±0.38	—
	根长密度/(cm/cm^3)	0.13±0.01	0.33±0.02	1.90±0.07	0.24±0.04	—

表 4－14　漫灌处理不同土壤深度枣树总根长、单位面积根长、根长密度

根系类别		根系深度/cm				
		0～10	10～20	20～40	40～60	60～80
一级侧根	总根长/cm	—	555.78±41.86	2385.56±334.02	438.75±33.09	265.84±26.19
	单位面积根长/(cm/cm^2)	—	1.26±0.10	5.42±0.76	0.10±0.08	0.60±0.06
	根长密度/(cm/cm^3)	—	0.13±0.01	0.54±0.08	0.10±0.01	0.06±0.01

续表

根系类别		根系深度/cm				
		0～10	10～20	20～40	40～60	60～80
二级侧根	总根长/cm	5659.38±664.55	9275.00±671.09	16165.02±1013.10	4637.50±305.25	2385.54±305
	单位面积根长/(cm/cm²)	12.86±1.51	21.08±1.53	36.74±2.30	10.54±0.69	5.42±0.05
	根长密度/(cm/cm³)	1.29±0.15	2.11±0.15	3.67±0.23	1.05±0.07	0.54±0.01
毛细根	总根长/cm	4131.26±316.16	13205.43±690.45	43464.85±454.79	9201.85±06.63	3930.62±319.87
	单位面积根长/(cm/cm²)	9.39±0.72	30.01±1.57	98.78±1.03	20.91±0.47	8.93±0.73
	根长密度/(cm/cm³)	0.94±0.07	3.00±0.16	9.88±0.10	2.09±0.05	0.89±0.07
死根	总根长/cm	1154.25±154.41	1103.75±178.07	4296.25±370.36	3047.50±365.69	1060.01±32.80
	单位面积根长/(cm/cm²)	2.62±0.35	2.51±0.40	9.76±0.84	6.93±0.83	2.41±0.07
	根长密度/(cm/cm³)	0.26±0.04	0.25±0.04	0.98±0.08	0.69±0.08	0.24±0.01

与根干质量相同，除了0～10cm外，漫灌各土层一级、二级侧根及毛细根的根总根长及根长密度均大于滴灌处理。以20～40cm土层为例，一级、二级侧根及毛细根的根总根长及根长密度分别高了546.84%、140.46%、1241.78%。与漫灌相比，滴灌对一级侧根和毛细根根长的影响最大。

同样，与漫灌相比，滴灌死根总根长和根长密度在20～40cm较高，占该土层总根长和根长密度的44.76%，漫灌处理则只占6.48%。表明长期滴灌处理造成枣树越冬期吸水根系大面积死亡，这种凋亡可能是枣树对土壤水分胁迫的一种生理适应，也可能是受到冻土层的影响，越冬后的非正常冷启动，或者两者兼而有之，需要进一步的研究、论证。

图4-18为滴灌和漫灌处理枣树各类根系根长密度占比的累积图，滴灌处理0～10cm毛细根根长密度比例最高为58.02%，漫灌处理20～40cm毛细根根长密度比例最高为65.55%，另外，滴灌处理二级侧根根长密度所占比例随土层深度增加呈降低趋势，而漫灌处理呈升高趋势。

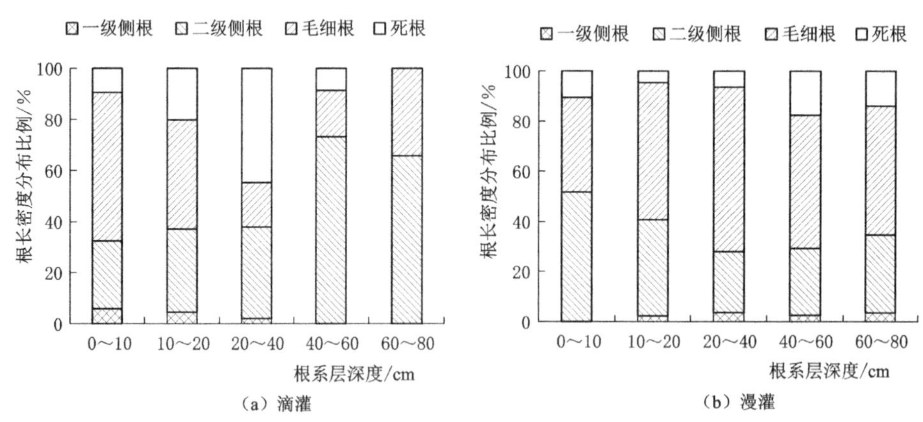

图4-18 滴灌和漫灌处理的根长密度分布比例

滴灌和漫灌处理各类根系在垂直土壤层的分布函数统计见表4-15，利用回归分析的曲线模拟表明，各类根系的垂直分布均符合三次曲线模型，其中滴灌处理的二级侧根的 R^2 达到了 0.9994，模拟效果最优，其次为毛细根。漫灌处理的各类根系的模拟效果稍差，最优为二级侧根，R^2 为 0.8351。

表 4-15　　不同灌溉方式下各类根系的垂直分布函数

灌溉方式	根系类型	分布函数	R^2
滴灌	一级侧根	$L(x)=1E-06x^3-0.0002x^2+0.0073x+0.0192$	0.8880
	二级侧根	$L(x)=-3E-05x^3+0.003x^2-0.0499x+0.5824$	0.9994
	毛细根	$L(x)=-7E-08x^3-8E-05x^2+0.001x+0.7671$	0.9440
	死根	$L(x)=3E-05x^3-0.0046x^2+0.223x-1.9313$	0.6492
漫灌	一级侧根	$L(x)=9E-06x^3-0.0015x^2+0.072x-0.6428$	0.7239
	二级侧根	$L(x)=5E-05x^3-0.009x^2+0.4043x-2.1923$	0.8351
	毛细根	$L(x)=0.0001x^3-0.0253x^2+1.2089x-9.8617$	0.7375
	死根	$L(x)=-5E-06x^3+0.0001x^2+0.0251x-0.0763$	0.8144

注　x 为土壤垂直深度，cm；L 为根长密度，cm/cm^3；R^2 为相关系数。

4.4.2　不同灌溉方式下枣树根系活力

根系活力是表征植物根系生长的重要指标，活力越大表明植物吸收水分和养分的能力越强。滴灌和漫灌处理 0～10cm 土层根系活力均较高，10～20cm 土层根系活力最低（图 4-19）。漫灌处理 10～20cm 土壤深度以下根系活力随深度增加逐渐升高。而滴灌处理则是先升高，至 20～40cm 土层以下又逐渐降低。20～40cm 土层以上滴灌和漫灌处理的根系活力变化趋势一致，且滴灌的根系活力大于漫灌，40～60cm 以下滴灌枣树的根系活力较低，与漫灌处理相反。从以上分析可以看出，滴灌枣树浅层土壤的根系活力反而较漫灌高了 76.97%，可能是滴灌浅层土壤水分胁迫，与漫灌相比吸水根系数量严重减少，欠发达的根系必须通过增强自身活力来实现对土壤水分和营养物质的输送，从而满足枣树生长需要。40～60cm 以下滴灌枣树吸水根系退化严重，根系活力不足。漫灌处理深层土壤根系活力较高，可能与其含水率和养分含量较高有关。

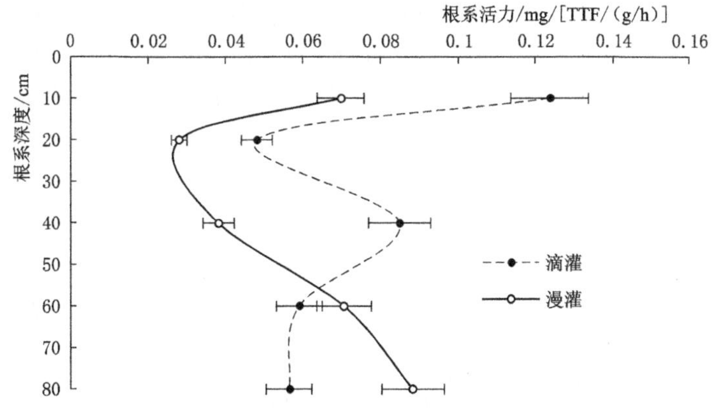

图 4-19　不同灌溉方式下的根系活力

4.4.3 不同灌溉方式下枣树根系的抗寒性

电解质渗出率反映细胞膜在逆境中的透性和组织伤害程度，很多学者把植物组织电解质渗出率达到50%时的低温称为致死温度。各土层漫灌处理的电解质渗出率均大于滴灌（图4-20），其中0～20cm和60～80cm土层的质膜渗出率超过50%，因此可以认为-25℃已经达到了枣树根系细胞的致死温度。而滴灌处理的质膜渗出率均小于50%，其根系抗寒能力显著大于漫灌处理。

过氧化氢酶活主要用来消除机体内在代谢过程中产生的有害物质过氧化氢，把过氧化氢水解成分子氧和水。一旦植物受到胁迫或病害，植物体内过氧化氢就会升高，而过氧化氢酶保护系统就会启动，其含量越高，则植物抗逆性越强。图4-21可以看出，20～40cm以上的土层滴灌处理过氧化氢酶活均大于漫灌。说明0～40cm滴灌处理的抗逆性大于漫灌。表层土壤中根系的过氧化氢酶活较低，可能跟表层土壤对低温的冷适应能力较强有关，其在代谢过程中产生的有害 H_2O_2 较少。

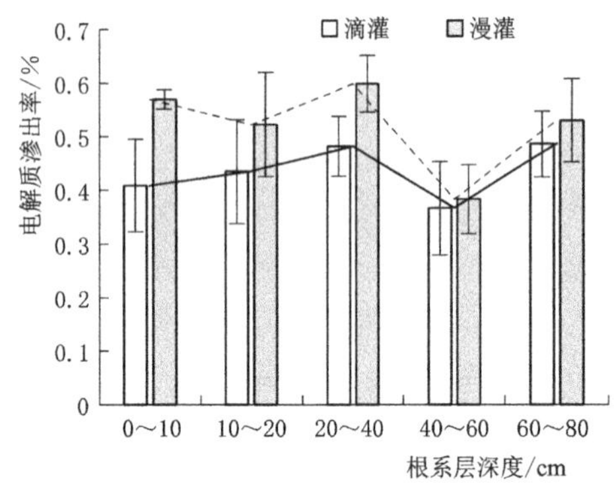

图4-20 不同处理根系的电解质渗出率

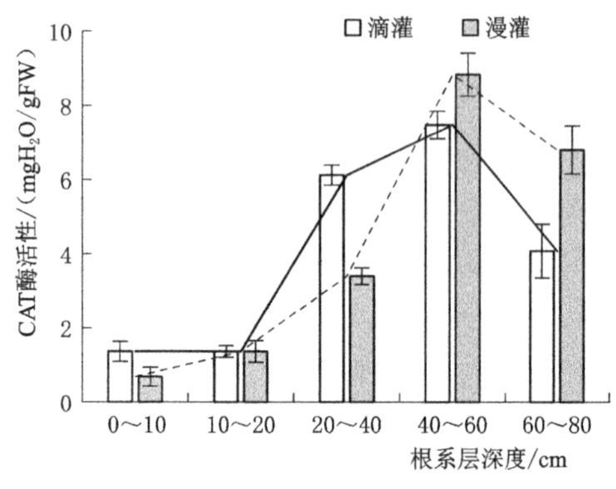

图4-21 不同处理根系的过氧化氢酶活

超氧化物歧化酶活（SOD）最重要的清除自由基的酶类之一，它的主要功能是清除 O_2^- ·的过多积累，缓解逆境对植物体的伤害。图4-22可以看出，滴灌处理各层根系的SOD酶活的均高于漫灌，且各层根系之间的酶活力差异不大。表明长期滴灌增强了根系的SOD酶活，保证了根系在遭遇水分和低温胁迫后能够有效的取出细胞产生的 O_2^- ·。而漫灌处理SOD酶活力较弱，且在20～40cm根系最发达的土层酶活力最低。

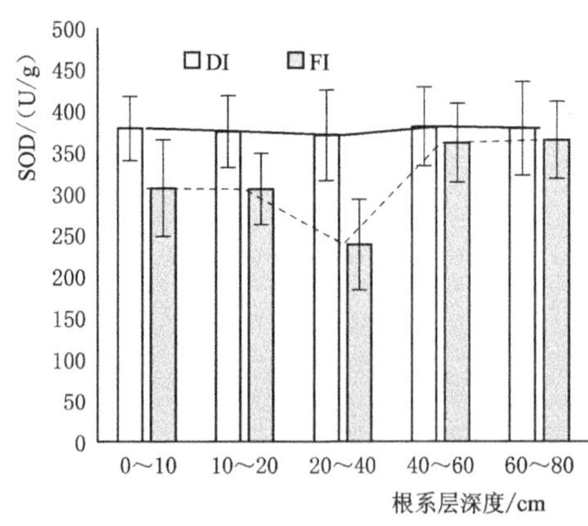

图4-22 不同处理的根系的超氧化物歧化酶活

糖在植物的抗寒生理中，可以提高细胞的渗透浓度，降低水势，增加保水能力，从而使冰点下降，同时糖还是冰的保护剂对原生质体，线粒体及膜上敏感偶联因子均有保护作用。本试验中滴灌和漫灌处理根系的可溶性糖均随深度的加深呈逐渐升高的趋势（图4-23），两者60～80cm土层根系的可溶性糖含量比0～10cm土层分别提高了157.37%和455.66%。说明深层土壤根系对糖分的累积率较高。这一指标与其他抗寒指标变化规律略有不同，但是滴灌处理 0～10cm 土层根系的可溶性糖含量显著大于漫灌，因此，其表层根系应对低温的能力比漫灌强。

丙二醛（MDA）是生物膜膜脂过氧化的最终产物，其含量与植物抗寒性直接相关。低温冷害发生时，植物细胞膜脂过氧化过程加速，而且，其含量增加进一步加剧膜损伤。图 4-24 分析表明，低温胁迫后，滴灌处理各层根系细胞中的 MDA 含量低于漫灌处理，40～60cm 土层根系尤为明显。此处滴灌根系的 MAD 含量比滴灌高了 95.92%。因此，通过 MAD 酶活的变化也可以得出，滴灌处理根系的抗寒性能优于漫灌。

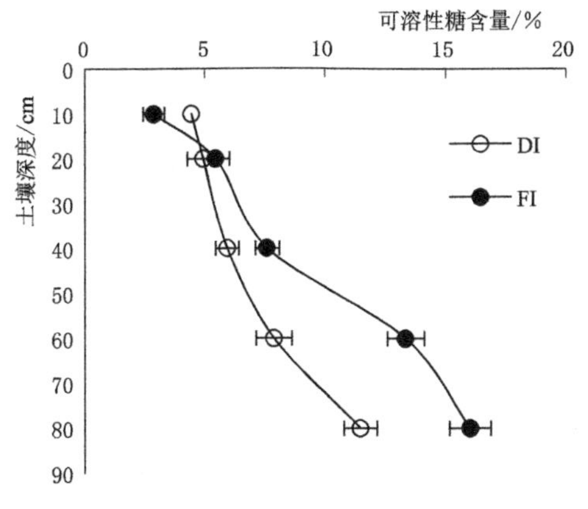

图 4-23 不同处理根系的可溶性糖含量

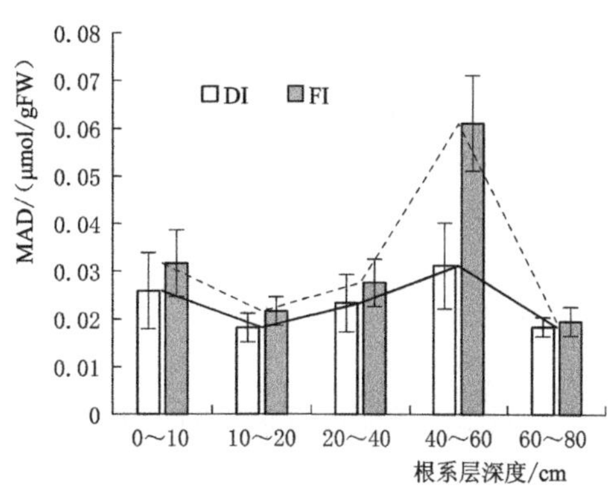

图 4-24 不同处理的根系丙二醛含量

4.4.4 讨论

滴灌和漫灌处理枣树侧根和毛细根的分布范围均集中在 0～80cm，其中 10～40cm 各类根系分布最高，与他人在其他果树的研究结果一致，不同的是，滴灌处理 0～40cm 各土层毛细根的根重及根长密度差异不大，而漫灌处理 20～40cm 土层的各类根系分布比例显著高于其他各土层。滴灌处理与漫灌相比根系明显上浮，这与孙三民等的研究结论一致，但是本研究考虑了不同类型的根系分布及生物量，调查显示，垂直深度 0～10cm、水平半径 70cm 的范围内滴灌处理的一级侧根数目达到了 15 个，呈辐射状生长直径多在 2～3mm，上面依附少量二级侧根，而漫灌的一级侧根为 0，该土层的二级侧根多为 10～20cm 的侧根系向上生长所致。10～20cm 土层，滴灌处理的一级根系为 7 个，二级侧根达到了 26 个，而漫灌处理在该土层的一级侧根系为 25 条，二级侧根 20 条，且在 20～40cm 一级根系和二级侧根数量均大于滴灌。滴灌改变了枣树根系的分布，使得根系整体上浮，对毛细根生物量的影响较大，另外一级侧根、二级侧根不如常规灌枣树发达。这种根系结构在一定程度上可能会影响枣树产量，如图 4-25 所示。从 2016 年枣树产量可以看出，滴灌与漫灌相比对枣树产量的影响不大，但是随着滴灌应用年限的延长，由于根系结构的差异带来的产

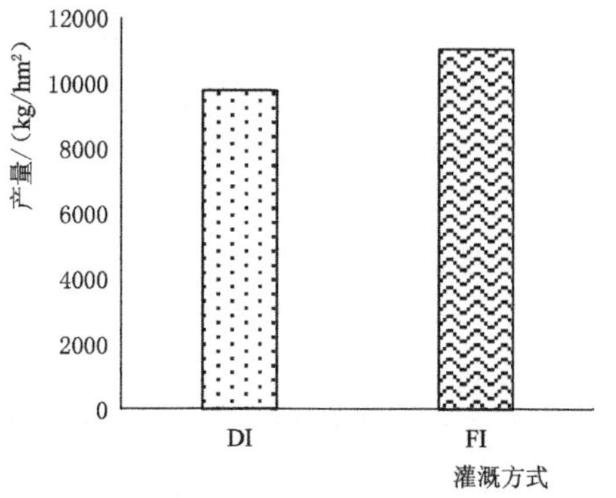

图 4-25 不同灌溉方式下的产量

量影响还需要进一步观察、研究，试验中调查发现滴灌枣树萌芽期较漫灌枣树晚 5～7 天。因此，对节水模式下枣树根系的生长调控是下一步研究的重点。

目前对植物抗寒性的研究多集中在内在的基因表达和细胞活性等方面，对外在环境因素的影响研究较少。Rajeev Arora 研究表明水分胁迫能够提高天竺葵叶片的耐热性，但是对其抗寒性能无影响，这与在枣树根系上得出的结论不一致。通过对枣树保护性酶活系统及质膜渗出率的测定，得出了滴灌处理的根系，尤其是表层根系的抗寒性能优于漫灌，因此，可以认为滴灌枣树表层根系的抗寒性能最强。可溶性糖的含量与各层根系的抗寒能力强弱却呈现相反的趋势，深层土壤根系保护性酶活性低，但可溶性糖含量高，因此，这一现象也可能有助于弱化环境突变带来的瞬时伤害。如果细胞酶活系统是长期水分和低温胁迫筛选形成的一个临时的保护系统，那么可溶性糖的合成则是作物细胞应对环境变化的、稳定的自适应结果。所以，不同土层根系抗寒性能的实际差异很可能不如测定数据所显示的那样大，但是长期滴灌与常规灌相比显然能够增强枣树根系的抗寒性能。

4.5　小结

（1）灌水定额能够直接影响土壤水分从而进一步影响红枣光合作用。灌水量越大红枣净光合速率和蒸腾速率也越大。红枣冠层叶片的净光合速率日变化呈现双峰曲线，具有明显的午休特征，这与前人在其他作物研究结果相似，而红枣蒸腾速率的变化则未呈现相似的特征，在 14：00 达到最大值。通过进一步计算滴灌后红枣全日内的水分利用效率，发现水分利用效率全日的变化并不一致，适度的干旱胁迫，减少灌水量有利于增加红枣的水分利用效率。

（2）在一定的土壤含水率范围内，红枣的净光合速率与根区土壤含水率有良好的相关性，并且红枣净光合速率随着土壤含水率的升高而逐渐增大。通过对比与分析，在生育关键期内过高的土壤含水率反而会降低和抑制枣树净光合速率进行；土壤中的速效钾含量与红枣净光合速率成反比，在一定的范围内，红枣净光合速率随着土壤速效钾含量的降低而增大；土壤施有效磷的累积对红枣光合速率的却有促进作用。通过对比分析，在整个生育期内，适量的追施磷肥有助于提高枣树叶片的净光合速率，反之，过量施钾肥可能会抑制枣树叶片净光合速率。试验初步对累积施氮量和累积施磷钾肥量与净光合速率的关系进行了模拟，并得出了最佳的灌溉定额及施肥量。

（3）不同水肥处理对枣树生长速率的影响具有交互作用，表现为不同灌水定额和不同施肥定额下生长速率的影响具有不同的变化规律。在枣树生育期前期，水肥对树干直径的生长无显著影响，花期以后各处理的差异逐渐显著。低水中肥、中水低肥、高水中肥处理的新生枝条数稍高于其他处理，且其果枝数显著大于其他处理。而高水低肥处理的坐果率处理最高，中水低肥和高水高肥处理次之，且差异不显著，高水低肥有利于枣树坐果。

（4）在矮化密植模式下，滴灌和漫灌处理枣树的根系在土壤 20～40cm 分布最高。60～80cm 以下分布最少。滴灌枣树的一级根系、二级根系以及毛细根系与漫灌处理相比集中于浅层土壤，其中反映植物吸水能力的毛细根系在各土层的分布差异性小于漫灌。漫灌处理各层土壤的枣树一级、二级侧根及毛细根干质量均显著大于滴灌处理。滴灌与漫灌处理相比，10～40cm 土层死根干质量占总根干质量的比例显著高于漫灌。除了 0～10cm 外，漫灌各土层一级、二级侧根及毛细根的根总根长及根长密度均大于滴灌处理。与漫灌相比，滴灌对一级侧根和毛细根根长的影响最大。滴灌处理 0～10cm 土层毛细根根长密度比例最高，漫灌处理 20～40cm 土层毛细根根长密度比例最高，滴灌处理和漫灌处理的根长密度随深度的变化规律相反。各类根系的垂直分布均符合三次曲线模型。其中，滴灌处理的二级侧根的模拟效果最优，其次为毛细根。漫灌处理的各类根系的模拟效果稍差。滴灌处理浅层土壤（≥40cm）的根系活力显著大于漫灌，两个处理的土壤的根系活力均呈现先降低后升高的趋势，且两者表层根系活力均最高。

（5）对各处理不同土层根系的抗寒性能测定表明：漫灌处理的电解质渗出率均大于滴灌；20～40cm 以上的土层滴灌处理过氧化氢酶活均大于漫灌。表层土壤中根系的过氧化氢酶活较低；滴灌处理各层根系的 SOD 酶活的均高于漫灌；深层土壤根系对糖分的累积率较高。但是滴灌处理 0～10cm 土层根系的可溶性糖含量显著大于漫灌；滴灌处理各层根系细胞中的 MDA 含量低于漫灌处理。滴灌抑制枣树根系的生长，特别是阻碍了根系向深层土壤的扩散，但同时也增强了枣树表层根系的抗寒性，使枣树在极端温度下能够顺利度过逆境。

参考文献

[1] 刘梅先，杨劲松，李晓明，等．滴灌模式对棉花根系分布和水分利用效率的影响［J］．农业工程学报，2012，28（s1）：98-105.

[2] 李明思，孙海燕，谢云，等．滴头流量对土壤湿润体的影响研究［J］．沈阳农业大学学报，2004，35（5）：420-422.

[3] 党瑞红，黄爱荣，李新祥，等．枣树抗寒性研究进展［J］．北方园艺，2012（17）：204-207.

[4] 祝燕，李国雷，李庆梅，等．持续供氮对长白落叶松播种苗生长及抗寒性的影响［J］．南京林业大学学报（自然科学版），2013，37（1）：44-48.

[5] 侯梦媛，杨再强，张曼义，等．水分胁迫对设施番茄结果期叶片衰老特性和根系活力的影响［J］．北方园艺，2017（1）：52-57.

[6] 杨素苗，李保国，齐国辉，等．根系分区交替灌溉对苹果根系活力、树干液流和果实的影响［J］．农业工程学报，2010，26（8）：73-79.

[7] 孙学成，谭启玲，胡承孝，等．低温胁迫下钼对冬小麦抗氧化酶活性的影响［J］．中国农业科学，2006，39（5）：952-959.

[8] 刘俊英，姚科云，冯耀飞，等．低温胁迫对雪松膜脂过氧化及保护酶的影响［J］．山西农业大学学报（自然科学版），2004，24（4）：396-400.

[9] 王淑杰，王家民，李亚东，等．可溶性全蛋白、可溶性糖含量与葡萄抗寒性关系的研究［J］．北方园艺，1996，（2）：13-14.

第5章 微咸水滴灌对枣树生长及土壤氮素运移的影响

5.1 研究方法

5.1.1 试验方案

5.1.1.1 微咸水滴灌对土壤氮素垂直分布的影响试验设计

（1）种植布局：试验地选择现有的、生长条件一致的矮化密植种植模式下已具有2年树龄的红枣作为研究对象，种植株行距1.5m×2m，每亩定植220株。年末秋季收果后进行修剪，株高保持在1～1.5m。

（2）灌溉方式：灌溉方式以红枣微咸水滴灌为主。根据红枣根区土壤性质、根系分布状况，按照微咸水滴灌定额、灌溉水矿化度以及根区的施肥措施设置不同梯度水平的组合灌溉试验，以淡水作对照。

（3）室内试验：将不同含氮量的尿素溶解于不同矿化度的微咸水中，在室内测定氮素的损耗量，并确定引起氮素流失的离子类型，在室内土槽中测定微咸水滴灌后土壤中氮素的动态运移过程，为田间试验提供前期研究数据。

（4）大田小区试验：本试验采用正交设计试验方法，3因素均设3个水平，选用 L_9（3^3）正交方式。田间布置方式为随机排列，共设9个处理，每个处理重复2次，处理之间设置隔离带，每个处理选取2棵长势一致的枣树；对照处理分10L淡水对照、20L淡水对照、30L淡水对照，每个对照2个重复，共选取42棵枣树，并从1～42依次编号。灌溉方式以微咸水滴灌为主，水源取自试验区的浅层地下水，经测定其矿化度为1.7g/L，并通过晒坑晒水，然后根据试验需要配制成不同矿化度的灌溉水。滴灌方式模拟马氏瓶进行灌溉。流量控制在2L/h，考虑白天蒸发强度大，灌水时间定在夜间。根据枣树根区土壤性质、根系分布状况，按照微咸水滴灌定额、灌溉水矿化度以及根区的施肥措施设置不同梯度水平的组合灌溉试验，以淡水作对照，建立正交试验方案，见表5-2、表5-3。

表5-1　　枣树施肥方案表　　单位：kg/666.7m²

处理水平	肥料			有机肥 OM_1
	N	P_2O_5	K_2O	
单施有机肥 OM_1	—	—	—	1200
常规施肥 CF（NPK+OM_1）	80	50	70	1200
优化施肥 OF（NPK+OM_1）	60	30	50	1200

表 5-2 灌溉试验方案因素位级数表

水平	滴灌定额/(L/株)	灌溉水矿化度/(g/L)	施肥量/(kg/667m^2)
1	10	2	OM_1
2	20	3	CF
3	30	4	OF

表 5-3 正交设计试验方案

处理号	因素		
	滴灌定额	灌溉水矿化度	施肥量
1	1	3	3
2	2	1	1
3	3	2	2
4	1	2	2
5	2	3	3
6	3	1	1
7	1	1	1
8	2	3	2
9	3	2	3

试验主要集中在枣树萌芽抽枝期、花期、坐果期以及果实成熟期四个需水关键期滴灌施肥；由于枣树花期较长，枣树花期灌溉施肥 2 次，坐果期灌溉施肥 2 次，其他生育期各灌溉施肥 1 次，试验采用正交试验，主要选择基施有机肥（表 5-1），其中氮肥尿素 40%基施，60%追施，磷肥重过磷酸钙全部基施，硫酸钾 50%用作基施，50%追施。每 5 天取土一次，测定土壤水分、盐分及有机碳、氮含量。每 10d 测定枣树的生理性状。

5.1.1.2 微咸水滴灌对土壤氮素迁移转化影响试验设计

1. 试验区概况

试验区位于塔克拉玛干沙漠南缘，地理位置为东经 79°22′33″～81°53′45″，北纬 40°20′～41°47′18″，属大陆性暖温带、极端干旱荒漠性气候，干旱少雨，蒸发强烈，年均降水量 40.1～82.5mm，年均蒸发量 1976.6～2558.9mm，年均气温 10.8℃。试验区土壤为典型的荒漠土，有机质含量较高（平均值为 13.5g/kg），土壤透气性好。

试验区土壤质地：土壤容重 1.49g/cm^3，土壤初始碱解氮含量 25.32mg/kg，土壤电导率 0.43ms/cm，土壤初始盐分值 0.44g/kg，土壤 pH 值 9.61，属于偏碱性土壤，土壤田间持水率 28%（重量含水率）。

2. 试验材料

试验材料选择当地种植的优势红枣品种、已具有 2 年树龄的天山骏枣为研究对象。

灌溉水取自试验区浅层地下水，其主要成分为 NaCl，矿化度值为 4.65g/L，属于咸水，而淡水取自渠道灌溉水，其矿化度为 1.09g/L。

3. 试验设计

根据试验需要将咸水与淡水混合后进行灌溉，具体的混合配比比例及混合后矿化度见

表5-4。根据不同的咸淡配合比，共设置了6个灌溉处理，即全淡（T0：1.09mg/L）、全咸（T：4.65mg/）、咸淡1∶1（T1：2.86mg/L）、咸淡2∶1（T2：3.76mg/L）、咸淡3∶1（T3：3.98mg/L）、咸淡4∶1（T4：4.26mg/L），微咸水灌水定额设为6L/株。红枣种植株行距为1.5m×2.0m，每个处理为相邻的两棵枣树，重复三次。每个处理的施肥措施一致，有机肥为当地的腐熟鸡粪，年初一次性施入枣树根部，施入量为1200kg/666.7m^2。无机肥料分别为尿素、磷酸二铵、氯化钾，每个生育阶段施肥一次。氮肥为尿素，40%基施，60%随水滴施，施入量为70kg/666.7m^2，磷肥重过磷酸钙全部基施，施入量为40kg/666.7m^2，硫酸钾50%用作基施，50%随水滴施，施入量为60kg/666.7m^2。为了缓解咸水滴灌后红枣根区盐分积累，在红枣收获期后，进行一次秋灌，淋洗灌溉带入的盐分。

表5-4　　不同灌溉试验处理方式

项　目	咸　淡　配　比					
	全淡	全咸	1∶1	2∶1	3∶1	4∶1
试验处理	T0	T	T1	T2	T3	T4
矿化度/(g/L)	1.09	4.65	2.86	3.76	3.98	4.26
灌水定额/(L/株)	6	6	6	6	6	6

4. 取样方法

在研究枣树根区碱解氮的空间分布时，距离枣树滴灌点处的水平、垂直方向上分别取样测定碱解氮含量。水平取样间距为10cm、20cm、30cm，垂直取样间距为10cm、20cm、40cm、60cm、80cm。测定时求其同一处理不同取样位置的平均值。为了保证取样能够在滴灌湿润区范围内，在长宽高为60cm×60cm×60cm的测坑内，进行了6L滴灌水量的土壤湿润体试验，经测定湿润体高度为36cm，上部直径为47cm，下部直径为32cm，并计算出湿润体的影响半径为20cm。

5.1.2 测定方法

土壤硝态氮采用酚二磺酸比色法。具体操作步骤如下。①浸提。称取新鲜土样50g放在500mL三角瓶中，加入$CaSO_4$0.5g$CaSO_4 \cdot 2H_2O$和250mL水，盖塞后，用振荡机振荡10min。放置5min后，将悬液的上部清液用干滤纸过滤，澄清的滤液收集在干燥洁净的三角瓶中。如果滤液因有机质而呈现颜色，可加活性炭除之；②测定。吸取清液25～50mL（含NO_3-N 20～150μg）于瓷蒸发皿中，加碳酸钙约0.05g，在水浴上蒸干，到达干燥时不应继续加热。冷却，迅速加入酚二磺酸试剂2mL，将瓷蒸发皿旋转，使试剂接触到所有的蒸干物。静止10min使其充分作用后，加水20mL，用玻璃棒搅拌直到蒸干物完全溶解。冷却后缓缓加入1∶1 NH_4OH并不断搅拌均匀，至溶液呈微碱性（溶液显黄色）再多加2mL，以保证NH_4OH试剂过量。然后将溶液全部转入100mL容量瓶中，加水定容。在分光光度计上用光径1cm比色杯在波长420nm处比色，以空白溶液作参比，调节仪器零点。土壤碱解氮测定采用碱解扩散法，在扩散皿中，用1.0mol/L NaOH水解土壤，使易水解态氮（潜在有效氮）碱解转化为NH_3，NH_3扩散后为H_3BO_3所吸收。H_3BO_3吸收液中的NH_3再用标准酸滴定，由此计算土壤中碱解氮的含量。采用电导仪测定咸水的电导率（EC），利用重量法测定不同配比微咸水的矿化度。

5.1.3 数据处理

在研究不同矿化度微咸水滴灌对土壤碱解氮的影响模型建立时，引入了土壤碱解氮平均值 $X(r,t)$ （r 表示矿化度）、土壤碱解氮变化量 $\Delta X(r,t)$、土壤碱解氮转化率 $\Delta Xi(r,t)$ 与运移转化时间 t 的关系。

土壤碱解氮变化量是指滴灌平衡 24h 后土壤中碱解氮的平均值与运移转化时间内土壤碱解氮平均值之差，即

$$\Delta X(r,t)=X(r,t_0)-X(r,t)$$

土壤碱解氮变化率是指土壤碱解氮的变化量与转化时间之比，即

$$\Delta Xi(r,t)=\Delta X(r,t)/t$$

通过数据分析,可得出非线性回归方程,即：

$$X(r,t)=A+B\times r+C\times t$$

式中：X 为变量值；r 为矿化度；t 为试验开始时的运移转化时间间隔；A、B、C 为拟合系数（可利用最小二乘法求解）。

最后对回归方程进行误差分析和模型验证。

5.2 微咸水灌溉水量对枣树生长的影响

对相同矿化度（3.0g/L）和不同灌水量 T1（10L）、T2（20L）、T3（30L）灌溉下的枣树生长状况进行了监测。由图 5-1 和图 5-2 可知，灌溉水量不同时，对作物新梢生长量影响相关性较好的为 T3，即水量为 30L 时，其相关关系为 $y3=0.0113x3-482.07$，其相关系数为 $R^2=0.9537$。增长率分为 0.0113m/d。对作物茎粗影响相关性最好也为 T3，其关系式为 $y3=0.1026x3-4390.2$，相关系数为 $R^2=0.9848$。增长率分别为 0.1026mm/d。由此可以看出，微咸水矿化度一定时，灌水量是枣树生长的一个限制性因素，灌水量越大，枣树生长越快，株高和茎粗越大。另外，较大的灌水量有一定的洗盐效果，可能也是一个重要的原因。但是不可忽视的是，灌水量较大，枣树容易旺长。就本试验而言，当灌水周期为 10d，灌溉水量为 30L 时，枣树长势较好。

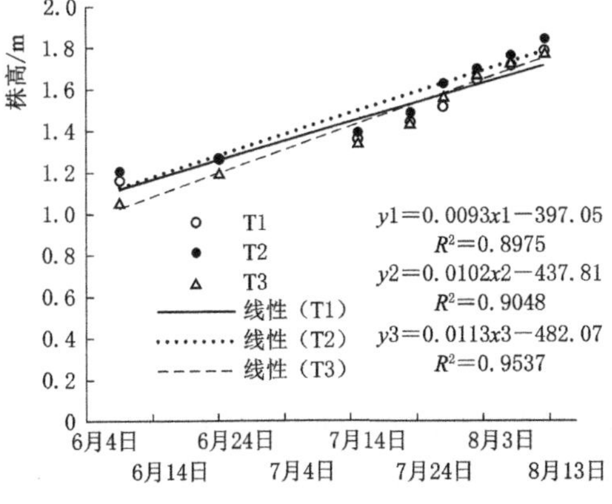

图 5-1 灌溉水量对枣树新梢生长量的影响

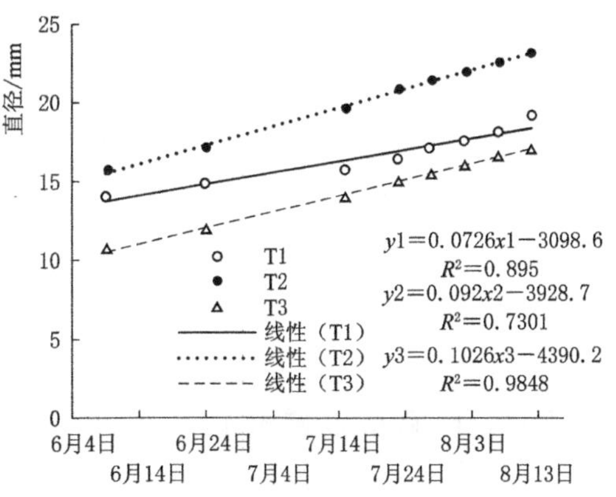

图 5-2 灌溉水量对枣树茎粗的影响

5.3　微咸水矿化度对枣树生长的影响

对相同不同矿化度 T4（1g/L）、T5（2g/L）、T6（3g/L）和相同同灌水量 T2（20L）灌溉下的枣树生长状况进行了监测。由图 5-3 和图 5-4 可知，T2 枣树株高随生育进程的推进相关性最好，即当灌溉水矿化度为 2g/L 时，枣树新梢生长量的相关关系为 $y2=0.0099x2-422.29$，$R^2=0.9676$，相关系数为 $R^2=0.9932$，增长率分别为 0.0099m/d。矿化度较高的 T6 处理（3g/L）株高生长缓慢，生长速率只有 0.0056m/d，受盐分胁迫影响较大。T5 出处理枣树茎粗随生育进程相关关系数也较好，其相关关系为 $y2=0.1363x2-5833.9$，相关系数为 $R^2=0.9941$，增长率分别为 0.1363mm/d。同样，T6 处理的茎粗增长较缓慢，只有 0.0702mm/d。

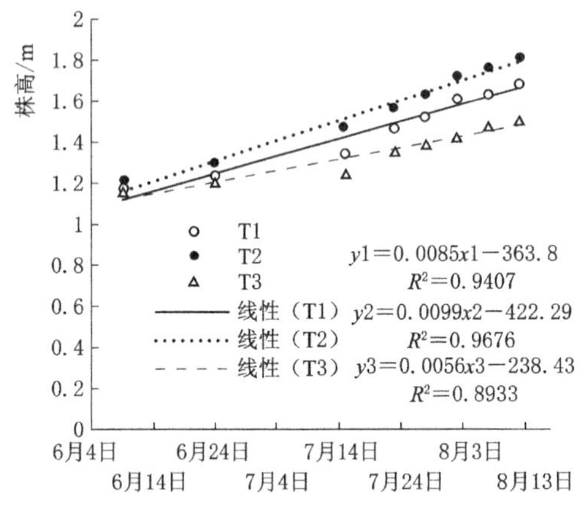

图 5-3　灌溉水矿化度对枣树新梢生长量的影响

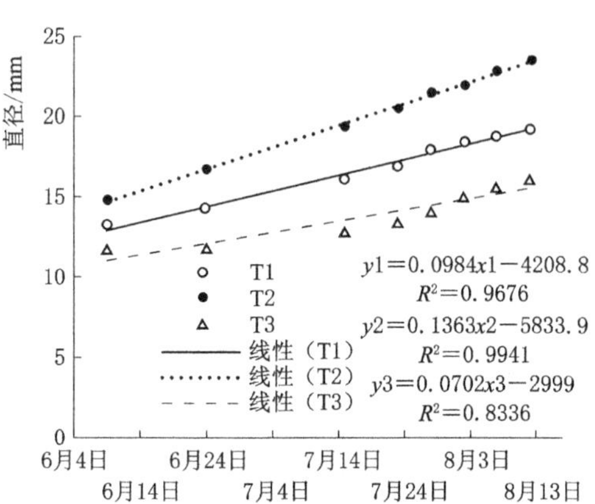

图 5-4　灌溉水矿化度对枣树茎粗的影响

综上所述，灌水周期为 10d，处理二即当灌溉水矿化度为 3g/L 时，枣树株高与茎粗变化的相关关系最好。

5.4　微咸水灌水、施肥量优化分析

表 5-5 为正交实验结果分析，通过实验发现微咸水矿化度对红枣最终产量影响最大，其次是灌水量，施肥因素差异最小。并得出最优滴灌水质矿化度为 3g/L；滴灌定额为 30L/株（灌溉定额为 $100m^3$/亩）；施肥方式为优化施肥方案 3 为最优（即尿素 60kg/666.7m^2；磷肥重过磷酸钙 30kg/666.7m^2；硫酸钾 50kg/666.7m^2；有机肥 1200kg/666.7m^2）。施入方式为氮肥尿素 40%基施，60%追施，磷肥重过磷酸钙全部基施，硫酸钾 50%用作基施，50%追施。有机肥全部基施。

表 5-5 正交试验结果

试验号	灌水定额/(L/株) A	矿化度/(g/L) B	施肥 C	试验指标 (产量)/kg
1	1	3	3	0.734
2	2	1	1	0.718
3	3	2	2	1.314
4	1	2	2	0.841
5	2	3	3	0.902
6	3	1	1	0.795
7	1	1	1	0.459
8	2	3	2	0.902
9	3	2	3	1.452
K1	2.034	1.972	1.972	
K2	2.522	3.607	3.057	
K3	3.561	2.538	3.088	
k1	0.678	0.657	0.657	
k2	0.841	1.202	1.019	
k3	1.187	0.846	1.029	
极差	0.509	0.545	0.372	
优方案	A_3	B_2	C_3	

5.5 微咸水滴灌对土壤硝态氮的垂直分布的影响

各处理土壤硝态氮含量方差分析表见表 5-6。不同试验处理的土壤硝态氮含量在 23～65mg/kg 变化，变化范围相对较大。为了更好地反映各处理之间土壤硝态氮变化的差异性，引入了变异系数，即标准差与平均值之比。由表 5-6 可知，各处理土壤中硝态氮含量的变异系数均大于土壤初始含量，说明不同矿化度的微咸水灌溉和施肥量均会对土壤硝态氮的含量产生影响，变异系数越大，受外界的影响越大。

表 5-6 各处理土壤硝态氮含量方差分析表

处理号	测定值范围 /(mg/kg)	平均值 /(mg/kg)	方差 /(mg/kg)	标准差 /(mg/kg)	变异系数 /%
10L 对照	43.506～24.797	32.344	68.692	8.29	30.06
20L 对照	58.792～19.504	33.929	128.889	11.35	33.46
30L 对照	52.325～22.049	38.191	147.237	12.13	35.68
1	68.142～31.272	46.682	1132.153	33.65	72.07
2	46.637～28.520	37.062	231.582	15.22	53.10
3	77.372～42.613	60.787	943.243	30.71	50.52

续表

处理号	测定值范围 /(mg/kg)	平均值 /(mg/kg)	方差 /(mg/kg)	标准差 /(mg/kg)	变异系数 /%
4	74.394～34.092	59.389	964.340	31.05	52.30
5	67.346～32.094	46.395	1028.617	32.07	69.13
6	48.394～28.416	36.604	371.691	19.28	53.11
7	42.122～24.891	32.265	293.635	17.14	52.67
8	85.796～47.287	64.978	1358.986	36.86	76.30
9	62.033～27.830	41.477	1001.732	31.65	56.73

当灌溉水的矿化度为 2g/L 时，即处理 2、处理 6、处理 7，土壤硝态氮的变异系数均小于其他处理，说明低矿化度的微咸水处理后枣树根区土壤硝态氮含量变化较为稳定。当灌溉水的矿化度增大时，土壤硝态氮的变异系数也随之增大，说明矿化度越大，枣树根系细胞受到盐分的胁迫作用越大，对氮素的吸收利用也越不稳定。

灌水量与施肥方式对枣树根系对氮素的吸收也会产生影响。在单施有机肥处理，即处理 2、处理 6、处理 7，当灌水量分别为 20L/株、30L/株及 10L/株时，表 5-6 中处理 2、处理 6、处理 7 的土壤硝态氮的变异系数随着灌水量的增加而增大，说明灌水量会对土壤硝态氮的运移转化速度产生影响。

不同矿化度的微咸水灌溉处理的土壤硝态氮在枣树各生育阶段的垂直分布见图 5-5～图 5-16。其中图 5-14～图 5-16 为对照处理，对照处理中，各土层硝态氮含量的变化在整个生育期内表现为一致，变化均较稳定。在所有的处理中土壤硝态氮的含量均随土壤深度自上而下递减。其中 30～40cm 土层硝态氮含量急剧下降，主要是因为该土层为枣树的主吸水根系分布区，除了随水分向下淋洗硝态氮以外，还要供给枣树生长发育所需的氮素。而 50cm 土层以下，由于土壤硝态氮随水分向下淋洗以及受水分影响小的原因，致使土壤硝态氮含量有所上升。灌溉水的矿化度越大，土壤硝态氮的含量越大，说明不同矿化度的微咸水灌溉会对土壤硝态氮的含量分布产生重要影响，究其原因是枣树根系受盐分胁迫作用，阻滞了根系对硝态氮的吸收，致使土壤中的硝态氮大量积累。

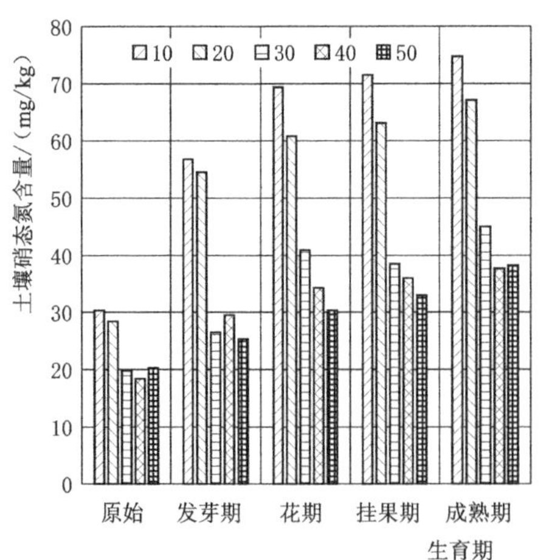

图 5-5　处理 1 土壤硝态氮含量变化

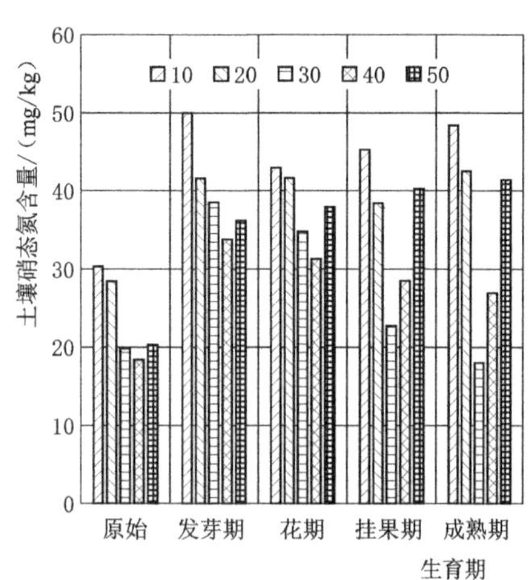

图 5-6　处理 2 土壤硝态氮含量变化

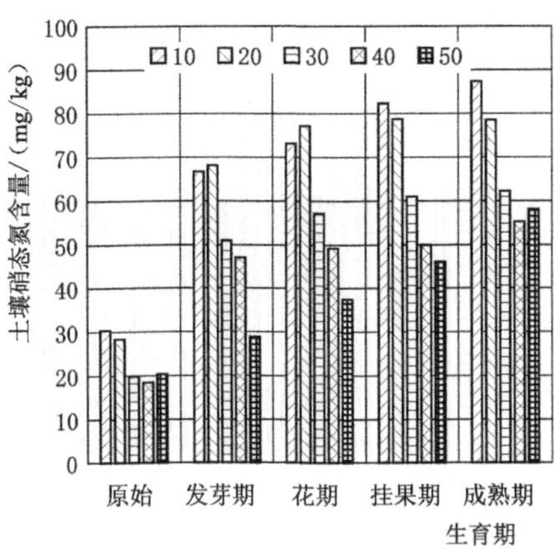

图 5-7 处理 3 土壤硝态氮含量变化

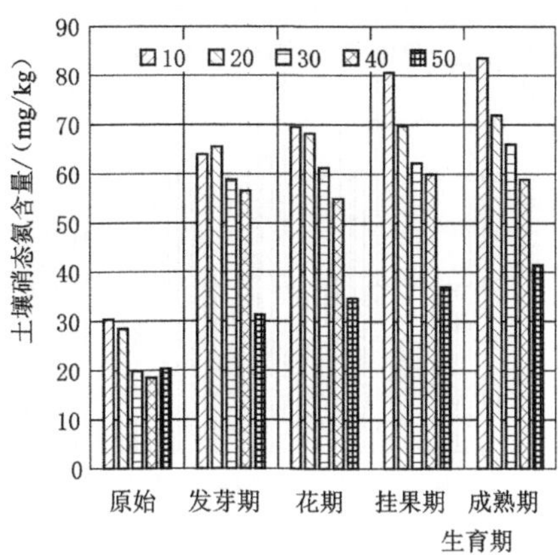

图 5-8 处理 4 土壤硝态氮含量变化

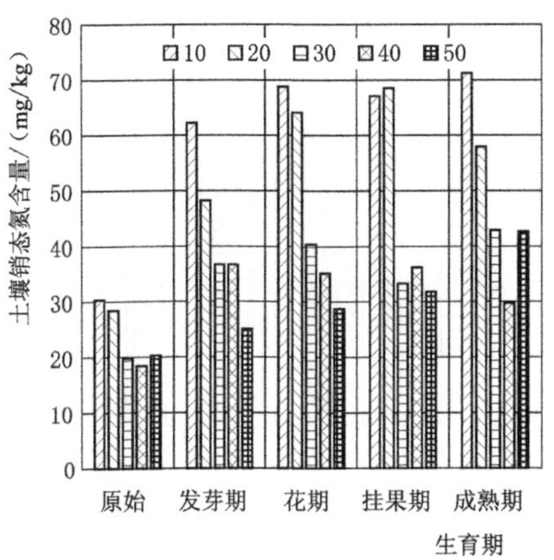

图 5-9 处理 5 土壤硝态氮含量变化

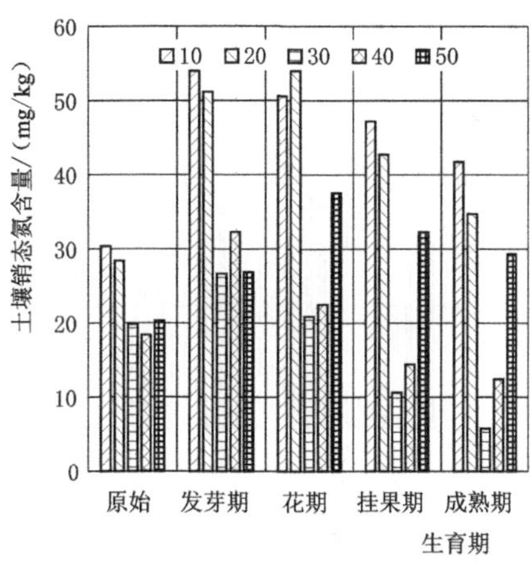

图 5-10 处理 6 土壤硝态氮含量变化

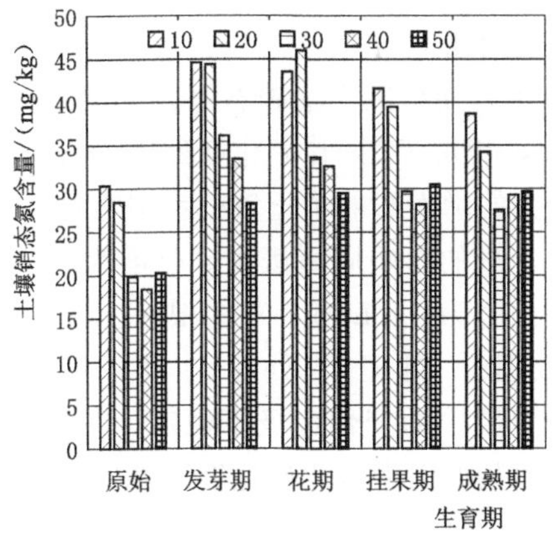

图 5-11 处理 7 土壤硝态氮含量变化

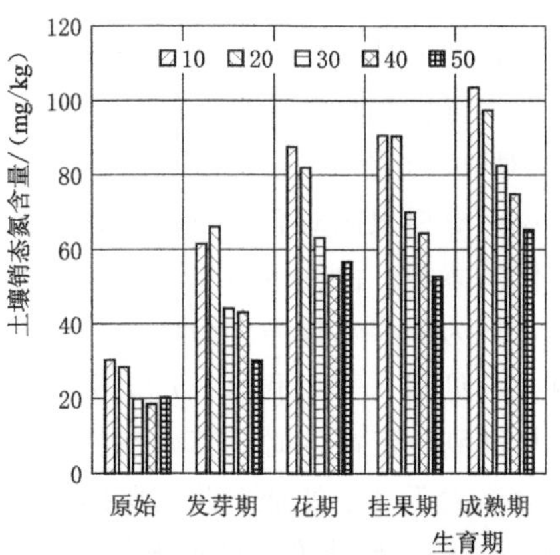

图 5-12 处理 8 土壤硝态氮含量变化

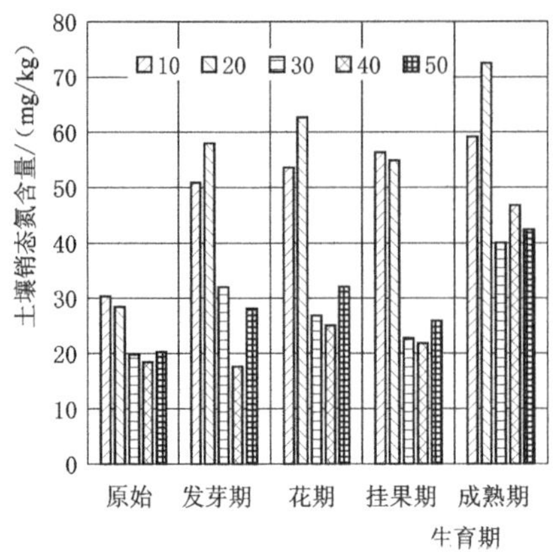

图 5-13 处理 9 土壤硝态氮含量变化

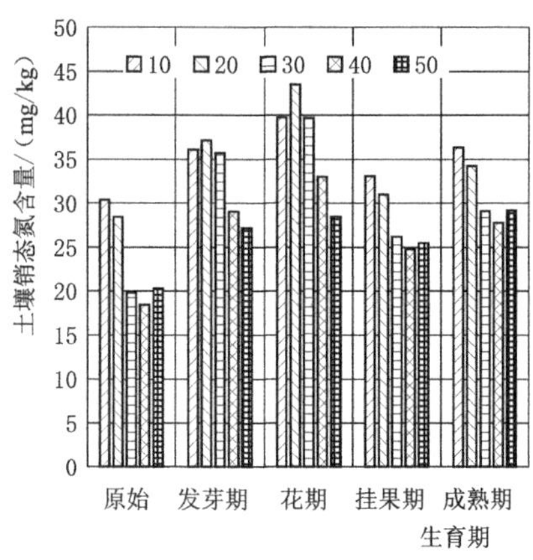

图 5-14 10L 对照土壤硝态氮含量变化

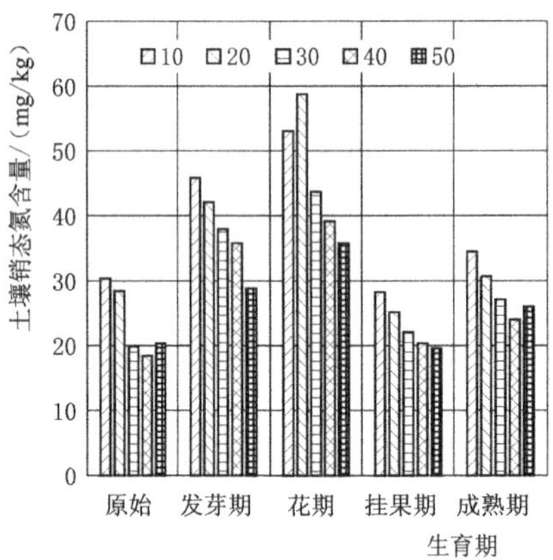

图 5-15 20L 对照土壤硝态氮含量变化

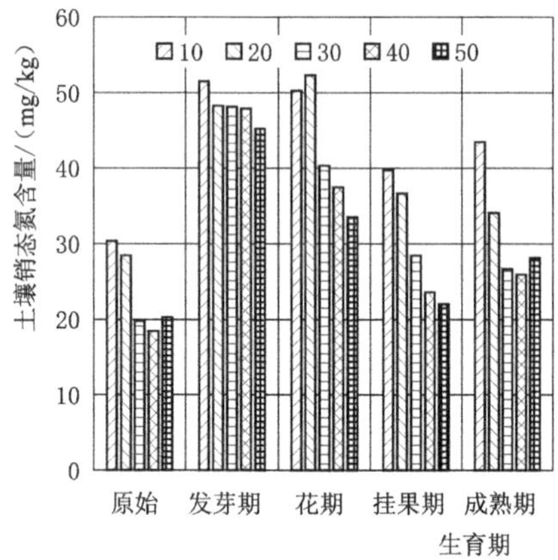

图 5-16 30L 对照土壤硝态氮含量变化

当灌溉水的矿化度为 2g/L 时，枣树各生育阶段根区土壤硝态氮含量变化见处理 2、处理 6、处理 7。由图 5-6、图 5-10 和图 5-11 可看出，灌水量越大，土壤中硝态氮的含量越大，即处理 6>处理 2>处理 7，由此可知灌水量与土壤硝态氮含量存在着较好的正相关关系。当灌溉水的矿化度为 3g/L 时，枣树各生育期根区土壤硝态氮含量见处理 3、处理 4、处理 9。由图 5-7、图 5-8 和图 5-9 可知，相对于 2g/L 矿化度处理下的硝态氮含量大，说明枣树根区对硝态氮的吸收不稳定。盐分的增大影响了土壤根系细胞对氮素的吸收，致使氮累积。由图也可看出，灌水量对氮素含量的影响同灌溉水矿化度为 2g/L 时表现一致，均为随灌水量增大而增大。当灌溉水矿化度为 4g/L 时，枣树根区土壤各生育期硝态氮含量见图 5-5、图 5-9 和图 5-11，即处理 1、处理 5、处理 8。由图可看出，当矿化度增高到一定高度时，其硝态氮含量在整个土层中的变化也极不稳定，30～40cm 土层含量远远大于其他处理下此土层硝态氮含量。而其他因素对此矿化度下氮素含量的影响与 2g/L 及 3g/L 矿化度下的影响均一致。

由表 5-7 中的显著性检验可知，除了处理 8 以外，其他各处理土壤盐分与土壤硝态氮含量的相关性较好。

表 5-7 土壤硝态氮含量与盐分模型预测

处理号	矿化度 /(g/L)	建立模型	相关系数	F 值	显著性
1	4	$y=-13.873x^2+61.397x-2.5416$	$R^2=0.8694$	13.314	* *
2	2	$y=285x^2-310.13x+118.19$	$R^2=0.985$	131.333	* * *
3	3	$y=-186.24x^2+401.59x-148.34$	$R^2=0.972$	69.429	* * *
4	3	$y=-120.12x^2+254.04x-70.063$	$R^2=0.9381$	30.310	* *
5	4	$y=-44.083x^2+111.03x-21.266$	$R^2=0.8389$	10.415	*
6	2	$y=-366.19x^2+321.78x-32.562$	$R^2=0.9787$	91.897	* * *
7	2	$y=-174.22x^2+156.7x+2.309$	$R^2=0.9797$	96.522	* * *
8	4	$y=-75.713x^2+242.08x-100.45$	$R^2=0.7693$	6.670	
9	3	$y=381.86x^2-670.75x+331.05$	$R^2=0.915$	21.529	* *

注 * 为 $P<0.05$；
* * 为 $P<0.01$；
* * * 为 $P<0.001$。

5.6 微咸水滴灌对土壤碱解氮的垂直分布的影响

枣树根区土壤碱解氮含量方差分析结果见表 5-8，由表中数据可看出，土壤中碱解氮含量在 42～70mg/kg 范围内，由结果得出：各处理的变异系数与对照相比总体表现为增大的趋势，说明灌溉水矿化度对土壤碱解氮的影响不可忽略。

表 5-8 各处理土壤碱解氮含量方差分析

处理号	测定值范围 /(g/kg)	平均值 /(g/kg)	方差 /(g/kg)	标准差 /(g/kg)	变异系数 /%
10L 对照	54.70～19.70	39.66	159.48	12.63	31.85
20L 对照	57.17～25.00	37.62	207.68	14.41	38.31
30L 对照	64.40～35.65	48.56	429.62	20.73	42.68
1	83.83～48.36	63.21	1016.46	31.88	50.44
2	71.06～31.69	52.91	1208.07	34.76	65.69
3	94.50～41.88	68.66	2265.37	47.60	69.32
4	95.13～47.19	68.54	2157.48	46.45	67.77
5	80.41～36.56	65.53	1274.57	35.70	54.48
6	67.66～24.08	48.39	1180.04	34.35	70.98
7	64.48～23.85	48.45	1008.35	31.75	65.54
8	56.00～26.69	42.13	591.65	24.32	56.73
9	78.59～40.32	57.72	1535.84	39.19	67.90

当灌溉水矿化度为 2g/L 时，土壤中碱解氮的变异系数平均为 67.40%，相对于对照变化较大，可能是微咸水灌溉时枣树根区土壤盐分含量增大，使枣树的根系受到盐分胁迫

而阻碍了对碱解氮的吸收，致使碱解氮在土壤中累积。当灌溉水矿化度为 3g/L 时，其变异系数平均为 66.71%，比矿化度为 2g/L 时小。而在灌溉水矿化度为 4g/L 时，其变异系数平均变为 53.88%，与土壤中硝态氮及有机碳的变化不同。

同时由表 5-8 可看出，在同一矿化度水平下的变异系数也不同，如 2g/L 矿化度下，即处理 2、处理 6、处理 7，灌水量越大其变异系数也越大，说明土壤中积累的水分含量越多，土壤中碱解氮的变化就越不稳定。在 3g/L 矿化度下，即处理 3、处理 4、处理 9，变化不是很明显。处理 3 与处理 4 虽灌水量不同，分别为 30L/株和 10L/株，但其变化量基本一致，变异系数相差也不是很大，与施肥有关；而处理 3 与处理 9 灌水量相同，均为 30L/株，但因施肥方式与施肥量不同而使其碱解氮的变化量相差较大，变异系数也有所不同。在 4g/L 矿化度下，即处理 1、处理 5、处理 8，其碱解氮的变化量最小，变异系数相对也是最小的。三个处理之间的差异主要与灌水量有关。从处理 5 与处理 8 又可观察出，当矿化度与灌水量条件一致，施肥量大的其碱解氮含量变幅也大，变异系数相对也较高。

由以上综合看出，矿化度对土壤中碱解氮有很大的影响，同时也不乏灌水量与施肥量对土壤碱解氮的影响。矿化度对土壤中碱解氮的影响不是一成不变的，矿化度对碱解氮的影响应该有一个阈值，但这个阈值的具体大小还有待今后大量的试验数据来确定。

不同矿化度的微咸水灌溉条件下枣树根区土壤中碱解氮的垂直分布见图 5-17～图 5-28，分析图可知，所有处理枣树根区土壤中的碱解氮随土层深度均保持下降的趋势。同时可看出，10～20cm 土层碱解氮含量远远大于其他土层。30～40cm 土层碱解氮含量降幅较大，原因是此土层为枣树的主吸水根区，土壤中的氮素随水分进入枣树株体内供给枣树生长发育所需的养分。50cm 土层碱解氮含量基本在 40mg/kg 左右，变化幅度不是很大。枣树生长的整个生育期内土壤中碱解氮的变化并不是所有处理都表现为增大。由图 5-18、图 5-22 和图 5-23 可看出当灌溉水矿化度为 2g/L 时，其含量随生育期整体呈下降趋势，3g/L 及 4g/L 矿化度灌溉处理时碱解氮含量随生育期整体呈增大趋势。可知，土壤碱解氮主要受矿化度的影响；同时也与施肥有关，2g/L 矿化度时的处理为单施有机肥，且只在枣树发芽期进行基施，3g/L 及 4g/L 矿化度灌溉时的处理均为混施氮磷钾处理，在每一生育期内施肥一次，所以处理 2、处理 6、处理 7 在 2g/L 矿化度灌溉处理下，发芽期其表土层碱解氮含量增幅大于其他处理，增幅达到了 17.14%，随后减小。而其他处理在试验初期即发芽期其表土层含量均保持在 60mg/kg。

2g/L 矿化度灌溉处理下，其含量在整个生育期随土层深度的降幅较大，平均达到了 53%；3g/L 矿化度灌溉处理下的平均降幅为 42%；4g/L 矿化度灌溉处理下的平均降幅为 30%。建立了不同矿化度微咸水灌溉条件下土壤盐分对碱解氮含量的预测模型（见表 5-9），各矿化度下的模拟精度均较高。

表 5-9　土壤碱解氮含量与盐分模型预测

处理号	矿化度 /(g/L)	建立模型	相关系数	F 值	显著性
1	4	$y=62.946x^2-103.7x+94.937$	$R^2=0.9329$	27.806	* *
2	2	$y=310.44x^2-315.52x+129.03$	$R^2=0.9695$	63.574	* * *

续表

处理号	矿化度/(g/L)	建立模型	相关系数	F值	显著性
3	3	$y=100.5x^2-129.67x+102.87$	$R^2=0.8469$	11.063	*
4	3	$y=-259.83x^2+574.24x-243.97$	$R^2=0.8683$	13.186	*
5	4	$y=160.32x^2-307.24x+205.68$	$R^2=0.7557$	6.187	
6	2	$y=838.49x^2-850x+263.21$	$R^2=0.9372$	29.847	* *
7	2	$y=-38.16x^2-10.591x+65.233$	$R^2=0.9044$	18.921	* *
8	4	$y=390.81x^2-779.68x+446.99$	$R^2=0.8337$	10.026	*
9	3	$y=168.96x^2-215.37x+121.24$	$R^2=0.8675$	13.094	*

注 * 为 $P<0.05$；
* * 为 $P<0.01$；
* * * 为 $P<0.001$。

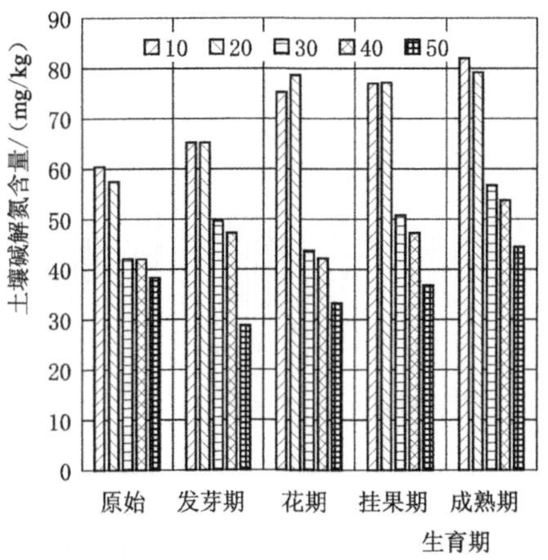

图 5-17 处理 1 土壤碱解氮含量变化

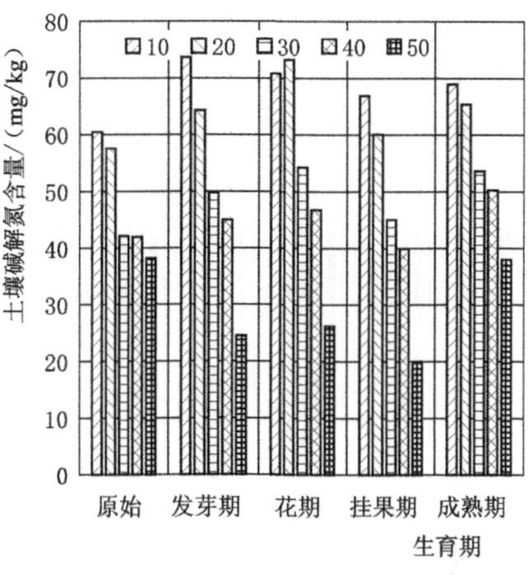

图 5-18 处理 2 土壤碱解氮含量变化

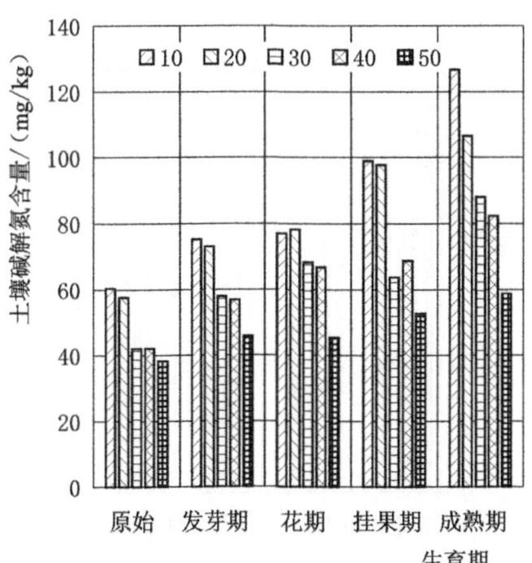

图 5-19 处理 3 土壤碱解氮含量变化

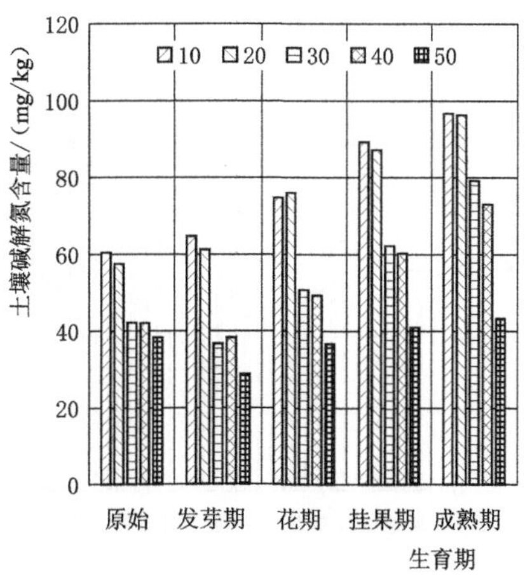

图 5-20 处理 4 土壤碱解氮含量变化

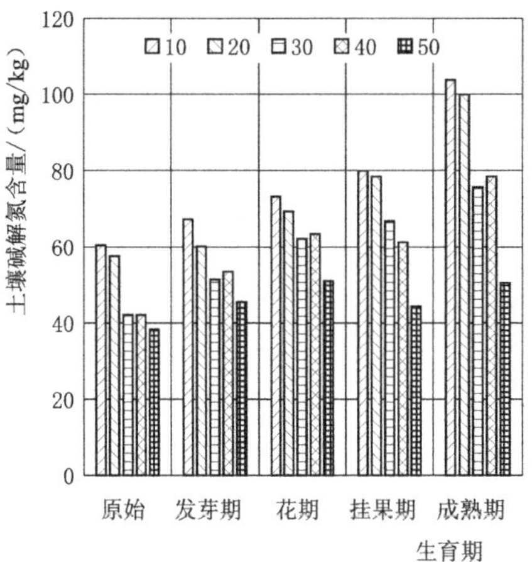

图5-21 处理5土壤碱解氮含量变化

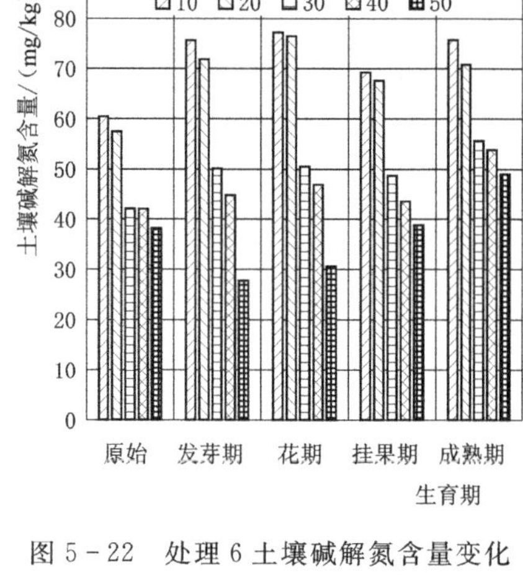

图5-22 处理6土壤碱解氮含量变化

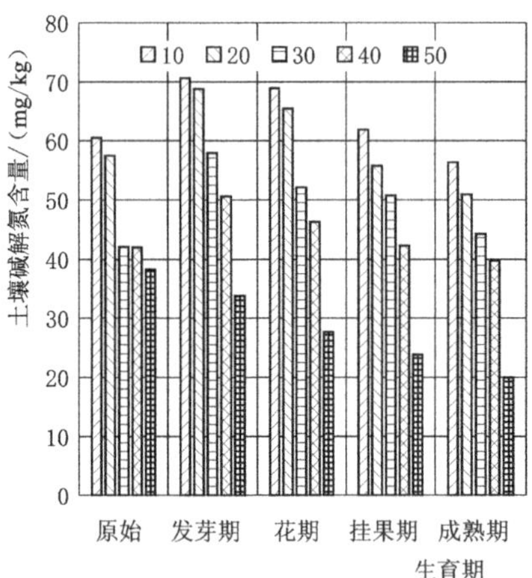

图5-23 处理7土壤碱解氮含量变化

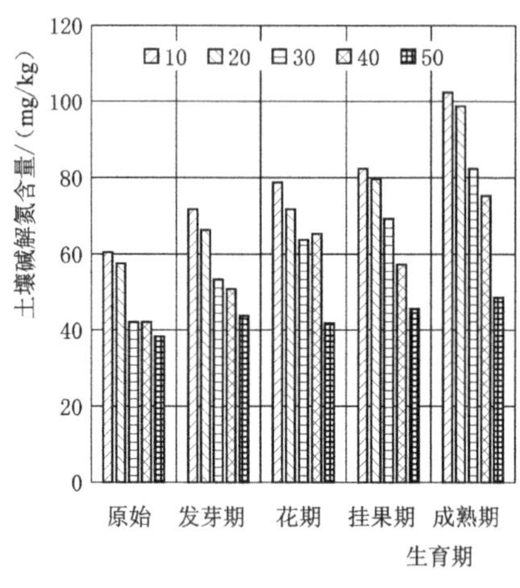

图5-24 处理8土壤碱解氮含量变化

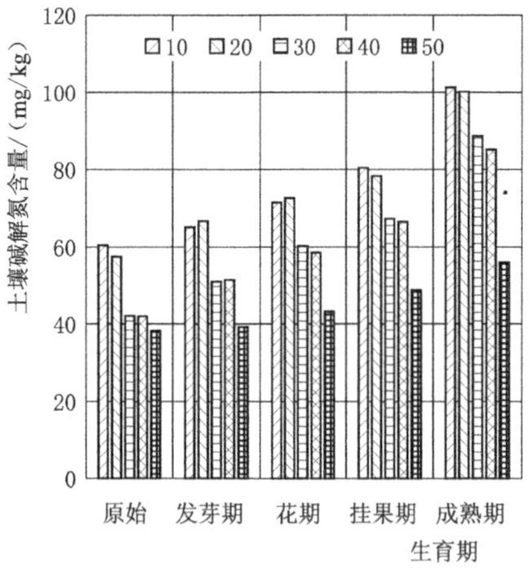

图5-25 处理9土壤碱解氮含量变化

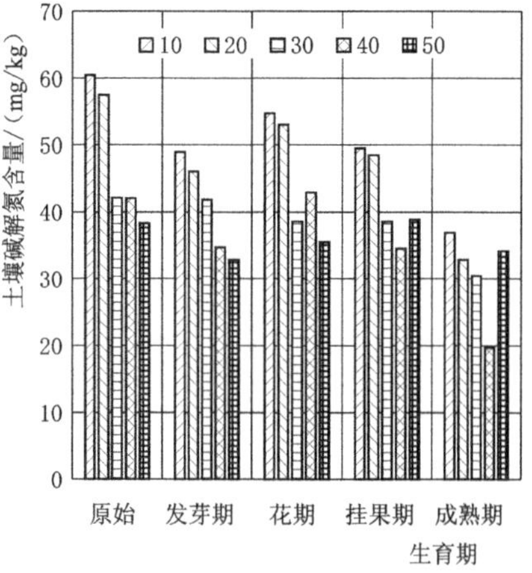

图5-26 10L对照土壤碱解氮含量变化

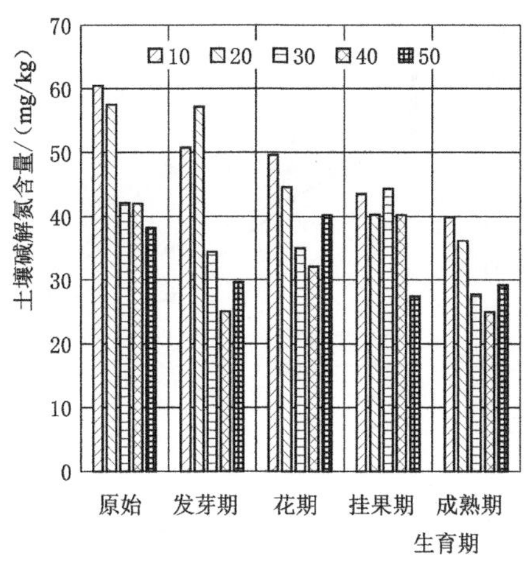

图 5-27 20L 对照土壤碱解氮含量变化

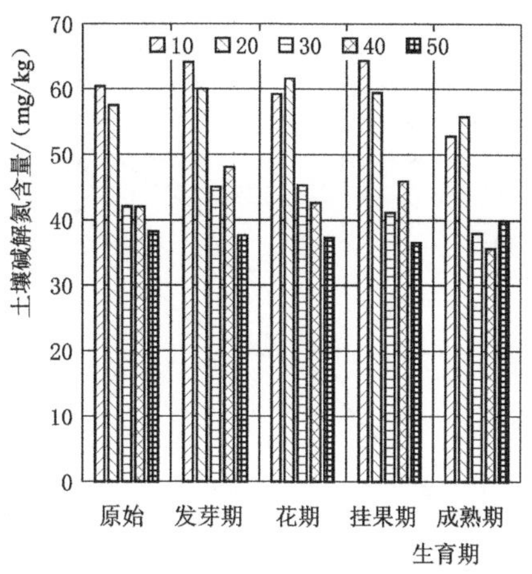

图 5-28 30L 对照土壤碱解氮含量变化

5.7 微咸水滴灌对土壤碱解氮运移转化的影响

从图 5-29～图 5-31 可知：在枣树根区土壤碱解氮运移转化的同一时刻，随着灌溉水矿化度的增加，土壤碱解氮的含量越高，变化量越低，转化率越小。分析其原因，主要是通过施用氮肥在提高枣树根区土壤碱解氮含量的同时，枣树根系受到盐胁迫程度越大，抑制了根系细胞对氮素的吸收利用，影响了土壤碱解氮的变化率及转化率。灌溉水矿化度相同时，土壤碱解氮平均值随运移转化时间先增大后减小，碱解氮的变化量呈递增趋势，而碱解氮变化率随运移转化时间的延长，却呈现递减趋势。从土壤碱解氮含量的日变化（图 5-29）可知，由于中午 14：00 植物光合作用剧烈，枣树根系细胞物质交换频繁，对水分、养分的需求强烈，土壤碱解氮随水分向枣树根区运移，碱解氮的含量达到了最大值。14：00 后，土壤中碱解氮逐渐硝化成硝态氮（易随水分发生迁移淋失）而减少，但总量还保持在一个相对较高的水平。同时，不同矿化度微咸水滴灌后，枣树根区土壤碱解氮的含量始终在初始值之上，说明碱解氮在土壤中的转化较慢，从而能较长时间保存在土壤中，供给枣树利用。

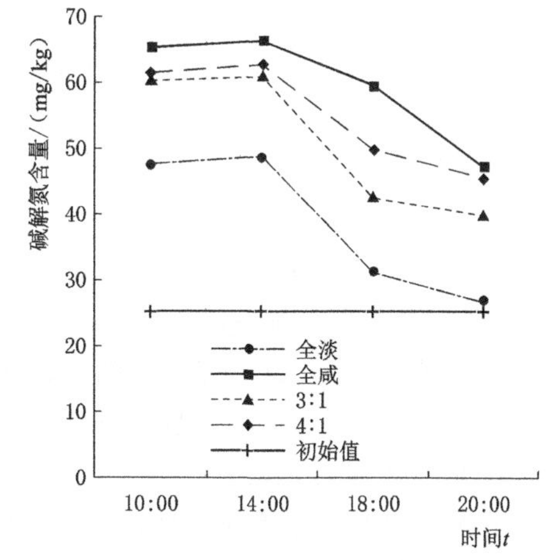

图 5-29 土壤碱解氮含量与运移转化时间的关系

1. 影响模型分析与验证

经过上述分析可知，在不同矿化度的微咸水滴灌条件下，土壤碱解氮的平均值 $X(r, t)$、变化量 $\Delta X(r, t)$ 和变化率 $\Delta Xi(r, t)$ 与运移转化时间 t 符合非线性函数变化，可用下式表示：

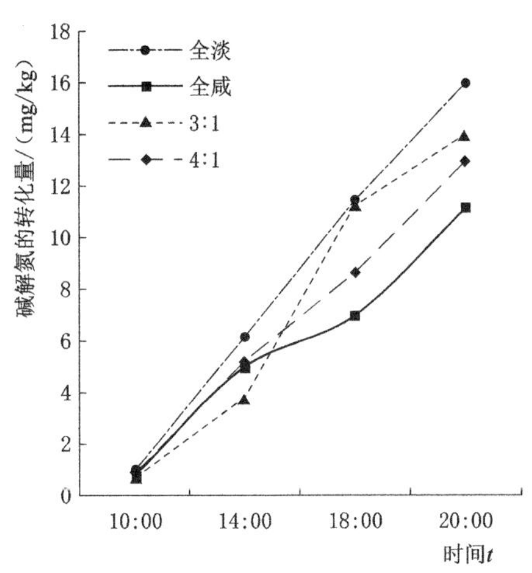

图 5－30　土壤碱解氮变化量与运移转化时间的关系

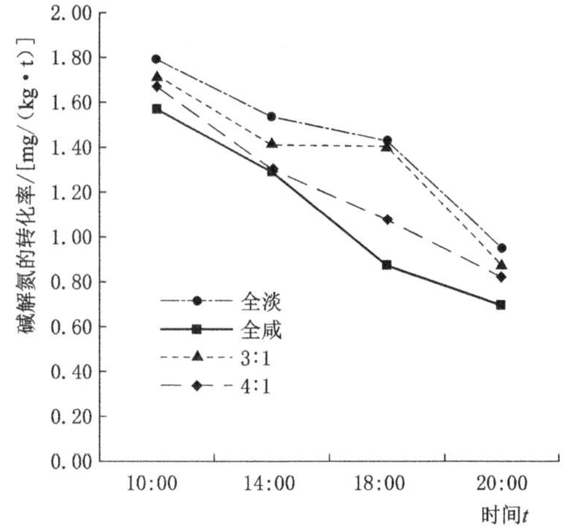

图 5－31　土壤碱解氮转化率与运移转化时间的关系

$$X=A+B\times r+C\times t$$

利用上述非线性规律，通过回归分析分别得到：

$$X(r,t)=51.335+3.586r-2.1955t \tag{5-1}$$

$$\Delta X(r,t)=1.0318-0.0811r+1.0757t \tag{5-2}$$

$$\Delta Xi(r,t)=1.7120-0.0138r-0.0652t \tag{5-3}$$

式中　$X(r,t)$——土壤碱解氮含量，mg/kg；

$\Delta X(r,t)$——土壤碱解氮的变化量，mg/kg；

$\Delta Xi(r,t)$——土壤碱解氮的变化率，mg/(kg·t)；

$X(r,t_0)$——灌水结束后碱解氮的平均值，mg/kg；

r——矿化度，g/L；

t——试验开始时的运移转化时间间隔，h；

A、B、C——拟合系数（可利用最小二乘法求解）。

2. 回归方程的误差分析

引入回归误差定量分析对式（5－1）、式（5－2）、式（5－3）进行显著性检验。利用MATLAB做已知数据点的误差 stem 图，见图 5－32。横坐标表示 10：00、14：00、18：00 和 20：00 等 4 个时间段的索引，“○”型为因变量的变化幅度，“☆”型为对应的回归误差。通过显著性检验可知，式（5－1）的误差区间为±10%，式（5－2）的误差区间为±2%，式（5－3）的误差区间为±0.2%，说明式（5－1）、式（5－2）、式（5－3）的定量分析效果较好，可作为不同矿化度微咸水滴灌条件下，土壤碱解氮的平均值、变化量、变化率与运移转化时间的预测模型。

3. 影响模型验证

为了验证模型的准确性，通过随机抽取试验实测数据，并计算不同矿化度的微咸水滴灌条件下的土壤碱解氮的平均值、变化量和变化率值，具体验证结果见表 5－10～表 5－12。

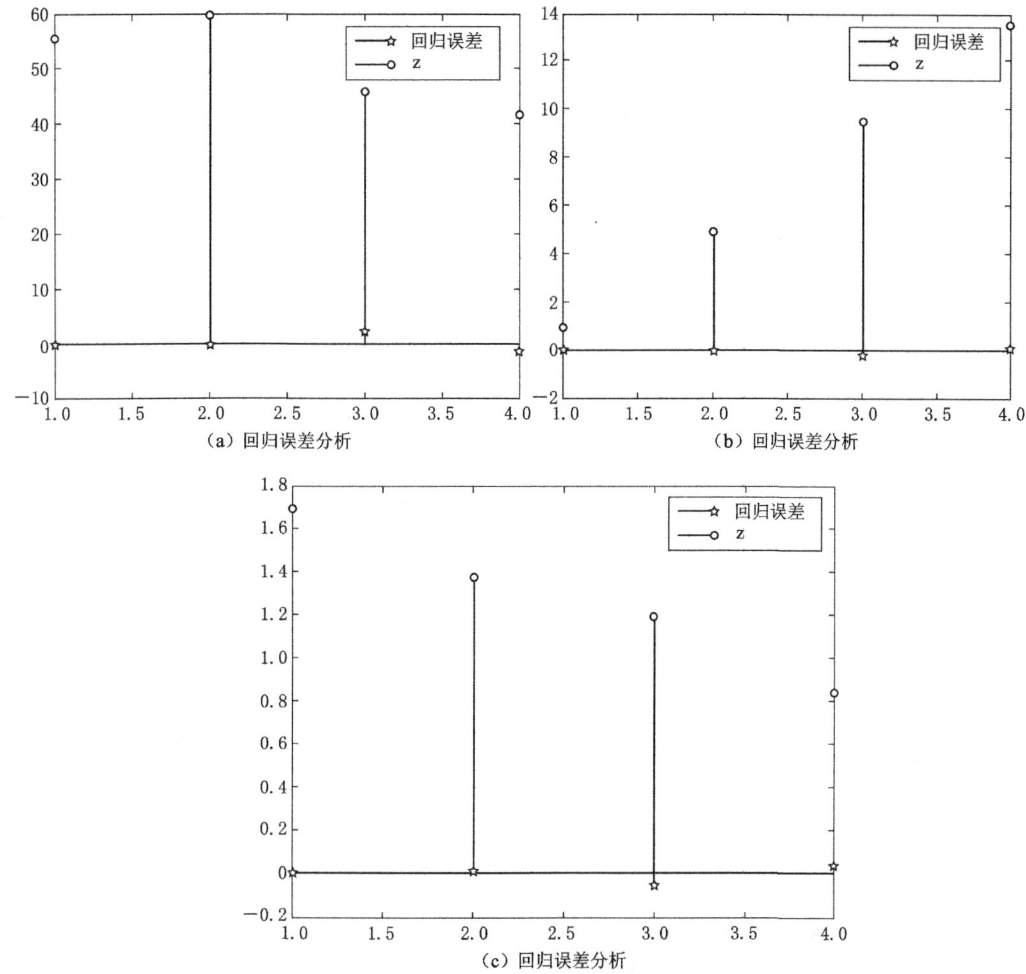

图 5-32 不同矿化度对碱解氮影响公式误差的 stem 图

表 5-10 不同矿化度滴灌下土壤碱解氮的平均值与运移转化时间的预测模型验证表

碱解氮平均值		不同矿化度处理					
		全淡	全咸	1∶1	2∶1	3∶1	4∶1
0	实测计算值/(mg/kg)	47.66	65.28	58.18	61.90	60.27	61.49
	预测值/(mg/kg)	55.24	68.01	61.59	64.82	65.61	66.61
	相对误差/%	13.73	4.01	5.54	4.50	8.14	7.69
4	实测计算值/(mg/kg)	48.8	66.25	50.54	54.13	60.87	62.70
	预测值/(mg/kg)	46.46	59.23	52.81	56.04	56.83	57.83
	相对误差/%	−5.03	−11.86	4.30	3.40	−7.12	−8.42
8	实测计算值/(mg/kg)	31.22	58.58	42.53	39.73	42.54	49.87
	预测值/(mg/kg)	37.68	50.45	44.03	47.25	48.04	49.05
	相对误差/%	17.14	−16.11	3.40	15.92	11.45	−1.68

续表

碱解氮平均值		不同矿化度处理					
		全淡	全咸	1∶1	2∶1	3∶1	4∶1
12	实测计算值/(mg/kg)	26.70	47.17	41.10	46.37	39.80	45.56
	预测值/(mg/kg)	28.90	41.66	35.24	38.47	39.26	40.27
	相对误差/%	7.61	−13.22	−16.61	−20.53	−1.37	−13.14

注 0、4、8、12 表示试验开始时的运移转化时间间隔。

表 5-11 不同矿化度滴灌下土壤碱解氮的变化值与运移转化时间的预测模型验证表

碱解氮变化值		不同矿化度处理					
		全淡	全咸	1∶1	2∶1	3∶1	4∶1
0	实测计算值/(mg/kg)	0.98	0.80	0.82	0.76	0.70	0.85
	预测值/(mg/kg)	0.94	0.65	0.80	0.73	0.71	0.69
	相对误差/%	−3.88	−22.2	−2.52	−4.56	1.27	−23.85
4	实测计算值/(mg/kg)	6.15	4.97	6.28	5.97	3.79	5.21
	预测值/(mg/kg)	5.25	4.96	5.10	5.03	5.01	4.99
	相对误差/%	−17.13	−0.35	−23.07	−18.70	24.38	−4.43
8	实测计算值/(mg/kg)	11.44	6.97	11.28	10.87	11.24	8.62
	预测值/(mg/kg)	9.55	9.26	9.41	9.33	9.31	9.29
	相对误差/%	−19.75	24.73	−19.93	−16.48	−20.62	7.23
12	实测计算值/(mg/kg)	15.96	11.11	14.08	14.01	13.98	12.94
	预测值/(mg/kg)	13.85	13.56	13.71	13.64	13.62	13.59
	相对误差/%	−15.18	18.12	−2.71	−2.75	−2.63	4.85

注 0、4、8、12 表示试验开始时的运移转化时间间隔。

表 5-12 不同矿化度滴灌下土壤碱解氮的变化率与运移转化时间的预测模型验证表

碱解氮变化率		不同矿化度处理					
		全淡	全咸	1∶1	2∶1	3∶1	4∶1
0	实测计算值/[mg/(kg·t)]	1.79	1.57	1.75	1.74	1.72	1.67
	预测值/[mg/(kg·t)]	1.70	1.65	1.67	1.66	1.66	1.65
	相对误差/%	−5.48	4.72	4.63	4.81	−3.80	−1.02
4	实测计算值/[mg/(kg·t)]	1.54	1.29	1.48	1.45	1.41	1.30
	预测值/[mg/(kg·t)]	1.44	1.39	1.41	1.40	1.4	1.39
	相对误差/%	−6.97	7.00	−4.84	−3.62	−0.98	6.46
8	实测计算值/[mg/(kg·t)]	1.43	0.87	1.41	1.36	1.40	1.08
	预测值/[mg/(kg·t)]	1.18	1.13	1.15	1.14	1.14	1.13
	相对误差/%	−21.61	22.64	−22.51	−19.45	−23.68	4.78
12	实测计算值/[mg/(kg·t)]	0.95	0.69	0.94	0.90	0.87	0.82
	预测值/[mg/(kg·t)]	0.91	0.87	0.89	0.88	0.87	0.87
	相对误差/%	−3.88	19.8	−5.60	−2.54	0.14	5.84

注 0、4、8、12 表示试验开始时的运移转化时间间隔。

由表 5-10 可知，当运移转化时间在 $t=0\sim4$ 时段内，所有处理的回归方程（1）的相对误差基本控制 10%以内，预测值的可靠性相对较高。然而，当在 $t>4$ 时段内，所有处理的回归方程（1）的相对误差较大，预测值的准确性较差。

由表 5-11 可知，当在 $t=0$ 时段内，T0、T1、T2、T3 处理，以及在 $t=4$ 时段内，T、T4 处理的回归方程（2）的相对误差都小于 5%，其预测值的可靠性较高。当在 $t=8$ 时段内，各处理的相对误差较大，预测值的准确性较差。当在 $t=12$ 时段内，矿化度 T1、T2、T3、T4 处理的回归方程（2）的相对误差小于 5%，其预测值的可靠性也较高。

由表 5-12 可知，当运移转化时间在 $t=0\sim4$ 时段内，各处理回归方程（3）的相对误差控制在 5%以内，其预测值的可靠性较高。当在 $t=8$ 时段内，T4 处理回归方程（3）的相对误差控制在 5%以内，其预测值的可靠性较高。当在 $t=12$ 时段内，T0、T1、T2、T3、T4 处理回归方程（1）的相对误差控制在 5%以内，其预测值的可靠性较高。

上述非线性回归方程式（5-1）、式（5-2）、式（5-3）反映了不同矿化度微咸水滴灌条件下，微咸水的矿化度、碱解氮的运移转化时间与土壤碱解氮平均含量、变化量以及变化率之间的相互定量关系。由于建立在短系列数据上的部分预测值与实测值还存在较大的相对误差，因此，还需通过后期的试验数据对模型进行修订，使之更适用于生产实践的需要。

5.8 小结

（1）微咸水矿化度一定时，灌水量是枣树生长的一个限制性因素，灌水量越大，枣树生长越快，株高和茎粗越大。另外，较大的灌水量有一定的洗盐效果，但灌水量较大时，枣树容易旺长。T2 枣树株高随生育进程的推进相关性最好，矿化度较高的 T6 处理（3g/L）株高生长缓慢。灌水周期为 10d，当灌溉水矿化度为 3g/L 时，枣树株高与茎粗变化的相关关系最好。通过实验发现微咸水矿化度对红枣最终产量影响最大，其次是灌水量，施肥因素影响最小。并得出最优滴灌水质矿化度为 3g/L；滴灌定额为 $100m^3$/亩；优化施肥方案为尿素 60kg/666.7m^2；磷肥重过磷酸钙 30kg/666.7m^2；硫酸钾 50kg/666.7m^2；有机肥 1200kg/666.7m^2。

（2）硝态氮与碱解氮之间的变异系数之间存在较大的差异，硝态氮的变异系数与矿化度呈正相关，而碱解氮随矿化度增大则表现为先增大后减小，但总体上要远小于有机碳的变异系数。分析硝态氮与碱解氮各生育期垂直变化发现，它们的变化趋势很相似，均在低矿化度下随生育期减小，在高矿化度下则表现为增大，且都是表层土壤中的含量最大，随深度增大含量逐渐减小。

（3）为了寻求不同矿化度对氮素的影响，建立了土壤盐分与氮素含量的相关关系模型，由拟合方程得知土壤盐分与硝态氮及碱解氮在 2g/L 矿化度下相关性较好，相关系数均在 0.9 以上。硝态氮在 2g/L 和 3g/L 矿化度下实测值与预测值相对误差小，相关性较好，在 4g/L 矿化度下实测值与预测值相对误差大，其相关性较低矿化度下差。碱解氮的实测值与预测值相对误差只在 2g/L 矿化度下保持较好的相关性，3g/L 及 4g/L 矿化度下发芽期与花期的相对误差大，在挂果期和果实成熟期又表现出较好的相关性。

(4) 通过采用高矿化度的咸水与淡水按一定比例进行混合灌溉，就不同矿化度的微咸水滴灌对枣树根区土壤碱解氮的影响模型进行了分析，结果表明：当枣树根区土壤碱解氮的运移转化时间相同时，随着灌溉水矿化度的增加，土壤碱解氮的含量越高，变化量越低，转化率越小。当矿化度相同时，土壤碱解氮平均值随运移转化时间先增大后减小，碱解氮的变化量呈递增趋势，而碱解氮变化率却呈现递减趋势。在分析了不同矿化度的微咸水对土壤碱解氮影响的基础上，建立了微咸水的矿化度、碱解氮的运移转化时间与土壤碱解氮平均含量、变化量以及变化率之间的相互定量关系，并得到了相应的回归方程。

参考文献

[1] 杨淑莉，朱安宁，张佳宝，等. 不同施氮量和施氮方式下田间氨挥发损失及其影响因素. 干旱区研究，2010，27 (3)：415 - 427.

[2] 钱炬炬. 污水灌溉条件下作物生长及氮素运移试验研究 [D]. 北京：中国农业科学院，2006.

[3] 甘露. 污水灌溉与施肥条件下氮素在土壤中迁移转化动态的初步研究 [D]. 北京：中国农业大学，2002.

[4] 黄冠华，杨建国，黄权中. 污水灌溉对草坪土壤与植株氮含量影响的试验研究 [J]. 农业工程学报，2002，18 (3)：22 - 25.

[5] 王红旗，陈家军. 城市污水不同土地处理条件下土壤-作物系统中氮净化模拟模型与模拟分析 [J]. 北京师范大学学报 (自然科学版)，1998，34 (3)：414 - 420.

[6] 王艳娜，侯振安，龚江，等. 咸水滴灌对土壤盐分分布、棉花生长和产量的影响 [J]. 石河子大学学报 (自然科学版)，2007，25 (2)：158 - 162.

第6章　间作模式下滴灌对枣园土壤水肥运移的影响规律

6.1　研究方法

6.1.1　试验方案

根据红枣种植模式滴灌带选用单翼迷宫式，滴头间距为30cm，单滴头最大流量为3～5L/h，工作压力为0.1MPa。棉花的滴灌带布置方式为一膜四行两管膜下滴灌方式，滴灌带布设在窄行，布设方式为单行直线布置（见图6-1）。每生育期需水高峰期灌水定额为369m^3/hm^2。全生育期灌水12次，灌溉定额为4428m^3/hm^2。

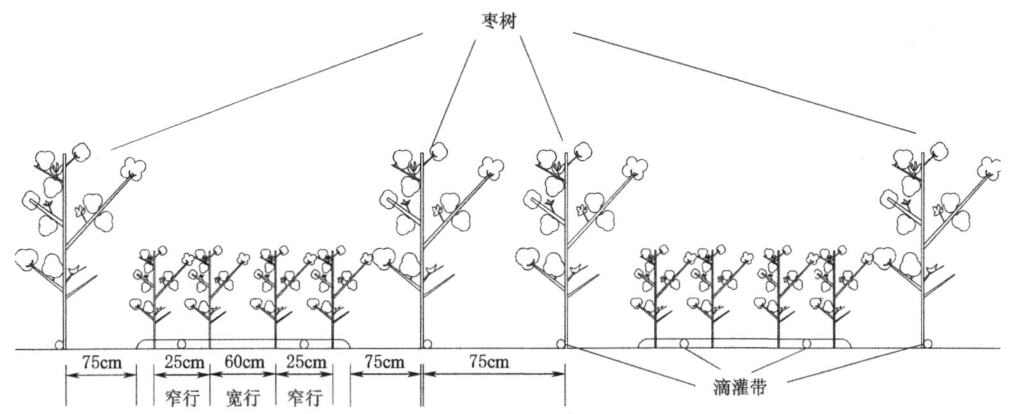

图6-1　枣棉间作种植示意图

施肥试验主要集中在6月、7月、8月以及9月4个需水关键期进行。氮、磷、钾肥施入主要以复合肥为主，N、P、K比例为2∶1∶1，施肥量为2250kg/hm^2，全生育期施肥三次，花期1次，幼果期1次，果实膨大期1次，单次施肥量按总施肥量进行平均。田间施肥采用滴灌的随水施肥方式。在灌溉过程中，间作棉花采用相同的灌溉和施肥量。

土样的采集：采样时间分别为枣树的盛花期、幼果期、果实膨大前期、果实膨大后期、果实成熟期，即棉花的三叶期、五叶期、蕾期、花铃期、吐絮期；采样点分别在枣树根区、枣棉之间、棉花窄行、棉花宽行（以下均用字母Z、ZM、M1、M2分别表示）进行采样，距枣树滴灌滴头水平距离分别为0cm、40cm、80cm、120cm。土钻垂直取土深度分别为0～10cm、10～20cm、20～40cm、40～60cm、60～80cm，将取好的土样分类编号。

6.1.2　试验方法

采用烘干法测定土壤含水分；采用碳酸氢钠浸提——钼蓝比色法测定土壤有效磷；采

用火焰光度法测定速效钾、钠离子。

6.2 间作系统中土壤水分的分布规律

6.2.1 枣棉间作下土壤棵间蒸发量的变化

研究了枣棉间作下作物生育关键期内（枣为盛花期—果实膨大期，棉花为花期—铃期）土壤棵间蒸发的变化情况。各处理棵间蒸发量在生育期内均在6月下旬和7月中下旬出现高峰段。6月下旬时棉花虽然进入花期，但叶面积未达到峰值，枝叶横向生长不足，土地覆盖率在整个生育期较低。此时南疆气温已经较高，棵间蒸发量最大（图6-2）。但是进入7月中下旬虽然棉花叶面积和土地覆盖率达到最大，但是此时气温最高，棵间蒸发也相对较高。

枣棉间作中三个监测点枣树根区（J-1）、枣棉行间（J-2）、棉花根区（J-3）的各生育关键期的棵间蒸发量与对照处理单作枣树（J-4）相比均较低。表明枣树间作棉花后

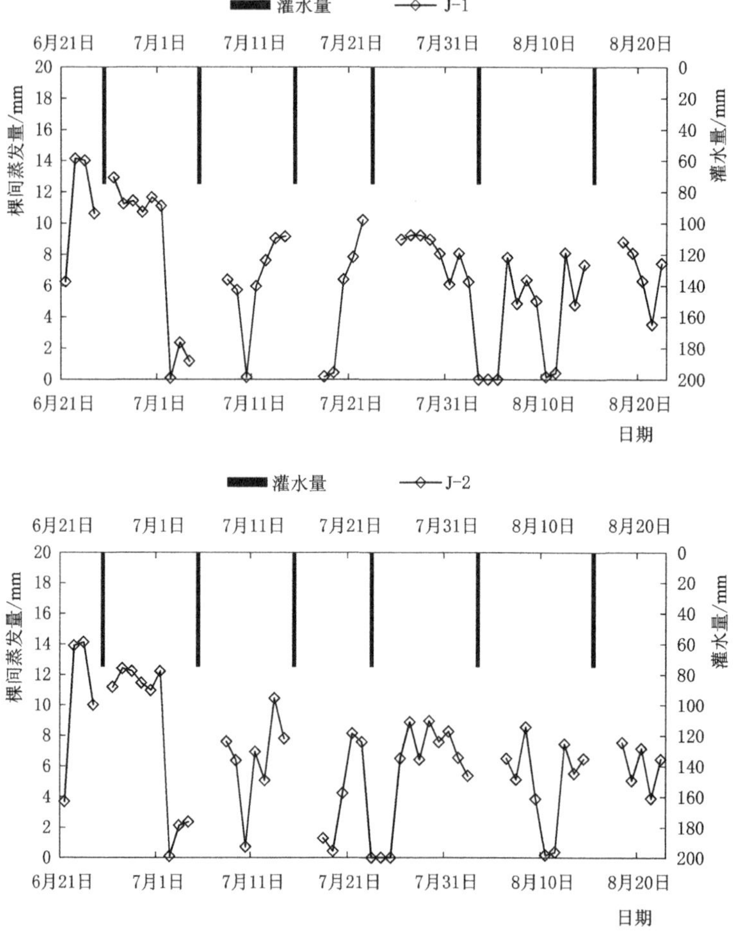

图6-2（一） 枣棉间作下土壤棵间蒸发的变化

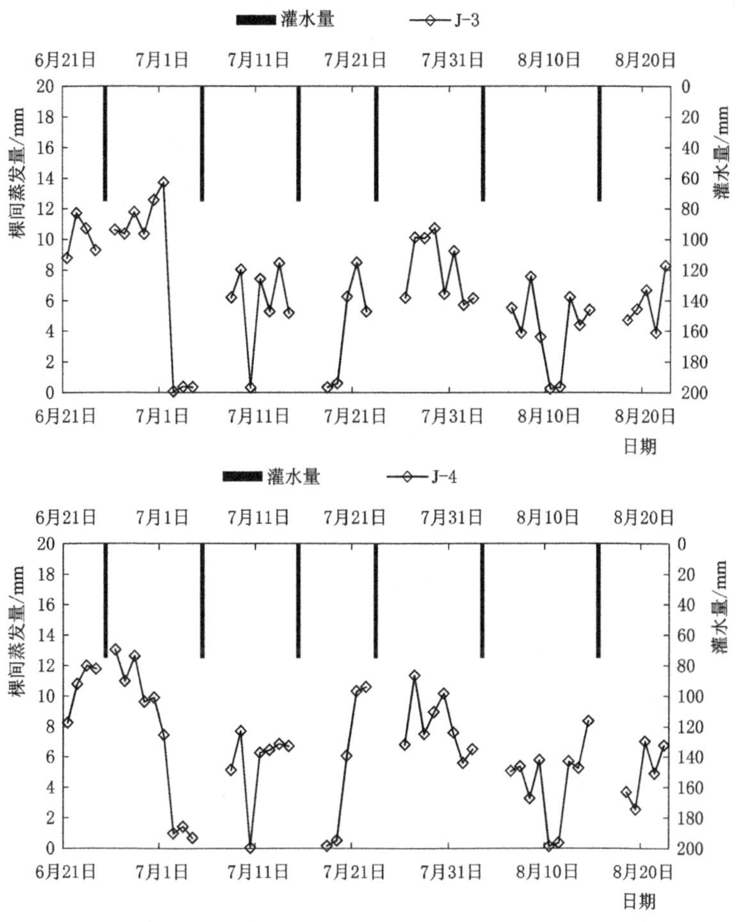

图 6-2（二） 枣棉间作下土壤棵间蒸发的变化

能够一定程度上降低棵间蒸发，提高土壤水分的利用效率。但 7 月之前 3 个监测位点与对照相比差异不大，与棉花此阶段的覆盖度低密切相关。

6.2.2 全生育期内枣棉间土壤水分的变化规律

全生育期内土壤含水率始终保持在 15%以上，不同时期的土壤含水量随着灌水时间的变化而有所不同（图 6-3）。生育前期及中期土壤含水率波动较大，主要是这一阶段红枣和棉花生长需水量较大。在 7 月中旬达到最低值，由于南疆 7 月中旬光照最强烈，棵间蒸发较大，植物蒸腾作用也最大，耗水量大。但是进入 8 月以后，土壤水分基本保持稳定，红枣和棉花的耗水量逐渐下降，水分曲线变化不明显。枣树根区土壤水分在整个生育期变化最大，最大含水率可以达到 27.5%，最小含水率只有 16.5%。而棉花窄行和宽行土壤水分的变化相对较平缓，说明红枣整个生育期内对土壤水分的需求量远大于棉花，特别是在红枣花期、新梢增长期以及花期，这一阶段应加大灌水。但后期特别是果实膨大期对水分的需求急剧减少，这一阶段土壤水分容易积累，应控制灌水量。棉花的生长相对红枣要平缓，苗期和花铃期需水量较大，吐絮期需水量较少。

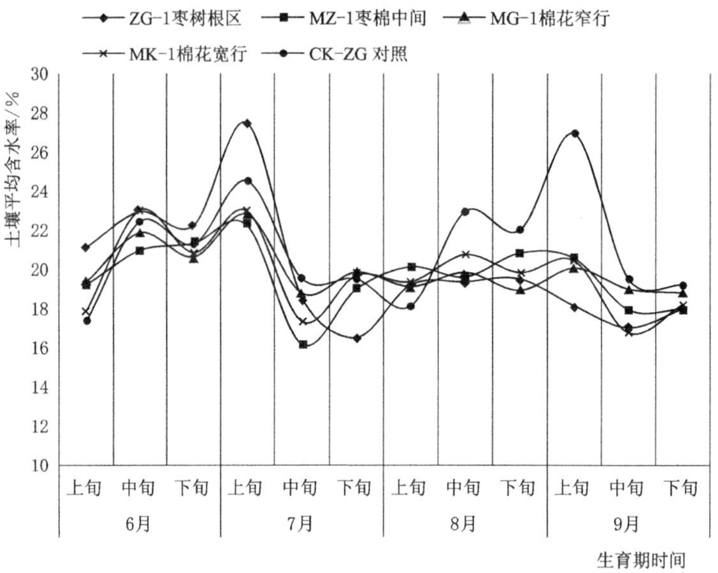

图 6-3 生育关键期内枣棉套作模式下土壤不同水分界面的含水量

6.2.3 不同生育阶段土壤水分的分布情况

图 6-4 表示作物不同生育阶段枣棉根区不同界面的水分分布情况，由于枣树和棉花在生育阶段上存在一定的差异，因此绘图时主要以半月为单位进行分阶段绘制。从 7 月下半月开始到 8 月上旬各个断面土壤水分处在一个相对较低的状态，尤其以枣棉中间区域（ZM 点位）含水率最低。整体上土壤平均含水量随时间呈现一种先上升后下降的变化趋势。但在作物不同生育期内，土壤含水量变幅有较大差异，其中在 8 月下旬到 9 月上旬增幅达最大为 6.60%，在 9 月上旬至 9 月下旬降幅达最大为 16.98%。8 月下旬至 9 月上旬处于棉花的开花花铃期，正值枣树的果实膨大期对水分的需求较其他时期大；9 月上旬至 9 月下旬作物对水分的需求较其他时期小，此时期为棉花吐絮成熟期和枣树果实成熟期，作物需水减小。枣树在 8 月下旬至 9 月上旬［即图 6-4（f）、图 6-4（g）］增幅达最大为 7.16%，在 7 月上旬至 7 月下旬［即图 6-4（c）、图 6-4（d）］降幅达最大为 20.05%。说明 8 月下旬至 9 月上旬处于枣树的果实成熟期，对水分的需求逐渐减小，而 7 月上旬至 7 月下旬处于枣树的幼果期和果实膨大期对水分的需求较大。而棉花在 7 月上旬至 7 月下旬降幅不明显，只在 8 月下旬至 9 月上旬增幅为 6.85%。由此说明，在 7 月红枣耗水量较大，易与棉花在这一时期产生水分竞争，应增加红枣灌水量，保证红枣开花坐果，减小红枣与棉花水分竞争。在 8 月下旬至 9 月上旬枣树对水分的需求低于棉花对水分的需求，应在这一时期减少枣树灌水量增加棉花灌水量。

在水平方向上，在整个生育期内，土壤中平均含水量随着距枣树距离的增加，呈现出先降低后升高的现象。在 0～80cm 土层，样点 Z、ZM、M1、M2 平均含水量分别为 20.24%、19.64%、20.10%、19.97%，其中样点 ZM 平均含水量明显低于其他采样点，图 6-4 中（c）、图 6-4（d）、图 6-4（f）较明显。在 0～80cm 土层，6 月上旬至 7 月下旬［图 6-4（a）～图 6-4（d）］，样点 Z 平均含水量由 22.11%逐渐降为 18.25%，主要

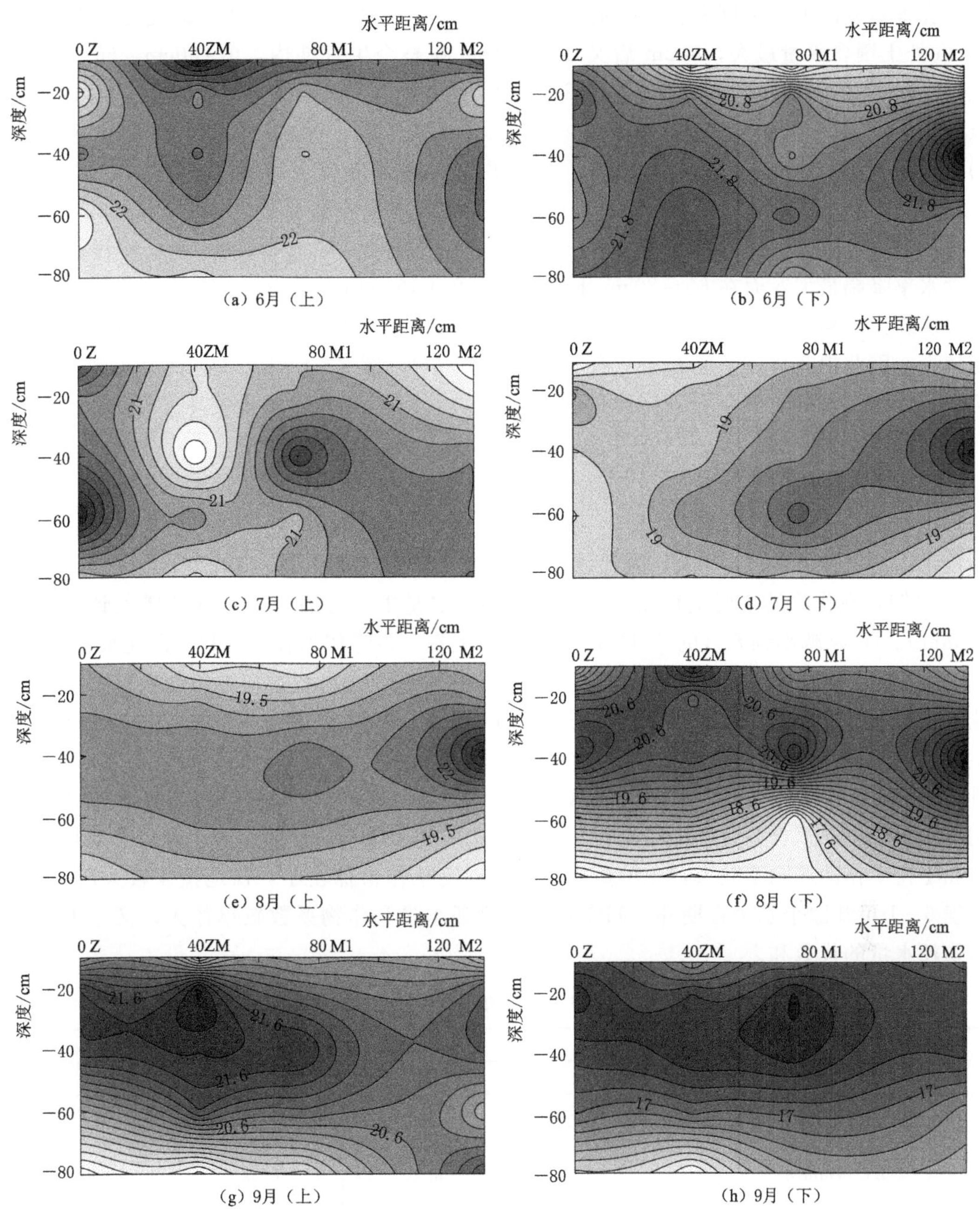

(a) 6月（上） (b) 6月（下）
(c) 7月（上） (d) 7月（下）
(e) 8月（上） (f) 8月（下）
(g) 9月（上） (h) 9月（下）

图 6-4 枣棉间作模式下全生育期内土壤不同界面含水量空间分布

亏缺区为 20cm 和 40cm 处；样点 ZM 平均含水量由 20.20%降为 18.72%，无明显亏缺；样点 M1 平均含水量由 21.42%降为 19.67%，主要亏缺区为 40cm 处；样点 M2 平均含水量由 20.41%降为 19.61%，无明显亏缺。由此可见，样点 Z 即枣树根区土壤平均含水量变化最大，其次是棉花窄行，两者均出现了水分亏缺区域。总体上枣树全生育期水分需求大于棉花，尤其在 7 月下旬和 8 月上旬。

在垂直方向上，土壤中含水率随土层深度的增加呈现先增加后递减的变化，在40～60cm处土壤含水量最大，60cm后又逐渐下降。在整个生育期内，0～60cm、60～80cm土层，样点Z平均土壤含水率分别为20.56%、18.95%，两者差异较为明显，而其他样点差异不明显。在0～60cm土层中，样点Z、ZM、M1、M2，从6月上旬至7月下旬（即枣树盛花期至果实膨大前期）土壤平均含水率降幅分别为20.85%、12.53%、9.18%、4.81%；而在60～80cm土层中土壤平均含水率降幅分别为22.43%、22.90%、19.92%、31.13%。因此，在枣树盛花期至果实膨大前期，在0～60cm土层中样点Z平均含水率降幅最大，而在60～80cm土层样点M2土壤平均含水率降幅最大，说明盛花期至果实膨大前期枣树在0～60cm土层需水量变化较大。在60～80cm土层，棉花的根系密度较少，因此棉花在该土层需水不稳定。图6-4（e）～图6-4（h）水分的分布规律尤为明显。水分主要分布于0～60cm土层，并且在20～40cm土层含水量较高，棉花和枣树生育阶段后期尤为明显。

6.2.4 枣棉间作作物系数

表6-1是在作物间距和灌水量一定的条件下，分析了不同生育期作物耗水量和作物系数，以调查样方内75%以上达到该生育时期之日为相应生育进程时日为标准。由表6-1可知，在作物的主要生育期内，参考作物耗水量由5月的5.31mm/d增大到7月的6.38mm/d，再减小到8月的5.66mm/d，整体上看，参考作物在6月和7月耗水量较大，8月有所减小，但耗水量仍较5月大；枣棉系统耗水量和作物系数在枣树幼果期、棉花盛花期（7月）和枣树果实膨大期、棉花花铃期（8月）都明显加大，可能是由于在这两个生育期内两种作物的耗水量都较大，加之温度较高，6月、7月、8月最高气温达37℃，7月、8月最低气温也在10℃以上，土壤蒸发加大，导致耗水量较大；枣树芽期、棉花现蕾期耗水量较小，复合系统和枣树单作相对较棉花单作系统小，可能是由于这一时期复合系统和枣树单作的遮阴率较大，土壤蒸发较小，棉花单作植株较小，裸地蒸发较大所导致；由表6-1可知除个别生育期外，间作系统作物耗水量和作物系数较单作大，又小于单做作物耗水量的代数和。

表6-1　　枣棉复合系统不同生育期耗水及作物系数

日　期		5月	6月	7月	8月
灌水次数		1	2	2	2
最高温度/℃		33.6	37.6	39.7	37.9
最低温度/℃		7.4	9.4	13.7	11.1
ET_0/(mm/d)		5.31	6.33	6.38	5.66
枣树		芽期	花期	幼果期	果实膨大期
棉花		蕾期	盛蕾期	盛花期	花铃期
ETc/(mm/d)	枣棉复合	2.96	4.91	6.35	6.13
	枣树单作	2.92	4.75	5.96	5.87
	棉花单作	4.26	4.25	5.70	5.46
Kc/(mm/d)	枣棉复合	0.56	0.78	0.99	1.08
	枣树单作	0.55	0.75	0.93	1.04
	棉花单作	0.80	0.67	0.89	0.97

6.3 间作系统中土壤养分的运移规律

6.3.1 间作系统土壤养分的变化

整体上，图 6-5 表明枣树根区、枣棉行间、棉花窄行、棉花宽行的有效磷前期含量相对较高，后期变化不一致，其中枣树根区土壤有效磷平均含量从 6 月 24 日到 8 月 16 日变化较小，而后期有效磷含量迅速降低，说明红枣在花铃期对磷的需求较小，果实膨大前期则对磷的需求增加，在红枣花期应适当减少磷肥的施入量，而在红枣果实膨大期应增加磷肥的施入量。但棉花根区土壤有效磷平均含量的变化情况与枣树不同，首先是棉花窄行有效磷平均含量从 7 月 5 日以后逐渐降低，7 月下旬最低，说明这一阶段棉花对土壤有效磷的需求量较大，这一阶段（花期）增加棉花磷肥施入量，有利于棉花生长，而进入吐絮期以后棉花对磷的需求逐渐降低，造成土壤磷的累积。枣棉间作土壤有效磷最低值出现的日期相对棉花窄行有所延迟，主要是红枣和棉花对磷利用的差异造成的，红枣和棉花在磷肥的竞争上相对较小，根据棉花和红枣的不同生育特点可将这种竞争降到最低，以有利于红枣和棉花对土壤磷肥的合理利用。

图 6-6 为不同区域土壤速效钾的平均含量，在不同的区域内红枣和棉花整个生育期内土壤速效钾含量的变化具有一致性，从 6 月初开始土壤速效钾的含量逐渐增加，6 月中下旬土壤速效钾含量达到最大值。而后又逐渐减少，8 月中旬最低，棉花和枣树生育期后期又逐渐累积。整个 7 月，枣树根区土壤速效钾的平均含量基本保持不变。而棉花窄行和宽行土样速效钾的含量均急剧减少，枣棉行间也有所降低。6 月棉花处在对数生长期，枣树处在新梢增长期，这一阶段棉花和红枣对土壤速效钾的需求量较小，易导致土壤速效钾的累积，而红枣和棉花进入花期以后对速效钾的需求迅速增加，导致速效钾含量又急剧减少，但是枣树在花期土壤速效钾含量基本保持平衡，说明这一时期红枣对速效钾的需求量不大，进入到幼果期以后对速效钾的需求又逐渐增大从而导致土壤速效钾的减少，而进入果实膨大期以后对速效钾的需求又急剧减少。而棉花花期到吐絮期这一阶段对速效钾的需求比较大，一直持续到吐絮期后期。总体讲，棉花和红枣在钾肥的竞争利用上相对剧烈，

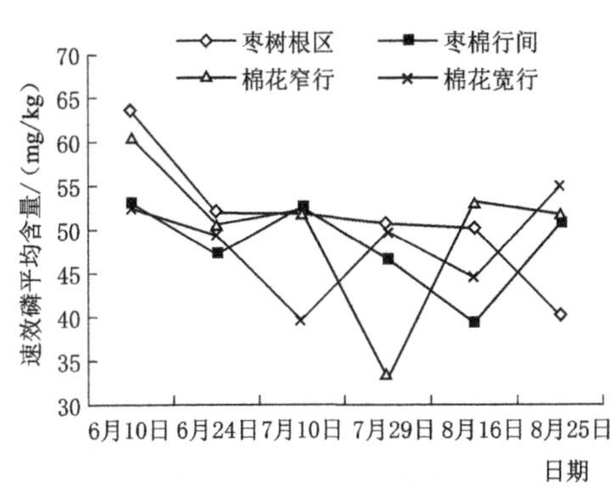

图 6-5 枣棉套作条件下土壤有效磷的变化

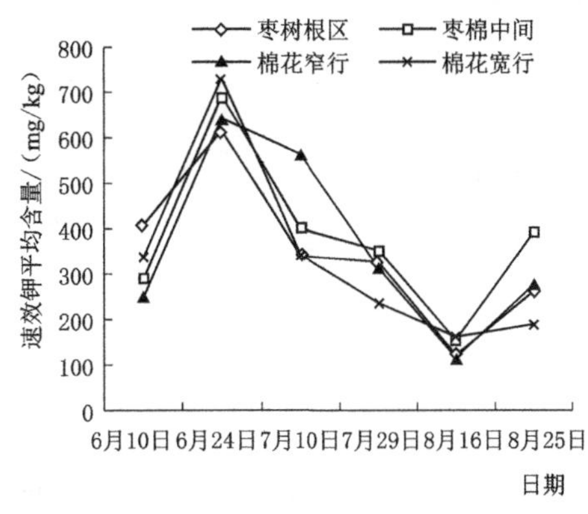

图 6-6 枣棉套作条件下土壤速效钾的变化

所以在枣树新梢增长期和幼果期和果实膨大后期应控制钾肥的施入量，而花期和果实膨大期前期应增大钾肥施入。而棉花从花期到吐絮期后期应适当增加钾肥的施入量，其他阶段应对钾肥的施入进行控制。

图 6-7 土壤碱解氮的变化在整个生育期内有较明显的规律，4 月 27 日监测显示土壤碱解氮含量枣树根区明显低于棉花根区，由于此时枣树已经开始长出新梢而棉花则刚播种完成，因此离枣树根区越远则碱解氮素含量越高。随着生育期进行，枣树逐渐进入新梢生长期，棉花则进入了苗期，两者对氮素需求逐渐增加，土壤碱解氮逐渐降低，5 月 29 日监测表明此时枣树根区和棉花根区的碱解氮差异不显著，分别为 35.70mg/kg 和 35.18mg/kg，而枣棉行间则为 30.45mg/kg。此时棉花根系尚未发达，枣棉对氮素的竞争主要体现于枣树对氮素的需求较大，而其侧根系开始发达造成枣棉中间区域氮素较低。6 月 27 日进行了施肥管理，因此 6 月 29 日监测结果显示 3 个监测点位碱解氮含量均较高。由于滴头位置在枣树和棉花根区，因此这两个区域碱解氮含量高于枣棉行间位置。但是随着生育期的推进，枣树逐渐进入盛花期和果实膨大期，对氮素的需求量逐渐，土壤碱解氮含量急剧降低，虽然棉花进入花铃期后对氮素需求也较大，但是其进入吐絮期后对氮素需求量则减少。因此，棉花根区则表现为先降低后增加。两者在 8 月 12 日的含量分别为 29.05mg/kg 和 42.35mg/kg，差异明显。总之，枣棉对碱解氮的需求在枣树新梢生长期、盛花期和棉花苗期、花铃期对氮素的需求量均较高，但是在枣树果实膨大期和棉花吐絮期则出现差异。综合分析表明，两者之间对碱解氮的竞争主要存在与枣树新梢生长期、盛花期和棉花苗期、花铃期，这些生育个阶段氮素的管理尤其重要。

图 6-8 整个生育期土壤硝态氮的含量均较低，各监测点位硝态氮素的变异较大，这与其随水迁移的特点有较大关系。另外，也可能与枣棉对硝态氮素的吸收利用较快有关。由于枣树萌芽期和棉花出苗期对硝态氮素的需求量不大，加上土壤温度的急剧升高，硝化细菌逐渐活跃，生育期前期土壤硝态氮含量先轻微增加，枣树进入盛花期棉花进入苗期、花铃期后对硝态氮的需求急剧增加，因此表现为土壤硝态氮素的急剧减少。枣树在 6 月 11 日左右即降为最低值 0.76mg/kg，而棉花则在 6 月 29 日降为最低为 1.39mg/kg，而后由于氮肥的施入其含量又逐渐增加。但在 7 月 31 日后其含量又逐渐降低。从竞争关系上

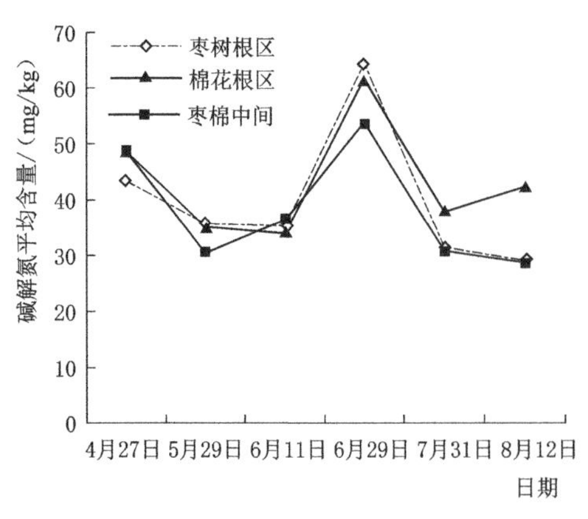

图 6-7　枣棉套作条件下土壤碱解氮的变化

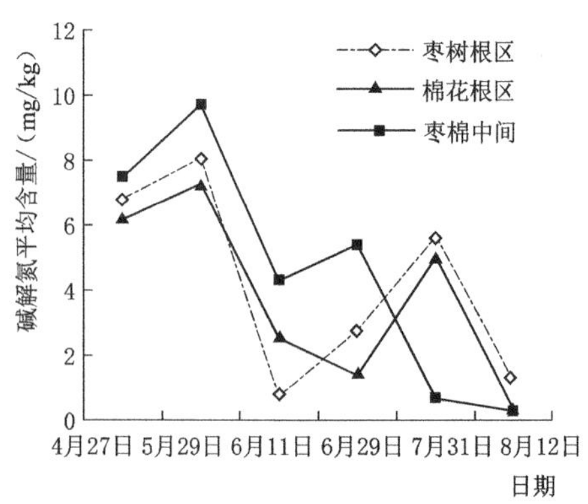

图 6-8　枣棉套作条件下土壤硝态氮的变化

看，枣棉对硝态氮的需求在整个生育期基本一致，只在前期（棉花花铃期以前）枣树的需求量大于棉花。与碱解氮不同的是枣棉在生育期后期对硝态氮的需求量都很大。

6.3.2 不同生育阶段土壤养分的分布情况

图 6-9 中图（a）～图 6-9（d）为枣棉间作模式下全生育期内土壤不同界面的有效磷空间分布。枣棉间作生态系统中土壤有效磷平均含量在时空分布上具有明显的差异性，主要分布区域为深度 0～40cm 土层中。

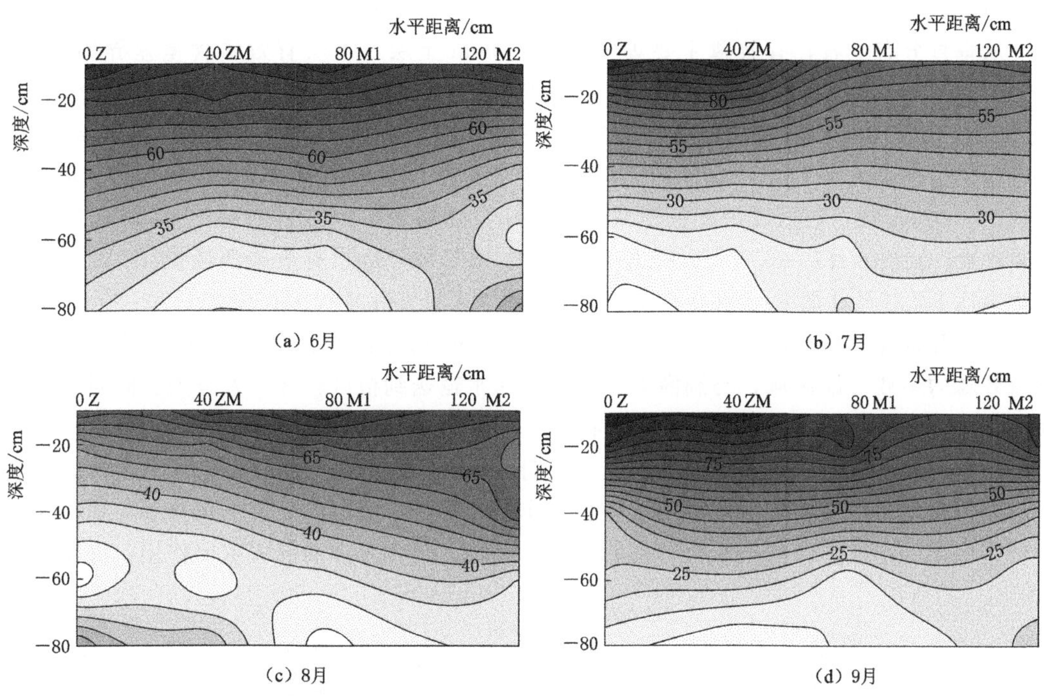

图 6-9 枣棉间作模式下全生育期内土壤不同界面有效磷空间分布

时间轴上，0～80cm 土层中有效磷含量随作物生育进程呈现先降后增的变化，6—7 月土壤中有效磷平均含量由 54.69mg/kg 降为 47.08mg/kg，下降幅度较大，这是因为 6—7 月正是棉花的三叶期至开花花铃期，正值枣树的新梢增长期、盛花期至果实膨大前期，枣棉对磷元素的需求都较大，这一时期是枣棉对磷竞争激烈的时期。样点 Z 处 0～80cm 土层中土壤有效磷平均含量随着作物生长进程逐渐降低，在 8 月达到最低值 45.17mg/kg，但在 9 月有效磷平均含量出现明显的升高；样点 M1、M2 处 0～80cm 土壤有效磷平均含量，随着生长进程呈现出先降后增的变化趋势，7 月有效磷平均含量达到最低值分别为 43.80mg/kg 和 42.55mg/kg；样点 ZM 处有效磷平均含量变化趋势为先升后降，在 8 月有效磷平均含量降为最低值 48.06mg/kg，而在 9 月有效磷含量高于 8 月，是由于在这一时期为棉花的吐絮成熟期、枣树的果实成熟期，对有效磷的吸收减少，从而导致 9 月有效磷含量变高。

从水平分布来看，土壤有效磷平均含量随距枣树的距离的增加，整体上呈现出先降低再升高的现象，在样点 M1 处土壤有效磷平均含量最低。样点 Z、ZM、M1、M2 0～80cm 土层有效磷平均含量分别为 51.37mg/kg、50.81mg/kg、49.00mg/kg 和 49.08mg/kg，其中 M1 土壤有效磷平均含量低于其他样点。7 月土壤有效磷平均含量样点 Z、ZM、M1、M2 分别为 59.94mg/kg、61.53mg/kg、49.55mg/kg、49.93mg/kg，呈现出有效磷平均含量 M1＜M2＜Z＜ZM，枣树和棉花单作系统有效磷平均含量均小于枣棉之间；而由图 6-9（c）结合数据，8 月土壤有效磷平均含量样点 Z、ZM、M1、M2 分别为 45.17mg/kg、48.06mg/kg、50.53mg/kg、54.09mg/kg，呈现出土壤有效磷平均含量 Z＜ZM＜M1＜M2。

从垂直分布上看，有效磷主要集中于 0～10cm 土层，下层有效磷含量差异不明显，0～10cm 土壤有效磷含量最高，随深度增加有效磷含量逐渐降低。在整个生育期内，0～60cm、60～80cm 土层的整体上有效磷平均含量分别为 57.06mg/kg、22.10mg/kg，两者差异达极显著水平（$P<0.01$）。同时，有效磷平均含量由 6 月的 61.69mg/kg 降至 9 月的 57.99mg/kg，有效磷消耗量为 3.69mg/kg，降幅为 5.98%，而 60～80cm 土层的有效磷含量，则由 6 月的 26.70mg/kg 降至 9 月的 13.20mg/kg，有效磷消耗量 13.50mg/kg，降幅高达 50.57%［图 6-9（a）～图 6-9（d）］。可见，在枣棉间作模式下 0～80cm 土层中，枣树和棉花对磷肥的主要吸收区域集中在 0～60cm 土层内，但 60～80cm 土层则为土壤有效磷的主要亏缺区域，与滴灌下养分很难随水输送到根区较深位置有关。同时降幅最大的区域主要集中于枣树根区 60cm 以下土层。

图 6-10 反映了枣棉间作模式下全生育期内土壤不同界面的速效钾空间分布情况。土壤钾素营养是影响植物抗旱性、根系生长和作物产量的重要因素。钾不具体参与植物体内重要有机体的组成，但对碳水化合物的合成、运转、转化等方面起着重要作用。钾以离子

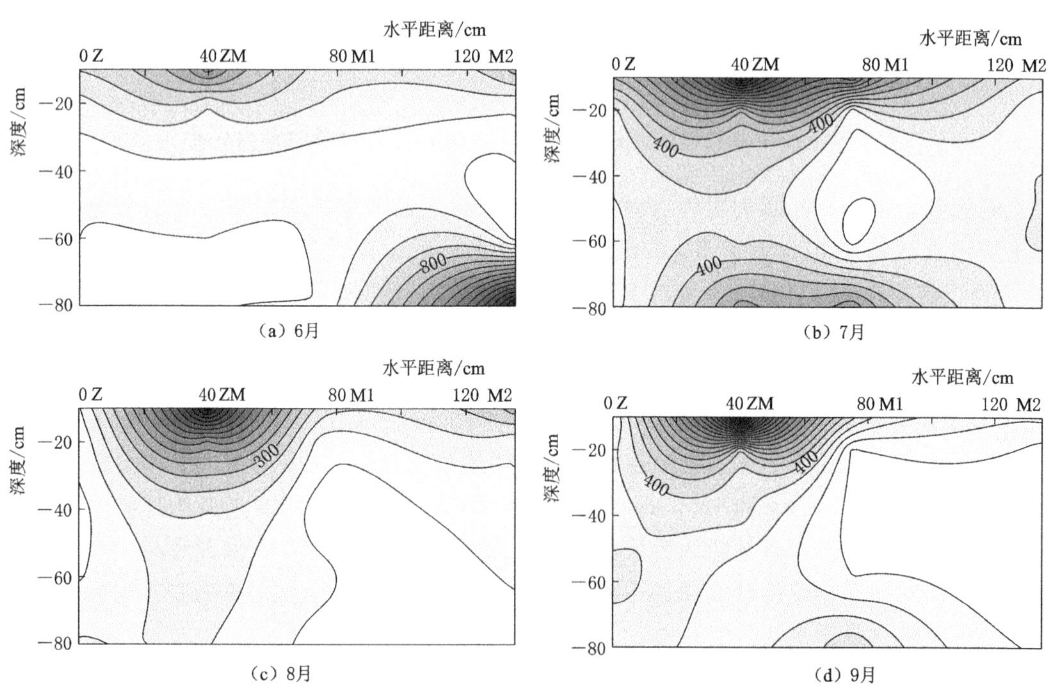

图 6-10　枣棉间作模式下全生育期内土壤不同界面速效钾空间分布

状态存在于生命活动最活跃的幼嫩部分。适当施用钾肥，对促使根的生长，增进植株的抗寒抗旱能力，提高浆果的含糖量、风味、色泽，以及对果实的成熟和枝条的充实都有积极的作用。

时间轴上，在枣棉间作模式下，0～80cm 土层中各样点速效钾平均含量随作物的生育进程逐渐降低的。但在不同生育期内土壤速效钾平均含量变幅有较大差异，在 7 月前，土壤中速效钾平均含量仅下降 33.18%，但 7 月后，0～80cm 土层速效钾平均含量开始迅速降低。7—8 月，土壤中速效钾平均含量降幅为 52.48%。导致在不同生育期土壤速效钾平均含量变幅差异较大的原因，可能是由于棉花和枣树对钾肥的不同需求所引起。7 月，土壤中速效钾平均含量急剧下降，同时，样点 Z、ZM、M1、M2 0～80cm 土层速效钾平均含量在 8 月均最低。

水平分布上，由图 6－10（b）～图 6－10（d）分析表明，在整个生长季节内，0～80cm 土层中样点 Z、M1、M2 土壤速效钾平均含量变化幅度较为稳定，基本维持在 322.5～368.5mg/kg，而样点 ZM 速效钾平均含量变化幅度则较为大，基本在 371.20～607.60mg/kg。样点 Z 在 6 月 60cm 土层以下速效钾平均含量最低，而在 8 月 40～60cm 土层速效钾平均含量最低，说明在同时期的 6 月和 8 月，即枣树的盛花期至幼果期和果实膨大后期至果实成熟前期对钾元素的需求较高；样点 ZM 仅在 6 月 60cm 土层以下速效钾平均含量最低；样点 M1 在 7 月 40～60cm 土层速效钾平均含量为同时期最低，而在 8 月 20cm 以下速效钾平均含量为同时期最低值，在 9 月 40～60cm 土层速效钾平均含量为同时期最低值；样点 M2 在 7 月 40～60cm 土层速效钾平均含量最低，在 8 月 60cm 以下土层速效钾平均含量最低，而 9 月在 20cm 以下土层速效钾平均含量最低。由此可知，枣树在 6 月和 8 月对钾元素的需求较大，而棉花在 6—9 月均对钾元素均有一定需求，其中在 8 月和 9 月较多，8 月枣棉两作物对钾元素的竞争较为激烈。

垂直分布上，由图 6－10（a）～图 6－10（d）可知，土壤速效钾平均含量随着土层深度的增加逐渐减少。在整个生育期内，在 0～60cm、60～80cm 土层土壤速效钾平均含量分别为 381.23mg/kg、412.83mg/kg，差异性不显著。但在不同生育期内，不同深度土层速效钾平均含量有所区别。在 6 月［图 6－10（a）］，0～60cm 土层的速效钾平均含量 559.63mg/kg，明显高于 60～80cm 土层有效磷平均含量 423.00mg/kg，其中样点 Z、ZM 在 60cm 土层以下最低，样点 M2 在 40～60cm 土层出现最低值；但到 7 月［图 6－10（b）］，由于此时枣棉地上部分生长迅速，以及根系分布等原因，导致 0～60cm 土层的速效钾损耗较大，土壤速效钾各样点 60～80cm 土层平均含量仅为 27.31%、3.57%、38.01%、15.91%；随着枣棉的生长 0～60cm 土层的速效钾平均含量高于 60～80cm 土层。而 9 月在 0～80cm 土层，速效钾平均含量样点 M2＜M1＜Z＜ZM。

土壤钠离子是造成作为盐分胁迫的重要离子之一。时间轴上，在枣棉间作模式下，在 0～80cm 土层中钠离子平均含量随作物生育进程逐渐降低的现象，其中 6～9 月，钠离子平均含量降幅达 31.36%，仅在 9 月钠离子含量由于作物吸收钠量和灌水量的影响而出现短暂增加变化。在 6 月，样点 Z、ZM 与 M1 之间在 60cm 土层以下钠离子平均含量较低，样点 M2 在 40～60cm 土层钠离子平均含量较低；在 7 月，样点 Z 在 40cm 土层以下、样点M1和M2在60cm土层以下钠离子平均含量均较低；在8月，样点Z在40cm土层以下钠离子平均含量较低；在9月，样点Z和M2在60cm土层以下钠离子平均含量较低。综合讲来，枣树着生育期内钠离子平均含量在40cm土层以下含量较少；而棉花在6月有部分在40～60cm土层对钠离子进行了吸收，随后在8月和9月60cm土层以下含量均较少。

水平分布上，距枣树不同位置的0～80cm土层钠离子平均含量差异不明显。但不同作物不同生育期有所不同。在0～80cm土层中在6—9月钠离子平均含量同时期均为Z<M1≤M2<ZM。由图6-11（a）～图6-11（d），在水平距离40cm处，即样点ZM处钠离子含量均高于样点Z、M1、M2，说明在枣棉之间的位置，盐分较易产生累积，同时，在同一水平方向上随着作物生长进程钠离子含量有所降低，但在9月却出现明显升高，与9月的灌水量减少有关系。因此，钠离子具有随水发生运移和累积的特点，即离滴灌位置越远其含量越高。

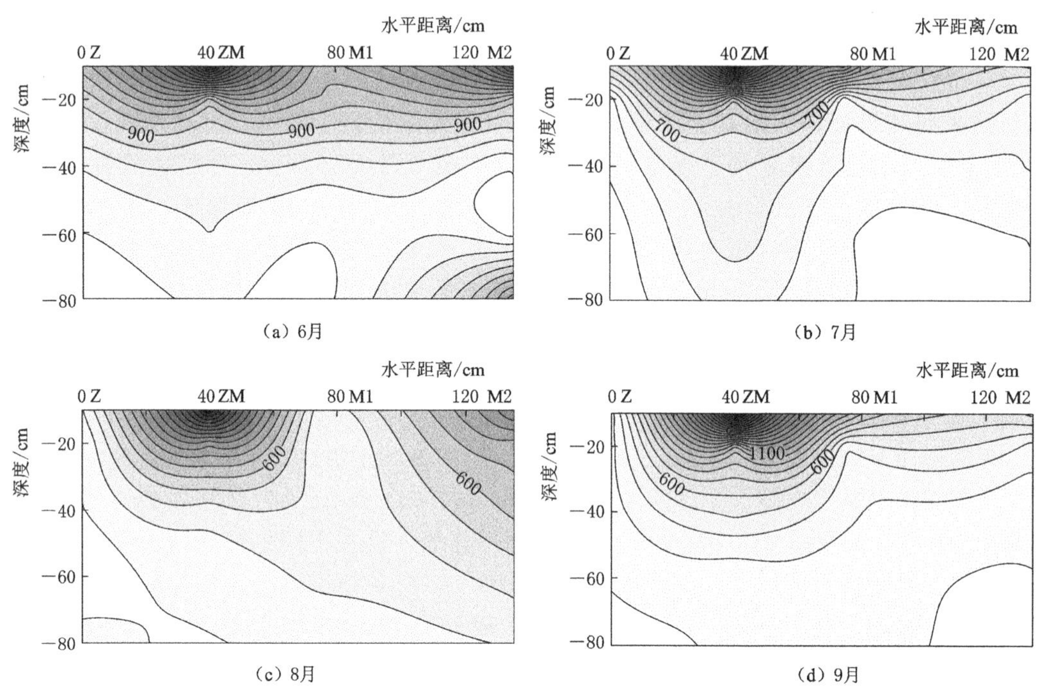

图6-11　枣棉间作模式下全生育期内土壤不同界面钠离子空间分布

垂直分布上，土壤钠离子平均含量随土层深度的增加而降低。在整个生育期内，0～60cm、60～80cm土层钠离子平均含量分别为700.23mg/kg、373.33mg/kg，两者差异极为显著。同时，在0～60cm土层中，钠离子平均含量由6月［图6-11（a）］的981.33mg/kg降至7月［图6-11（b）］的712.75mg/kg，降幅为27.37%，而60～80cm土层的钠离子平均含量，则由6月［图6-11（a）］的703.83mg/kg降至7月的326.50mg/kg，降幅高达53.61%。在40cm深度以下，钠离子含量普遍较低。

6.4 间作系统的优化灌水、施肥研究

双因子试验表明施肥量、灌水定额及二者的交互作用均对棉花和枣树产量有显著影响（表6-2、表6-3），通过试验得出灌水定额75mm、施肥量2250kg/hm^{2}棉花和枣树产量均较高，虽然枣树产量未达到最高，但与水肥组合（90mm、3000kg/hm^2）4998.21kg/hm^{2}的产量差异不显著。因此，综合考虑枣棉产量可以得出，总施肥量2250kg/hm^2、灌水定额75mm（全生育期灌水12次）可获得较高的枣棉产量和经济效益（表6-4、表6-5）。

表6-2　方差分析表（4年生枣树）

变异来源	SS	df	MS	F值	显著性
施肥量	344184.78	2.00	172092.39	5.71	*
灌水量	1108923.89	3.00	369641.30	12.27	* *
误差	180682.44	6.00	30113.74		

注　* 为 $P<0.05$；
　　* * 为 $P<0.010$。

表6-3　方差分析表（5年生枣树）

变异来源	SS	df	MS	F值	显著性
施肥量	961245.26	2.00	480622.63	11.86	* *
灌水量	5974515.62	3.00	1991505.21	49.12	* *
误差	243243.08	6.00	40540.51		

注　* 为 $P<0.05$；
　　* * 为 $P<0.010$。

表6-4　不同灌水施肥水平下的棉花产量（4年生枣树）

施肥量 /kg/hm^2	灌水水平			
	45mm	60mm	75mm	90mm
1500	2510.56±64.21	3146.55±104.14	3256.77±164.71	3270.21±114.21
2250	2698.33±124.11	3368.12±148.30	3729.34±87.32	3470.21±124.27
3000	3058.67±94.28	3698.21±74.44	3456.63±54.98	3570.21.21±88.31

表6-5　不同灌水施肥水平下的枣树产量（5年生枣树）

施肥量 /kg/hm^2	灌水水平			
	45mm	60mm	75mm	90mm
1500	2808.25±104.33	3801.05±164.81	4120.11±234.41	4012.24±94.22
2250	2930.17±172.15	4230.16±204.34	4898.42±124.88	4925.04±188.92
3000	3024.56±98.29	4314.56±255.76	4938.57±134.62	4998.21±234.65

6.5　小结

为了提高枣棉间作中棉花和枣树产量，合理的灌水是必不可少的重要环节。枣棉在不同生育时期对水分的需求不同，棉花在 7 月下旬～9 月下旬对水需求随着生长的进程需求增大，而红枣最容易发生水分亏缺和最容易与棉花产生竞争的月份就是 7 月，在这一阶段应增加红枣灌水次数，保证红枣的开花坐果，防止红枣与棉花产生剧烈的水分竞争。红枣整个生育期内对土壤水分的需求量相对棉花较大，特别是在红枣新梢增长期以及花期，这一阶段应加大灌水。但后期特别是果实膨大期对水分的需求急剧减少，应控制灌水量。棉花苗期和花铃期需水量较大，吐絮期需水量相对较少。因此，根据枣树和棉花不同需水时期的差异，采取在棉花不需水的时期，单独对枣树进行灌水，以求提高枣棉产量，实现枣棉间作系统棉花和枣树的效益增加。

磷和钾是植物生长发育所必需的基本元素，土壤有效磷和速效钾含量及其相对平衡反映了土壤中磷和钾的现实供应状况，对植物的生长发育起着十分重要的作用，钠离子具有与速效钾相似的作用。研究土壤养分的时空变化规律对于改善绿洲生态、改良土壤、保持农业稳产和高产具有重要意义。在单作棉田土壤速效养分平均含量除具有显著的时间、垂直变异特征，速效养分平均含量还具有水平变异特征，前人对土壤速效养分水平变异特征的研究相对较多。一般认为，在农林复合系统中，土壤养分可以以林木调落物的形式将养分归还于表层土壤，起到将下部土层养分“泵”到表土层的作用。根据生态位理论，生态位重叠是对资源利用性竞争的一个必要条件，但重叠并不一定必然导致竞争，只有在资源供应不足时才导致竞争。为降低枣棉间作模式下枣树和棉花的养分竞争态势，生产中应采取以下措施：红枣在新梢增长期、幼果期以及果实膨大前期应适当增加磷肥的施入量，而在花期和果实膨大后期应适当减少有效磷的施入量。棉花花铃期应适当增加磷肥的施入量，而吐絮期后期应适当减少磷肥的施入量。红枣和棉花在磷肥的竞争上相对水分而言较小，根据棉花和红枣的不同生育特点可以将这种竞争降到最低。棉花和红枣在钾肥的竞争利用上相对剧烈，在枣树新梢增长期和幼果期和果实膨大后期应控制钾肥的施入量，而花期和果实膨大期前期应增大钾肥施入。棉花从花铃期到吐絮期后期应适当增加钾肥的施入量，其他阶段应对钾肥的施入进行控制。枣棉对碱解氮的需求在枣树新梢生长期、盛花期和棉花苗期、花铃期对氮素的需求量均较高，但是在枣树果实膨大期和棉花吐絮期则出现差异。综合分析表明，两者之间对碱解氮的竞争主要存在与枣树新梢生长期、盛花期和棉花苗期、花铃期，这些生育个阶段氮素的管理尤其重要。枣棉对硝态氮的需求在整个生育期基本一致，只在前期（棉花花铃期以前）枣树的需求量大于棉花。与碱解氮不同的是枣棉在生育期后期对硝态氮的需求量都很大。

参考文献

[1]　刘开昌，胡昌浩，董树亭，等. 高油玉米需磷特性及磷对籽粒营养品质的影响 [J]. 作物学报，2001，27 (2)：267 - 272.

[2]　孙克刚，姚健，焦有，等. 棉花的需肥规律与施钾研究 [J]. 土壤肥料，1999 (3)：12 - 14.

[3] 鲍士旦. 土壤农化分析 [M]. 北京：中国农业出版社，2000.

[4] 杨玉玲，盛建东，田长彦，等. 盐化灌淤土壤速效氮、磷、钾空间变异性与棉花生长关系初步研究 [J]. 中国农业科学，2003，36 (5)：542-547.

[5] 郑德明，姜益娟，柳维扬. 新疆棉田土壤速效养分的时空变异特征研究 [J]. 棉花学报，2006，18 (1)：23-26.

[6] 宋锋惠，吴正保，史彦江. 枣棉间作生态系统内根系和棉花产量分布及土壤养分时空变化 [J]. 东北林业大学学报，2012，v4001：48-53.

[7] 赵军，刘焕军，隋跃宇，等. 农田黑土有机质和速效氮磷不同尺度空间异质性分析 [J]. 水土保持学报，2006，20 (1)：41-45.

[8] 王宏庭，金继运，王斌，等. 土壤速效养分空间变异研究 [J]. 植物营养与肥料学报，2004，10 (4)：349-354.

第7章　间作模式下滴灌对枣树生长的影响规律

7.1　研究方法

7.1.1　试验设计

1. 枣棉间作种植模式

间作系统选用3年和4年生、长势均匀的红枣（*Ziziphus zizyphus*）枣树，以酸枣（*Ziziphus jujuba var. spinosa*）为砧木嫁接而成。间作时，枣树行距3.0m，株距1.0m；棉花窄行0.25m，宽行0.60m，株距0.1m；枣棉间距为0.95m。年初进行修剪，株高保持在1.5～2.0m。具体布置见图7-1。单作模式中棉花株行距与间作系统相同，膜间距为60cm。单作枣树行距为2.0m，株距1.0m。

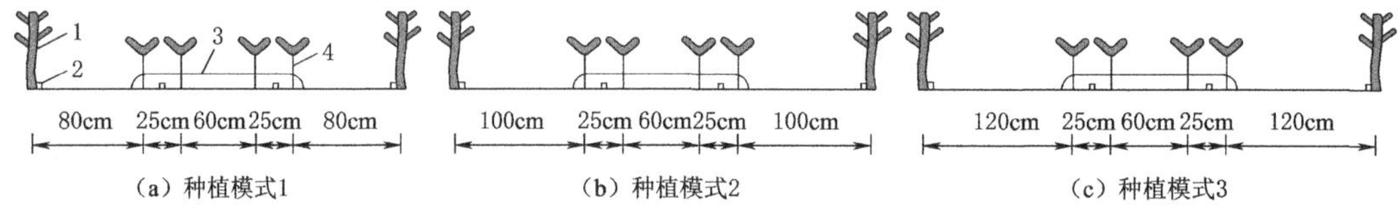

图7-1　枣棉间作大田种植示意图

1—枣树；2—滴灌带；3—地膜；4—棉花

2. 小区布置及滴灌施肥方式

田间设置9个试验小区，小区采用随机区组设计，每个小区3个重复。共2部分试验内容，其中处理J-1、J-2、J-3分别表示枣棉间距分别为80cm、100cm、120cm。根据2012年、2013年的灌水试验，得出最优灌水定额为75mm，灌水最适宜次数为12次。其中，新梢期每10d灌水1次，共2次；花期每7d灌水一次共6次；果实膨大期每7d灌水1次，共4次，全生育期灌溉定额900mm最优，2014年气象条件与2012年和2013年差异不大。因此，本年度3个处理的灌水定额为75mm，全生育期灌水12次，灌溉定额为900mm。为了进一步研究水分胁迫下枣棉对水分竞争的影响及水分利用差异，另设置了G-1、G-2、G-3、G-4，4个灌水量试验小区，滴灌定额分别为45mm、60mm、75mm、90mm，全生育期滴灌12次，滴灌时间间隔同上。以滴灌间作棉花CK-M和滴灌单作枣树CK-Z为对照，灌水定额为75mm，全生育期灌水12次，灌溉定额900mm。各处理施肥量一致，全生育期施肥3次，施肥周期以枣树生育期为主，花期1次，幼果期1次，果实膨大期1次，N、P_2O_5、K_2O质量比为2∶1∶1，肥料采用当地常用的水溶性滴灌肥，全生育期施肥量为2250kg/hm^2。

7.1.2 试验方法

7.1.2.1 样品采集与测试方法

1. 光合性能指标测定

在各小区内选取枣树冠外围中上部枝条上从顶端数第6～8片生长一致的向阳健康成熟叶片和棉花倒4主茎叶。分别于6月15日（枣树为新梢生长期，棉花为蕾期）、7月14日（枣树为盛花期，棉花为盛花期-铃期）、8月20日（枣树为果树膨大期，棉花为铃后期）上午12：00利用自然光照，用LI—6400型光合仪对叶片进行活体测定，每个处理测定3个叶片，共9次重复，测定项目包括净光合速率（P_n）、蒸腾速率（T_r）、气孔导度（C_s）、胞间CO_2浓度（C_i）等光合指标。

2. 枣树、棉花株高和茎粗的测定方法

在棉花各个生育期内，每个处理选择12株长势较均匀一致的棉花，每间隔7d用米尺测量确定子叶节到生长点的距离，即植株高度（cm），取其平均值。用游标卡尺测定子叶节以上2cm处棉花茎秆直径（mm）。分别在苗期（距播种35d）、初花期（78d）、盛花期（103d）、铃期（110d）每个处理选择4株长势均匀的棉花，洗净后进行烘干处理，分别测定地上株茎、叶片、蕾、铃等部分干质量（g），取其平均值。

7.1.2.2 数据统计与分析

1. 土地当量比的计算

利用SPSS 20.0及Microsoft Excel进行数据整理、统计和误差分析。在土地利用率分析时引入了土地当量比（Land equivalent ratio，LER，无量纲）用下式计算：

$$LER=\frac{Y_a}{Y_A}+\frac{Y_b}{Y_B} \tag{7-1}$$

式中 Y_a、Y_b——间作模式下红枣和棉花的产量，kg/hm^2；

Y_A、Y_B——单作模式下红枣和棉花的产量，kg/hm^2；

LER>1——间作模式下土地利用效率大于单作模式下的土地利用率；

LER=1——间作模式下土地利用率与间作模式相等；

LER<1——间作模式的土地利用率比单作模式低。

2. 枣棉间作竞争力指数计算

红枣和棉花之间的竞争关系用Willey提出的竞争力指数A_a和A_b来衡量，其关系表达式如下：

$$A_a=\frac{Y_a}{Y_A\times P_a}-\frac{Y_b}{Y_B\times P_b} \tag{7-2}$$

$$A_b=\frac{Y_b}{Y_B\times P_b}-\frac{Y_a}{Y_A\times P_a} \tag{7-3}$$

式中 Y_a、Y_b、Y_A、Y_B——意义同式（7-1）；

P_a、P_b——播种比例。

本书针对红枣和棉花的特点对P_a和P_b表达式进行了修正，将播种比例修正为红枣和棉花的密度折减系数，即：

$$P_a=\frac{\rho_a}{\rho_A} \tag{7-4}$$

$$P_b=\frac{\rho_b}{\rho_B} \tag{7-5}$$

式中 ρ_a——间作系统中红枣的种植密度；

ρ_b——间作系统中棉花的种植密度；

ρ_A——单作系统红枣的种植密度；

ρ_B——单作系统中棉花的种植密度。

3. 间作枣棉生产力指数计算

根据Odo提出的间作系统的生产力指数（Land productivity index，SPI）分析系统主导作物的生产潜力，即对一个间作系统而言，它的生产力由主导作物和次级作物2部分组成。在本试验间作系统中，根据前述竞争力指数分析得出主导作物为红枣，次级作物为棉花。SPI的计算模式见下式：

$$\text{SPI}=\frac{Y_A}{Y_B}Y_b+Y_a \tag{7-6}$$

式中 Y_a、Y_b——单作模式下红枣和棉花的平均产量。

2013年和2012年棉花价格分别为10000元/t和12000元/t，红枣价格分别为20000元/t和35000元/t。测算时棉花为皮棉干重，红枣则在60℃下烘至含水率20%。

4. 枣棉花耗水量

采用水量平衡原理计算各生育期红枣或棉花耗水量，其计算式为：

$$E_T=R+B+F\pm Q+\Delta W_S \tag{7-7}$$

$$\Delta W_S=S_{W1}-S_{W2} \tag{7-8}$$

$$S_W=\rho\times h\times w\times 10 \tag{7-9}$$

式中 E_T——单作红枣或棉花耗水量；

R——降水量，采用小型气象观测资料；

B——灌溉水量；

Q——地下水上移或下渗量，mm，由于试验地地下水位埋深3m以下，所以不存在地下水上移或下渗，$Q=0$；

F——深层渗漏量，滴灌不考虑深层渗漏，$F=0$；式（7-8）为土壤贮水量的变化；

S_{W1}——枣树或棉花根区初始土层平均贮水量，mm；

S_{W2}——枣树或棉花某一生育期结束时土层平均贮水量，mm；

S_W——土壤水分总贮存量，mm，用来计算式（7-8）中S_{W1}和S_{W2}；

ρ——某土层土壤容重，g/cm^3；

h——土层厚度，cm，本试验为$h=80$cm；

w——土壤重量含水率，%。

土壤含水率测定：全生育期，每7d取土1次，取土深度为0～10cm、10～20cm、20～40cm、40～60cm、60～80cm，采用烘干法测定土壤含水率。

间作枣棉花 E_T 计算：间作大田作物耗水量应是枣树和棉花耗水量之和，枣树和棉花生育特点及种植密度均不相同，如果通过简单的田间分割后，使用水平衡原理计算出的数值并不能真实反映间作枣棉的耗水状况，考虑间作棉花与单作棉花种植密度不同，因此对枣树或棉花进行密度折减，然后按折减比例计算间作枣树或棉花耗水，即：

$$P_a=\frac{\rho_a}{\rho_A} \quad E_{TS}=E_T\times P_a \tag{7-10}$$

式中 P_a——密度折减系数；

ρ_a、ρ_A——间作和单作系统中枣树或棉花的种植密度，株/hm^2；

E_{TS}——间作枣树或棉花耗水量，mm。

5. 枣棉水分利用效率（*WUE*）

基于产量的棉花全生育期水分利用效率计算式为：

$$WUE_{yield}=\frac{Y_c}{E_T} \tag{7-11}$$

式中 WUE_{yield}——基于产量的枣树或棉花全生育期总水分利用效率；

Y_c——枣树或棉花产量，kg/hm^2，各处理单独测产；

E_T——各处理枣树或棉花全生育期耗水量，mm。

基于光合分配的枣树或棉花水分利用效率计算式为：

$$WUE_{P_n}=\frac{P_n}{T_r} \tag{7-12}$$

式中 WUE_{P_n}——基于光合分配的枣树或棉花全生育期总水分利用效率，μmol CO_2/mmol H_2O；

P_n——处理不同生育期枣树或棉花光合速率，μmol/(m^2/s)；

T_r——各处理枣树或棉花不同生育期蒸腾速率，mmol/(m^2/s)。

7.2 枣棉根系生长状况

枣棉间作对枣树根系和棉花根系的生长发育具有一定的影响，枣树根系个体差异较大，根系空间变异较为明显，滴灌时其二维根系分布只能简单反映其大致趋势，另外由于本试验采用土壤剖面冲洗法，冲洗一个剖面大约需要 7～8h，因此研究时只分析了枣棉间作条带间的根系分布情况。由图 7-2 可知，滴灌枣树根系生育期内主要集中在 0～60cm 土层内，对 6 月 2 日枣树根系的侧向延伸距离主要集中 40cm 以内，大于 40cm 的根系较少，0～60cm 内<2mm 的根系较多，占到了 91.6%，大于 60cm 的根系主要为主根系，侧根系几乎不存在。棉花根系此时主要集中在 10cm 以内，棉花处于苗期，根系侧向生长距离较小。此时枣棉根系未出现明显的混合。7 月 21 日枣树为幼果期，棉花为铃期，枣棉根系在交错区内有较为明显的混合，此时枣树根系土壤剖面 60cm 以下无根系存在，受滴灌影响，其根系主要集中在 0～60cm 内，侧根系发达，小于 2mm 根系达到了 86.8%，此时枣树和棉花存在水肥竞争。棉花侧向延伸距离达到了 30cm，棉花根系主要集中在 20cm 之内。8 月 27 日枣树处于果实膨大期，棉花处于铃后期，此时，枣树侧根系开始较

少，延伸距离主要集中在 60cm 以内，根系深度主要集中于剖面 0～60cm，但是此时棉花侧向延伸距离明显增加，达到了 40cm，侧根系主要集中在 10～30cm，并往纵深方向延伸。

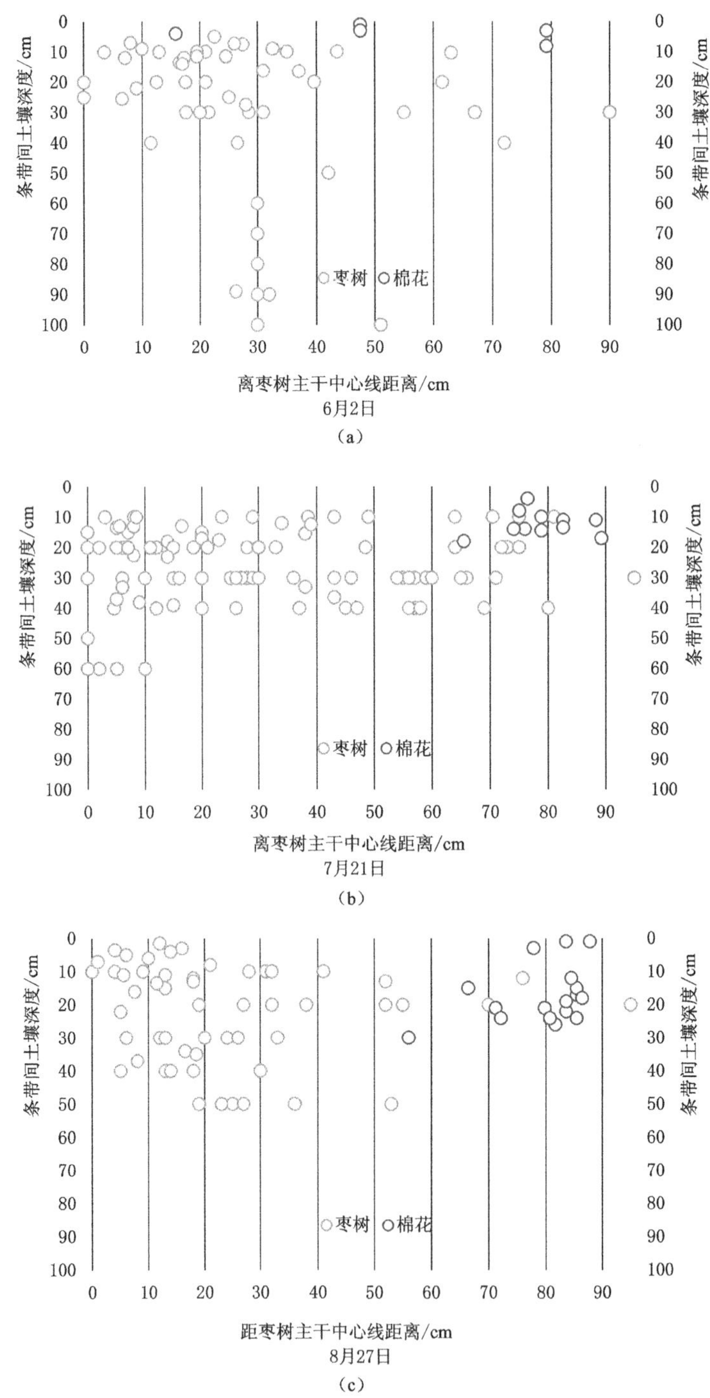

图 7-2　间作滴灌根系交错区根系二维分布

枣树根系主要集中在0～40cm，6月2日（新梢生长期）、7月21日（盛花期）、8月27日（果树膨大期）分别占到了83.63%、95.65%、89.65%（表7-1）。枣树根数比例在不同的生育期略有不同，新梢生长期和果实膨大期10～20cm土层根系含量高于其他土层，分别达到了30.91%和35.65%，盛花期则20～30cm土层根系比例显著高于其他土层，达到了35.65%。另外，随着生育期的进行，吸水根系在土壤50cm以下逐渐退化，但是在湿润层范围内（60cm内）根系比例随着生育期的进行逐渐增大，以40～60cm为例，新梢生长期、盛花期、果实膨大期分别为3.64%、4.35%、10.34%。因此，可以认为0～60cm为枣树根系活跃层，与滴灌湿润体密切相关。

表7-1　　枣棉根系交错区不同深度根数比例

	日期	土壤深度/cm									总计
		0～10	10～20	20～30	30～40	40～50	50～60	60～70	70～80	80～100	
枣树	6月2日	20.00%	30.91%	25.45%	7.27%	1.82%	1.82%	1.82%	1.82%	9.09%	100.00%
	7月21日	13.04%	29.57%	35.65%	17.39%	0.87%	3.48%	—	—	—	100.00%
	8月27日	25.86%	34.48%	13.79%	15.52%	10.34%	—	—	—	—	100.00%
棉花	6月2日	100.00%	—	—	—	—	—	—	—	—	100.00%
	7月21日	27.27%	72.73%	—	—	—	—	—	—	—	100.00%
	8月27日	17.65%	35.29%	41.18%	5.88%	—	—	—	—	—	100.00%

棉花根系苗期时全部集中于0～10cm土层，随着生育期的进行，其根系逐渐下移，0～10cm由原来的100%逐渐在盛花期减少为27.27%和铃后期的17.65%。花期其根系主要集中在10～20cm，达到了72.73%，铃后期其根系纵深方向延伸明显，以20～30cm土层根系分布最高达到了41.18%。但总体上滴灌棉花根系全生育期主要集中在0～40cm。

表7-2对不同深度根重进行了分析，全生育期内，枣树根重主要集中在10～30cm土层，新梢生长期，枣树根重以10～20cm和20～30cm显著高于其他土层，平均根重分别达到了82.43g和68.43g。占到总根重的94.88%；盛花期10～20cm和20～30cm平均根重达到了98.47g和102.77g。占到总根重的69.49%；果树膨大期10～20cm和20～30cm平均根重达到了80.44g和32.81g，占到总根重的69.22%。枣树吸水根系随生育期的进行逐渐向下延伸，但是这一过程在10～30cm主要发生在新梢生长期—花期过渡段，花期后根重比例变化不大。进入花期后30～40cm土层根重明显增加，由原来的2.15%增加到了27.73%。进入到果树膨大期40～50cm土层根重比例增加也较为明显，从花期的0.97%增加到14.81%。总体上滴灌枣树根重主要集中在0～50cm土层，大于50cm土层根重分别为0.98%、0.37%、0%。

棉花苗期根重较小，全部集中于0～10cm，花铃期10～20cm土层棉花根重最高占到全部根重的78.82%。铃后期其重量主要集中在10～20cm和20～30cm土层，其比例分别为32.95%和49.48%。

由上分析可知，枣树根重主要存在于10～40cm，棉花根重主要在10～30cm，因此两者根系混合区主要存在10～30cm，在这一土层枣树生育后期和棉花花铃期枣棉对水分和养分的竞争较为剧烈。

表7-2　　枣棉根系交错区不同深度根重

	日期	根重/g						总计/g
		0～10cm	10～20cm	20～30cm	30～40cm	40～50cm	>50cm	
枣树	6月2日	2.11±0.72	82.43±10.14	68.43±8.45	3.43±1.14	1.04±0.22	1.56±0.24	159
	7月21日	4.12±1.01	98.47±11.20	102.77±18.93	80.31±11.48	2.83±0.89	1.08±0.48	289.58
	8月27日	3.28±0.82	80.44±9.77	32.81±7.32	29.15±9.05	25.33±8.26	—	171.01
棉花	6月2日	0.6±0.11	—	—	—	—	—	0.6
	7月21日	6.15±0.22	22.89±5.43	—	—	—	—	29.04
	8月27日	1.42±0.47	12.3±2.45	18.47±2.11	5.14±0.75	—	—	37.33

根数和根重只能粗略的反映根系的发育状况，而比根长更能直观的反映作物吸水根系的多少和延伸的距离，枣树新梢生长期比根长分布为0～10cm和30cm以下较大，10～30cm比根长极小，比根长较小表明10～30cm吸水根系（毛细根）数量稀少，可能跟休眠期时表层土壤含水率较低，深层（大于30cm）土壤含水率较高有关，枣树为了获得更多的水分而导致吸水根系纵向迁移（表7-3）。而5月后进入新梢生长期时，表层土壤水分受滴灌和温度的影响开始恢复，此时表层枣树毛细吸水根系开始生长，比根长较高。进入盛花期后，表层根系比根长显著大于其他各层根系比根长，0～10cm比根长达到了109.47cm，此时受滴灌的影响，休眠期为枣树提供水分的毛细根系开始退化。表现为10cm以下交错区内比根长均较低，但田间调查显示10～40cm根系主要为二级根，毛细根含量较少，40cm以下则主要为一级根系。进入果树膨大后期时这趋势极为明显，大于50cm土层内比根长为0。因此，可以认为，滴灌对枣棉间作交错区内根系的影响主要表现为随生育期的推移，40cm以下土壤枣树吸水根系逐渐退化，而10～40cm土壤根系主要二级根，枣树吸水根系（毛细根）几乎全部浮于0～10cm土层。

表7-3　　枣棉根系交错区比根长　　单位：cm/g

	日期	土壤深度/cm					
		0～10	10～20	20～30	30～40	40～50	>50
枣树	6月2日	88.53±11.45	4.44±1.01	6.27±1.98	35.19±10.06	26.92±8.45	138.78±24.05
	7月21日	109.47±12.07	6.29±1.23	7.95±2.34	5.22±2.01	4.24±1.22	33.8±11.33
	8月27日	62.65±6.43	8.81±1.56	6.92±2.01	6.24±1.98	6.79±1.74	—
棉花	6月2日	31.67±3.54	—	—	—	—	—
	7月21日	6.75±1.11	6.07±1.54	—	—	—	—
	8月27日	21.13±3.44	6.42±1.22	6.09±0.98	8.95±2.11	—	—

棉花苗期比根长主要集中在0～10cm，主要为此时根系全部集中在此土层内，花铃期棉花交错区内比根长逐渐降低，0～10cm和10～20cm内比根长差异不大。进入铃后期后棉花比根长以0～10cm为最大且与其他土层差异显著，其次为30～40cm，但与10～20cm和20～30cm土层差异不大。因此，滴灌间作对交错区内棉花比根长的影响不大，虽然0～10cm比根长较大，但与枣树相比交错区内棉花毛细根系差异较小。

枣树新梢生长期根长密度以 20～30cm>10～20cm>0～10cm>30～40cm，40cm 以下根长密度较小（表 7-4），进入盛花期后根长密度急剧增加，各层根长密度仍为 20～30cm>10～20cm>0～10cm>30～40cm，0～10cm、10～20cm、20～30cm、30～40cm，各层根长密度仍为 20～30cm>10～20cm>0～10cm>30～40cm，0～10cm、10～20cm、20～30cm、30～40cm 土层根长密度分别比新梢生长期增加了 141.44%、69.48%、90.35、247.56%。而生育期后期根长密度 10～20cm>20～30cm>0～10cm>30～40cm，0～10cm、20～30cm、30～40cm 土层根长密度相对于盛花期分别减少了 54.43%、72.21%、56.48%，而 10～20cm 则增加了 14.43%。

棉花根长密度在苗期主要存在于 0～10cm；进入花铃期后根长密度下移，10～20cm 土层根长密度最大；花铃后期根长密度继续下移，表现为 20～30cm 土层最大，10～20cm 次之，0～10cm 最小。

表 7-4　　枣棉根系交错区根长密度　　单位：m/m^3

	日期	土壤深度/cm					
		0～10	10～20	20～30	30～40	40～50	>50
枣树	6月2日	196.63±46.14	384.84±98.14	451.79±113.08	127.05±27.65	29.47±12.04	45.58±18.86
	7月21日	474.74±117.78	652.21±143.65	860.00±189.05	441.58±88.76	12.63±6.98	38.42±16.65
	8月27日	216.32±67.25	746.32±176.55	238.95±87.98	191.58±65.42	181.05±72.25	—
棉花	6月2日	20.00±5.22	—	—	—	—	—
	7月21日	43.68±11.08	146.32±42.32	—	—	—	—
	8月27日	31.58±10.14	83.16±26.27	118.42±38.34	48.42±18.22	—	—

通过以上分析，枣树和棉花随着生育期的变化根系都在发生不同变化。枣树比根长随着生育期逐渐向下移，说明在滴灌的影响下枣树在新梢期以及盛花期都由表层根系进行吸水，而这促进了枣树根系的侧向生长。而枣树在空间上的整体分布差异较大，但吸水根系都分布在 30cm 以内。棉花在整个生育期内根系分布差异都不大且吸水根系也都较为集中。棉花在苗期根系较短（10cm 左右），进入花铃期根系开始发达，刚好与枣树形成交错区。由于存在交错区，所以枣棉在这一区域存在激烈的水肥竞争。

7.3　间作滴灌根系吸水模型建立

Feddes 等的研究表明，根系吸水与蒸腾速率及深度有密切关系，于是建立了仅与蒸腾速及深度有关的经验模型为：

$$S_r = T_r / Z_r \tag{7-13}$$

式中　T_r——单位土壤面积的蒸腾速率；

Z_r——植物根系层深度。

此模型是一常速率吸水模型，认为吸水速率在深度上是不变的，它不能在根系的上、下边界同时满足条件。

Feddes（1978）后来又提出了一个以根区土水势为参变量的权重因子模型，模型如下。即：

$$S_r=\frac{\partial(h)}{\int_0^{Lr}\partial(h)dz}T_r \tag{7-14}$$

式中 S_r——根系吸水速率；

L——根系长度：不为蒸腾速率。

$\partial(h)$为根区土水势对根系吸水的影响函数，定义为

$$\partial(h)=\begin{cases}\frac{h}{h1} & h1\leqslant h\leqslant 0\\ 1 & h2\leqslant h\leqslant h1\\ \frac{h-h3}{h2-h3} & h3\leqslant h\leqslant h2\\ 0 & h\leqslant h3\end{cases} \tag{7-15}$$

式中 h为土壤水势。$h1$，$h2$，$h3$为影响$h1$，根系吸水的几个土壤水势阈值。当土壤水势低于$h3$时，根系已不能从土壤中吸收水分，所以$h3$通常对应着作物出现永久凋萎时的土壤水势，$(h2, h1)$是根系吸水最适的土壤水势区间；当土壤水势高于$h1$时，由于土壤湿度过高，透气性变差，根系吸水速率降低。$h1$、$h2$、$h3$，通常由实验确定。

本书参考Feddes给出的结果，取$h1$、$h2$、$h3$分别为－50cm、－400cm、－15000cm（Feddes等，1974）。根据实测数据，在此实验期间当地的平均水势在－400～0Pa，因此$\partial(h)$在植物正常生长发育情况下为$(h2, h1)$之间。

7.3.1 棉花根系吸水模型的确定

棉花根系吸水模型的确定见表7－5。

表7－5 棉花根系吸水模型

S/S_{max}	0.31	0.37	0.51	0.36	0.6	0.9
Z/Z_r	0.17	0.34	0.5	0.67	0.84	1

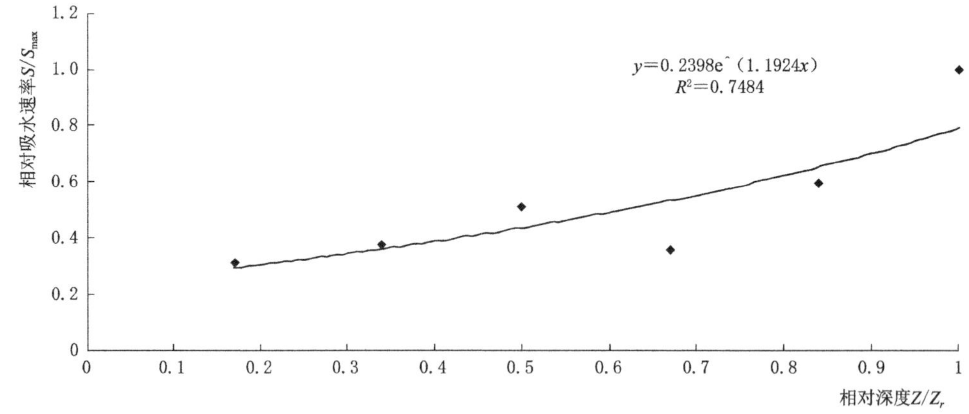

图7－3 棉花根系吸水关系

由图 7-3 可得出：

$$S_{r0}(z)=0.2398S_{r\max}e^{1.1924z/z_r}$$

式中 $S_{r0}(z)$ ——充分供水条件下 z 深度的根系吸水速率，1/d；

$S_{r\max}$——土壤充分湿润时表层的最大根系吸水速率，1/d；

z_r——根系层深度，cm，根据棉花根系伸展深度观测资料分析得到根系伸展深度 z，与播后天数 t 之间的关系。

对上式进行土壤水势修正后得式：

$$S_{r0}(z)=0.2398\partial(h)S_{r\max}e^{1.1924z/z_r} \tag{7-16}$$

式中，$\partial(h)$ 为根区土水势对根系吸水的影响函数，本书采用 Feddes（1978）提出的函数形式，其形式为

$$\partial(h)=\begin{cases}\dfrac{h}{h1} & h1\leqslant h\leqslant 0\\ 1 & h2\leqslant h\leqslant h1\\ \dfrac{h-h3}{h2-h3} & h3\leqslant h\leqslant h2\\ 0 & h\leqslant h3\end{cases} \tag{7-17}$$

将上式两边同时对深度 z 积分，整理后得到式

$$S\frac{1}{0.2398\int_0^{z_r}\partial(h)e^{1.1924z/z_r}dz}\int_0^{z_r}s(z,t)_{r\max} \tag{7-18}$$

在忽略植物体内含水量的微小变化和不考虑蒸腾相对于根系吸水的滞后作用时有

$$T_p(t)=\int_0^{z_r}S(z,t)dz \tag{7-19}$$

式中 $T_p(t)$ ——蒸腾速率，mm/d。

简化后得

$$S(z,t)=\frac{\partial(h)e^{1.1924z/z_r}}{\int_0^{z_r}\partial(h)e^{1.1924z/z_r}dz}T_p(t) \tag{7-20}$$

式中各符号、意义同前。

7.3.2 枣树根系吸水模型的确定

表 7-6 枣树根系吸水模型

S/S_{max}	0.80	0.74	0.61	1	0.42	0.55	0.56	0.32	0.35	0.38
Z/Z_r	0.1	0.2	0.3	0.4	0.5	0.6	0.7	0.8	0.9	1

根据表 7-6 和图 7-4 可确定枣树根据土壤水势修正后公式为

$$S(z,t)=\frac{\partial(h)e^{-0.1299z/z_r}}{\int_0^{z_r}\partial(h)e^{-0.1299z/z_r}dz}T_p(t) \tag{7-21}$$

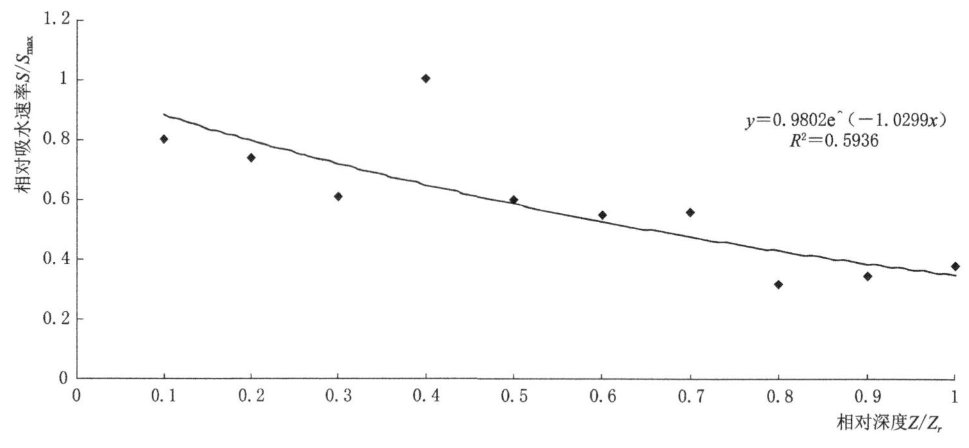

图 7－4　枣树根系吸水关系

7.3.3　棉花/枣树间作种植模式下根系吸水模型的确定

表 7－7　复合系统根系吸水模型

S/S_{max}	0.72	0.76	0.84	0.84	0.88	1
Z/Z_r	0.17	0.34	0.5	0.67	0.84	1

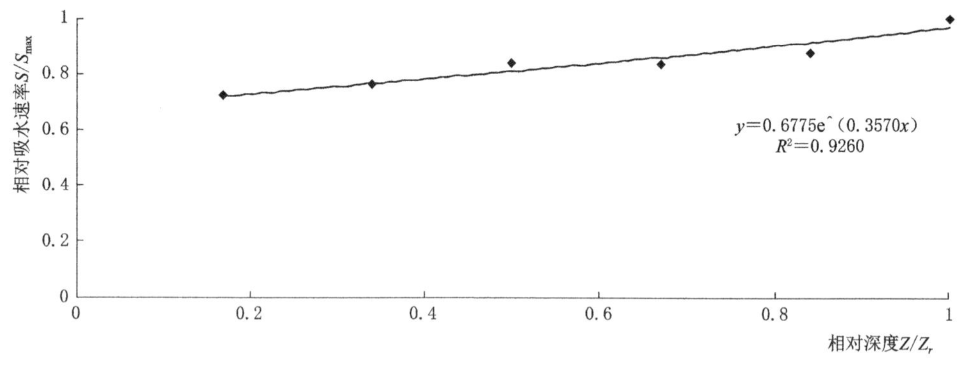

图 7－5　枣棉间作根系吸水关系

由表 7－7 和图 7－5，通过土壤水势的修正，积分，整理后得到棉花枣树间作模式下根系吸水模型的形式如下：

$$S(z,t)=\frac{\partial(h)e^{0.3570z/z_r}}{\int_0^{z_r}\partial(h)e^{0.3570z/z_r}dz}T_p(t) \tag{7-22}$$

7.3.4　间作物根系吸水模型的验证

模拟有根系吸水的土壤水分运动可以指导实践，从而进行有效农田用水管理。不同的过程影响着土壤剖面的含水率分布。水分可以通过渗透作用和毛管作用向土表运动。根系吸水项由表土蒸发，深层渗透和用于作物蒸腾的根系吸水量决定。土壤剖面含水率的变化方式分为以上三个过程以及在重力作用下的土壤水分再分配。

典型的土壤水分运动方程或方程使特定土壤中水分的再分配机制更加具体化。土壤水分运动方程是达西定律和连续方程的结合。为检测有根系吸水的土壤水分运动，在重力作用下的一维土壤水分运动方程中加入作物根系吸水项。根据下列公式：

$$C_i^{j+\frac{1}{2}}\frac{h_i^{j+1}-h_i^j}{\Delta t}=\frac{K_{i+\frac{1}{2}}^{j+1}(h_{i+1}^{j+1}-h_i^{j+1})-K_{i-\frac{1}{2}}^{j+1}(h_i^{j+1}-h_{i-1}^{j+1})}{\Delta z^2}-\frac{K_{i+\frac{1}{2}}^{j+1}-K_{i-\frac{1}{2}}^{j+1}}{\Delta z}-S_i^{j+\frac{1}{2}} \tag{7-23}$$

式中 C——比水容，cm^{-1}；

K——非饱和土壤导水率，cm/d；

h——土壤水势；

z——垂直深度，cm；

t——时间（d）。式中，i 为空间节点编号，$i=1$，2，3，…，$n-1$；$i=0$ 和 $i=n$ 为边界点；

n——土壤总层次数；

j——时间结点编号 $j=0$，1，2，…，m；$j=0$ 和 $j=m$ 为边界点 m 为计算总时段数；

Δt 和 Δz——时间步长和空间步长。

若设 $r=\Delta t/\Delta z^2$，将上式变形并整理后得

$$a_i h_{i-1}^{j+1}+b_i h_i^{j+1}+c_i h_{i+1}^{j+1}=d_i \tag{7-24}$$

其中

$$\begin{cases}a_i=-K_{i-\frac{1}{2}}^{j+1}\\ b_i=\dfrac{C_i^{j+1}}{r}+K_{i+\frac{1}{2}}^{j+1}+K_{i-\frac{1}{2}}^{j+1}\\ c_i=-K_{i+\frac{1}{2}}^{j+1}\\ d_i=\dfrac{C_i^{j+1}}{r}h_i^j-\Delta z(K_{i+\frac{1}{2}}^{j+1}-K_{i-\frac{1}{2}}^{j+1})-\dfrac{\Delta t}{r}S_i^{j+\frac{1}{2}}\end{cases}$$

当 $i=n-1$ 时，式（7-23）可写为

$$a_{n-1}h_{n-2}^{i+1}+b_{n-1}h_{n-1}^{i+1}=d_{n-1}$$

$$\begin{cases}a_{n-1}=-K_{n-1-\frac{1}{2}}^{j+1}\\ b_{n-1}=\dfrac{C_{n-1}^{j+1}}{r}+K_{n-\frac{1}{2}}^{j+1}+K_{n-1-\frac{1}{2}}^{j+1}\\ d_{n-1}=\dfrac{C_{n-1}^{j+1}}{r}h_{n-1}^j-\Delta z(K_{n-\frac{1}{2}}^{j+1}-K_{n-1-\frac{1}{2}}^{j+1})+K_{n-\frac{1}{2}}^{j+1}h_n^{j+1}-\dfrac{\Delta t}{r}S_{n-1}^{j+\frac{1}{2}}\end{cases}$$

当 $i=0$ 时，构成一个以 h 为未知数的三对角方程组：

$$[A][h]=[D]$$

已知时段初含水量，解上述三对角方程组即可求出时段末土壤含水量。

7.3.5 间作种植条件下土壤水分动态模拟结果

间作系统土壤水分动态模拟见图 7-6。分析结果表明，该模型的最大相对误差约为18%，平均相对误差为 2.5%，所建立的枣树与棉花间作种植模式下的根系吸水模型，基本可以正确的反映间作种植作物根系吸水的实际状况。

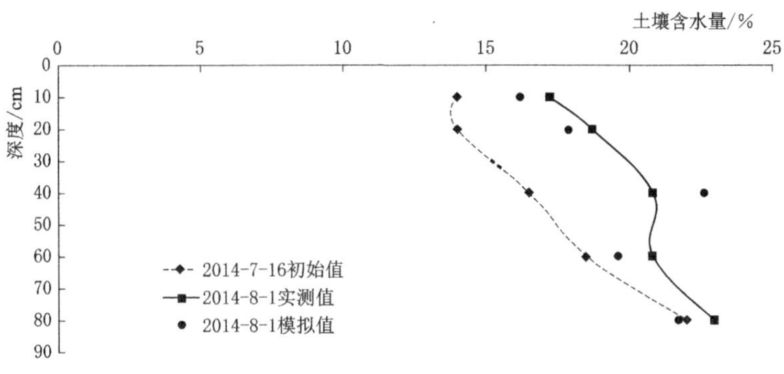

图 7-6　土壤水分动态模拟

7.4　间作滴灌枣棉的光合特性

7.4.1　不同灌水处理对枣棉光合特性的影响

枣树和棉花各生育期水分利用不同，因此，水分可能导致枣棉生育期内光合作用出现差异。图 7-7（a）分析表明新梢生长期 45mm 的滴灌处理光合速率显著低于其他 4 个处理（$P<0.05$），而处理 G-2、G-3、CK-Z 差异不显著。因此，新梢生长期灌水量 45mm 时枣树已产生水分胁迫，光合作用受到抑制，而灌水量过高的 G-4 处理光合速率与 G-2 处理相比显著减小，减小比例达 24.17%，但比 G-1 处理高 47.09%。因此，可以认为水分胁迫对新梢生长期光合速率（P_n）的影响最大，其次过量灌水亦能使其显著降低，而灌水量 60mm 和 75mm 时枣树 P_n 相对较高；盛花期时灌水量较低的处理与新梢生长期相似，其光合速率显著低于 G-2、G-3、G-4 处理，而其他三个灌水处理 P_n 差异不显著（$P>0.05$），该阶段枣树需水量较高。但是，单作对照处理 CK-Z（75mm）比间作 G-3（75mm）降低达 11.77%，但未达显著水平（$P>0.05$），原因可能是单作时该阶段枣树需水量已出现亏缺，但是间作时棉花的盈余水量及枣树发达的侧根系改善了这一状况。果实膨大期处理 G-1、G-2 已出现明显的水分亏缺，光合速率显著低于其他 3 个处理。而间作 G-3 比单作 CK-Z 显著降低达 19.55%。

与枣树相比，棉花蕾期（对应枣树为新梢生长期）光合速率受水分影响较小，图 7-7（b）表明间作处理 G-1、G-2、G-3 差异不显著，但过高的灌水处理 G-4 显著低于其他三个处理，间作处理 G-3 比单作处理 CK-M 低 14.39%。因此，与枣树不同，棉花蕾期受株高限制光合作用与单作相比易受抑制，而需水量比枣树低，处理内灌水定额在 45～75mm 范围未见光合速率受到抑制，但是过高的灌水量（90mm）则使棉花光合降低；进入盛花期（对应枣树为盛花期）后，水分引起的光合差异较为显著，表现为 G-3>G-2>G-4>G-1，表明此时水分胁迫和过量灌水均易造成棉花光合速率降低；铃期后期（对应枣树为果实膨大期）各处理棉花光合速率均有所降低，相对盛花期—铃期阶段，分别降低了 1.05%、35.02%、13.57%、27.25%、16.54%，表明铃后期光合效能逐渐降低，干物质累积趋于完成。但灌水适中的处理 G-3 显著高于其他处理。

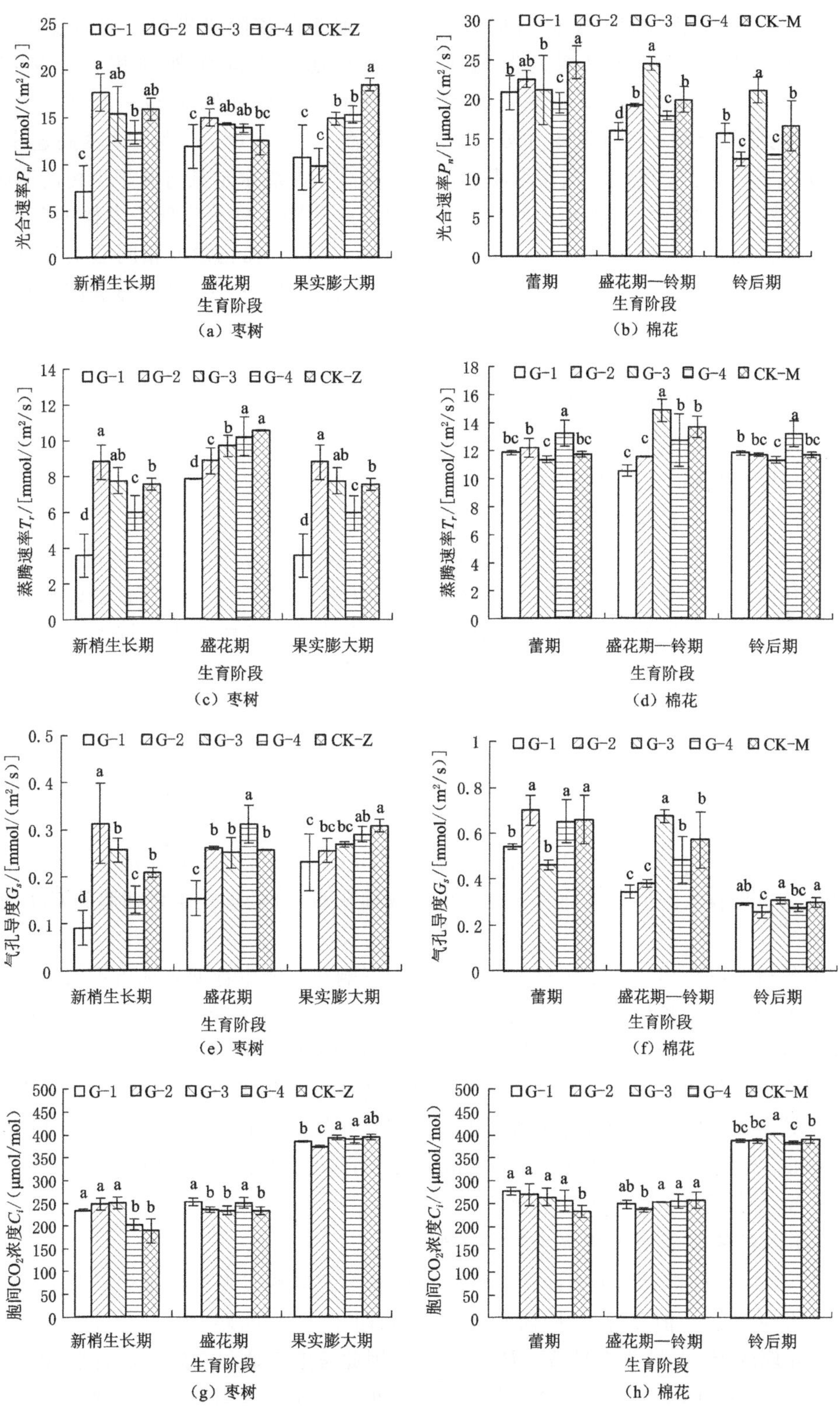

图 7-7 不同滴灌定额处理的枣棉光合特性

图7-7（c）分析表明，枣树新梢生长期蒸腾速率与该阶段枣树的光合速率变化相似，水分胁迫能显著降低枣树的蒸腾速率，与其他三个间作处理相比分别降低了59.27%、53.68%、39.80%，而高定额灌水处理G-4显著低于G-2、G-3（$P<0.05$），相同灌水定额下间作和单作处理差异不显著（$P>0.05$）；盛花期蒸腾速率G-4处理显著高于其他三个处理，此阶段枣树需水量较高，高灌水定额有利于枣树的蒸腾；果实膨大期蒸腾速率的变化与新梢生长期极为相似，水分胁迫显著降低了枣树的蒸腾速率，高定额灌水也能导致蒸腾速率降低。由图7-7（d）可知，棉花蕾期相同灌水量时，间作棉花蒸腾速率与对照差异不显著（$P<0.05$），而间作处理间G-4处理显著高于其他三个处理；进入盛花期后，蒸腾速率的变化与此阶段光合速率的变化非常相似，均以G-3处理显著大于其他处理，相同灌水定额下间作G-3处理比单作CK-M处理高8.09%。铃后期由于需水量下降，低灌水定额处理G-1蒸腾速率并无明显降低。相同灌水定额下间作和单作处理差异不显著（$P>0.05$）。

气孔导度和胞间CO_2浓度决定着植物叶片与大气CO_2进行的物质交换能力，与植株光合作用密切相关，也是作物重要的光合性能参数。图7-7（e）表明气孔导度的变化与蒸腾速率的变化相似，枣树新稍生长期G-2处理显著高于其他处理，低灌水处理G-1显著低于其他处理，分别比G-2、G-3、G-4处理低了70.85%、64.37%、39.66%。过量灌水G-4处理也能导致气孔导度降低。但进入花期后枣树需水量较大，气孔导度以G-4最高，间作G-3和对照CK-Z处理差异不显著（$P>0.05$）。果树膨大期G-2、G-3、G-4处理差异均不显著；图7-8（f）分析表明棉花蕾期以G-2最高，而花期后，低灌水定额时（G-1、G-2）气孔导度则显著降低，G-3处理显著高于其他处理（$P<0.05$）。进入铃后期各处理气孔导度显著降低，与花铃期相比分别降低了14.34%、31.83%、54.23%、43.03%、47.71%。

对图7-7（g）、图7-7（h）分析可知，胞间CO_2浓度受灌水量的影响较小，各生育期其值随机性较大，但总体而言，无论枣树或棉花G-3处理全生育期胞间CO_2浓度均较高。

综上分析可以得出，灌水量对枣树和棉花的影响在不同生育期表现出不同的特征，新梢生长期枣树需水量较棉花大，其光合和蒸腾速率在滴灌定额较低时（45mm）易受到抑制，而此阶段即棉花蕾期时水分对棉花光合和蒸腾速率的影响较小，由于棉花植株较矮，更易受间作枣树的影响而降低光合速率。但进入花期后，棉花的光合作用和蒸腾作用转变成水分主导型，此阶段易受水分影响。因此，棉花花铃前期和铃后期灌水定额可以控制在45～75mm，花铃期灌水定额控制在75mm左右为宜；而灌水量对枣树全生育期内均有显著影响，全生育期灌水定额可控制在75mm。

7.4.2 不同种植间距对枣棉光合特性的影响

图7-8（a）分析表明种植间距对枣树光合速率的影响表现为随枣棉间距的增加，枣树P_n也相应增加。但新梢生长期和果实膨大期J-2（间距100cm）和J-3（间距120cm）处理的P_n差异并不显著（$P<0.05$），因此考虑土地利用效率，间距100cm对枣树而言是合适的。图7-8（b）中棉花P_n在蕾期各间作处理间差异不显著（$P>0.05$），但是各处理比CK-M分别降低了5.10%、9.71%、10.80%。表明蕾期间作后由于棉花

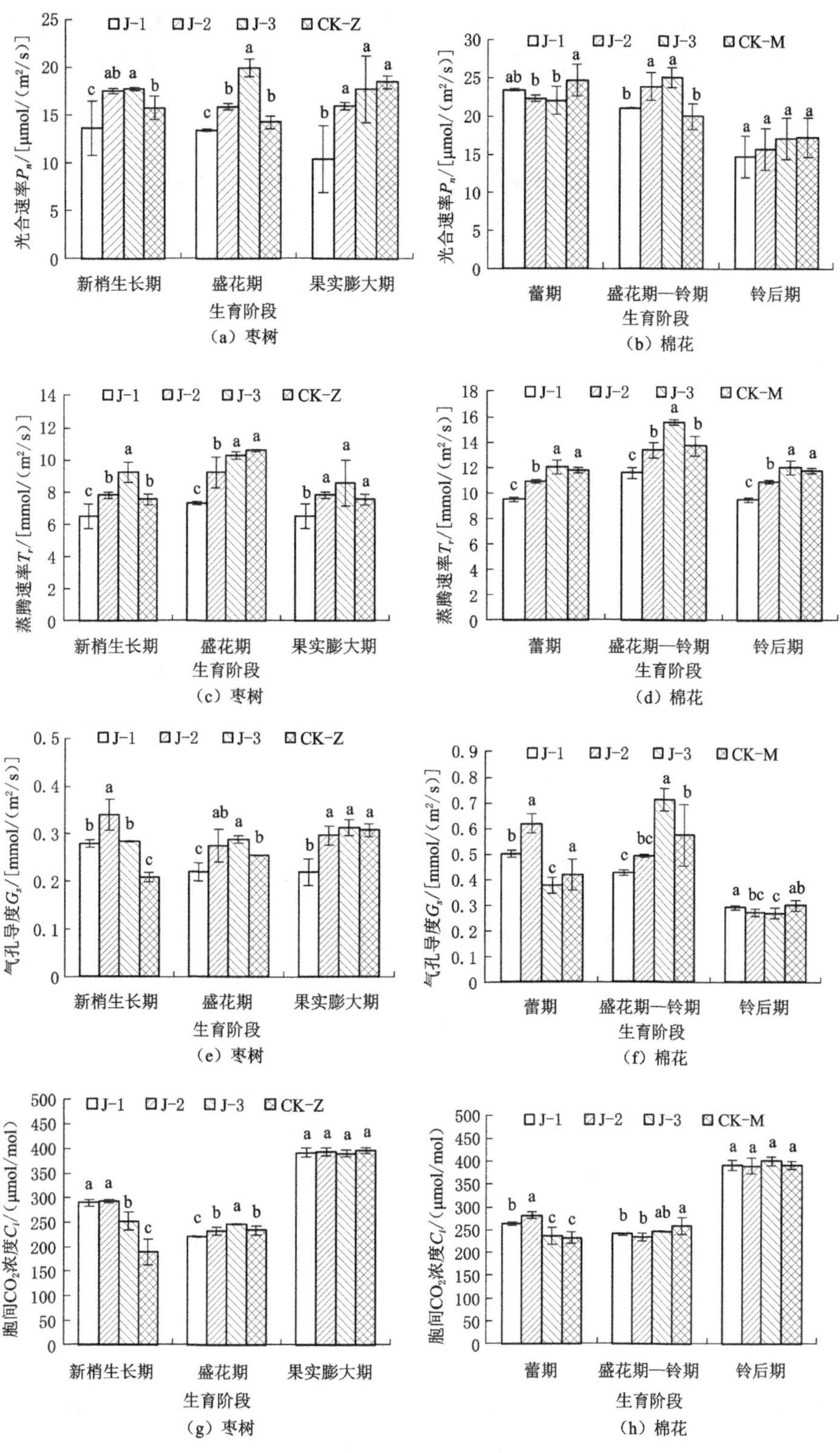

图 7-8 不同种植间距下的枣棉光合特性

植株较矮受枣树影响较大。进入花期后间作处理和单作处理间的差异逐减小，甚至大于单作处理。间作处理间的 J－1 处理显著低于 J－2、J－3 处理。铃后期各处理差异不显著。

图 7－8（c）、图 7－8（d）中枣树蒸腾速率随种植间距的增大也逐渐增大，各生育期表现一致。其中果实膨大期 J－2 和 J－3 处理差异不明显，其他间作处理间均有显著差异（$P<0.05$），表明枣棉间距对枣树有显著影响。棉花也表现出相似的规律。

图 7－8（e）、图 7－8（f）分析得出无论枣树或棉花其气孔导度在新梢生长期或蕾期 J－2 处理均显著大于其他间作处理（$P<0.05$）。其中枣树在盛花期后气孔导度受枣棉间距影响较大，随种植间距的增加气孔导度也逐渐增加，而 J－2 和 J－3 处理差异不显著（$P>0.05$），棉花在蕾期、盛花期—铃期与枣树相似，但是在铃后期各处理气孔导度均较低。

枣树新梢生长期胞间 CO_2 浓度以 J－2 处理显著高于其他间作处理，见图 7－8（f），但 J－1 和 J－3 处理差异不显著，盛花期后，随着枣棉间距的增加，各处理胞间 CO_2 浓度也逐渐增加，果实膨大期各处理无显著差异；图 7－8（g）则分析表明棉花胞间 CO_2 无明显规律，特别是盛花期后各间作处理间差异均不显著。

由上述分析可知，枣棉间距对枣树和棉花光合速率 P_n、气孔导度、胞间 CO_2 浓度 C_i 的影响主要集中在盛花期以前，而对蒸腾速率的影响则贯穿整个生育期。综合考虑枣棉的光合特性和土地利用效率，枣棉种植间距选择 100cm 为宜。

7.4.3　基于产量的枣棉全生育期 *WUE* 分析

表 7－8 为全生育期各间作处理和单作处理 CK－M 棉花全生育期的耗水量、产量和水肥利用效率，不同种植间距各处理棉花耗水量表现为 J－2>J－3>J－1，产量表现为 J－2>J－3>J－1，J－2 和 J－3 处理差异不显著，水分利用效率表现为 CK－M>J－3>J－2>J－1，J－2、J－3 处理和 CK－M 均无显著差异（$P>0.05$），因此从产量和水分利用的角度考虑，J－2 即枣棉间距为 100cm 以上时对棉花产量已经无较大影响。

不同灌水定额对棉花耗水的影响表现为 G－4>G－3>G－2>G－1，产量表现为 G－4>G－3>G－2>G－1，其中 G－3 处理和 G－4 处理差异不显著（$P>0.05$），水分利用效率表现为 G－1>G－2>CK－M>G－3>G－4，其中 G－1、G－2、G－3 处理和 CK－M 差异不显著，而 G－1、G－2 处理产量显著低于 G－3 处理（$P<0.05$），因此综合考虑棉花产量和水分利用效率，G－3 处理即灌水定额 75mm 最佳。

枣树的耗水与棉花有所不同，表 7－9 表明，不同种植间距的各处理枣树耗水量表现为 J－2>J－1>J－3，但各处理间差异较小。产量表现为 J－3>J－2>J－1，差异显著（$P<0.05$）。水分利用效率表现为 J－3>CK－Z>J－2>J－1，J－3 处理和对照 CK－Z 差异不显著（$P>0.05$）。因此，枣棉间距对枣树产量的影响较大，由于枣树为矮化密植冠幅较大，如果没有足够的生长空间，会导致严重减产。枣棉间距 120cm 时枣树水分利用效率和产量均较高。

不同灌水定额对枣树耗水的影响表现为 G－4>G－3>G－2>G－1，产量表现为 G－4>G－3>G－2>G－1，和棉花相似，G－3 和 G－4 处理差异不显著（$P>0.05$）。水分利用效率表现为 G－1>G－3>CK－M>G－2>G－4，G－1 处理虽然水分利用效率最高，但其经济产量较低，G－3 与 G－1 处理和 CK－Z 均差异不显著（$P>0.05$），G－4 处理水分利用效率最低且与其他各处理差异显著（$P<0.05$）。因此综合考虑产量和水分利用

效率，G－3处理即灌水定额75mm最优。

综合以上分析可知，种植间距对枣树的影响大于棉花，枣棉间距120cm时能够显著提高枣树产量和水分利用效率，棉花则要求100cm以上即可。灌水定额对枣树和棉花产量均有显著影响，灌水定额低时虽然水分利用效率高，但经济产量较低，分析表明75mm的灌水定额适宜于枣棉间作系统的无差别滴灌。

表7－8　不同处理棉花耗水、产量及水分利用效率

处理	灌水定额/mm	灌溉定额/mm	枣棉间距/cm	棉花耗水量 E_{TS}/mm	籽棉产量/(kg/hm²)	水分利用效率 WUE_{Yield}/[kg/(hm²/mm)]
J－1	75	900	80	439	2959.57±133.20[b]	6.74[b]
J－2	75	900	100	462	3541.56±181.53[a]	7.66[a]
J－3	75	900	120	451	3522.01±266.41[a]	7.8[a]
G－1	45	540	95	278	2373.84±87.20[c]	8.54[a]
G－2	60	720	95	353	2962.88±118.71[b]	8.38[a]
G－3	75	900	95	480	3698.88±94.05[a]	7.7[a]
G－4	90	1080	95	574	3836.36±87.20[a]	6.69[b]
CK－M	75	900	—	890	7186.71±612.09	8.07[a]

表7－9　不同处理枣树耗水、产量及水分利用效率

处理	灌水定额/mm	灌溉定额/mm	枣棉间距/cm	枣树耗水量 E_{TS}/mm	红枣产量/(kg/hm²)	水分利用效率 WUE_{Yield}/[kg/(hm²/mm)]
J－1	75	900	80	589	4862.42±157.33[c]	8.26[c]
J－2	75	900	100	592	5741.38±181.26[b]	9.70[b]
J－3	75	900	120	585	6822.71±171.45[a]	11.67[a]
G－1	45	540	95	389	4319.25±155.17[c]	11.11[a]
G－2	60	720	95	477	4871.88±118.56[bc]	10.22[b]
G－3	75	900	95	626	6698.91±197.33[a]	10.70[ab]
G－4	90	1080	95	788	6828.15±187.02[a]	8.66[c]
CK－Z	75	900	—	862	8903.84±212.19	10.33[b]

7.4.4　基于光合分配的枣棉不同生育期 *WUE* 分析

通过光合速率和蒸腾速率计算出的各生育期的水分利用效率（见表7－10），由表可知不同枣棉种植间距各间作处理蕾期J－1＞CK－M＞J－2＞J－3，盛花期—铃期J－1＞J－2＞J－3＞CK－M，但J－1和J－2处理差异不显著（$P>0.05$），铃后期J－1＞J－2＞CK－M＞J－3，但均差异不显著（$P>0.05$）。综上所述，间作处理间枣棉间距越小棉花水分利用效率越高，这与基于产量和耗水的 WUE_{Pn} 规律并不一致，可能与田间郁闭程度有关，间距越小郁闭程度越高易导致蒸腾速率降低。

灌水量对棉花水分利用效率的影响为：蕾期CK－M＞G－4＞G－3＞G－2＞G－1，间作处理间随灌水量的增多而逐渐减小，但G－2、G－3、G－4处理差异不显著（$P>0.05$）；盛花期—铃期G－2＞G－3＞G－1＞CK－M＞G－1，但G－3和G－2处理差异不显著；铃后期 G-3>CK-M>G-1>G-2>G-4，G-2 和 G-4 处理差异不显著（$P>0.05$）。上述分析表明棉花蕾期时，即使在较低的灌水量下也具有较高的 WUE_{Pn}，但是进入盛花期后 WUE_{Pn} 与灌水定额密切相关。从水分利用角度考虑，蕾期采用低灌水量 45～60mm，盛花期后采用高灌水量 75～90mm 较优，与前述对光合特性的分析结果一致。

表 7-10　　基于光合分配的棉花的不同生育阶段 WUE_{Pn}

处理	蕾期			盛花期—铃期			铃后期		
	P_n /[μmol/(m²/s)]	T_r /[mmol/(m²/s)]	WUE_{Pn} /(μmol CO_2/mmolH_2O)	P_n /[μmol/(m²/s)]	T_r /[mmol/(m²/s)]	WUE_{Pn} /(μmol CO_2/mmolH_2O)	P_n /[μmol/(m²/s)]	T_r /[mmol/(m²/s)]	WUE_{Pn} /(μmol CO_2/mmolH_2O)
J-1	23.47±0.10	9.48±0.19	2.48[a]	21.04±0.03	11.55±0.44	1.82[a]	14.68±2.71	9.48±0.19	1.55[a]
J-2	22.33±0.45	10.89±0.12	2.05[b]	23.86±1.82	13.37±0.64	1.79[a]	15.72±2.68	10.89±0.11	1.45[a]
J-3	22.06±1.84	12.03±0.54	1.84[c]	25.12±1.33	15.56±0.19	1.61[b]	17.08±2.71	12.03±0.54	1.41[a]
G-1	20.83±2.14	11.87±0.14	1.75[c]	25.28±1.53	16.41±1.01	1.55[bc]	15.78±1.25	11.87±0.14	1.33[b]
G-2	22.58±1.03	12.25±0.70	1.85[bc]	19.25±0.16	11.60±0.57	1.66[a]	12.51±0.89	12.25±0.70	1.03[c]
G-3	21.17±4.43	11.37±0.25	1.86[bc]	24.53±0.87	14.93±0.79	1.64[ab]	21.20±1.61	11.37±0.25	1.87[a]
G-4	27.54±2.71	13.27±0.90	2.07[ab]	17.94±0.52	12.80±1.89	1.43[c]	13.05±0.09	13.27±0.90	0.99[c]
CK-M	24.73±0.21	11.74±0.16	2.11[a]	20.00±0.77	13.72±0.15	1.46[bc]	17.19±0.21	11.74±0.21	1.46[b]

不同枣棉种植间距下枣树各处理的 WUE_{Pn} 见表 7-11，其中，新梢生长期 J-2>CK-Z=J-1>J-3，但间作系统 3 个处理与单作处理差异均不显著（$P>0.05$）。表明此阶段种植间距对 WUE_{Pn} 的影响较小，盛花期 J-3>J-1>J-2>CK-Z，J-1 和 J-2 处理差异不显著（$P>0.05$），但均显著低于 J-3 处理（$P<0.05$），说明此阶段种植间距对枣树的 WUE_{Pn} 有显著影响。间距加大，净光合速率 P_n 增大，但是如果扩展为裸地其蒸腾量亦相应增加，导致水分利用效率较低。果实膨大期 CK-Z>J-3>J-2>J-1，J-3 和 J-2 处理差异不显著（$P>0.05$），但均显著低于 CK-Z，由于进入了关键生育期后期，加上气温下降，此时枣树的蒸腾速率有所下降，单作系统水分利用效率提高，间作水分利用效率与花期相比也有一定的增加。

表 7-11　　基于光合分配的枣树不同生育阶段 WUE_{Pn}

处理	新梢生长期			盛花期			果实膨大期		
	P_n /[μmol/(m²/s)]	T_r /[mmol/(m²/s)]	WUE_{Pn} /(μmol CO_2/mmolH_2O)	P_n /[μmol/(m²/s)]	T_r /[mmol/(m²/s)]	WUE_{Pn} /(μmol CO_2/mmolH_2O)	P_n /[μmol/(m²/s)]	T_r /[mmol/(m²/s)]	WUE_{Pn} /(μmol CO_2/mmolH_2O)
J-1	13.62±2.86	6.51±0.77	2.09[ab]	13.43±0.13	7.3±0.09	1.84[b]	10.35±3.50	6.51±0.77	1.59[c]
J-2	17.52±0.29	7.79±0.22	2.25[a]	15.88±0.38	9.2±0.96	1.73[b]	15.93±0.36	7.79±0.22	2.04[b]
J-3	17.75±0.18	9.23±0.63	1.92[b]	19.91±0.91	10.26±0.23	1.94[a]	17.72±3.50	8.56±1.40	2.07[b]
G-1	7.06±2.83	3.58±1.23	1.97[b]	11.84±2.31	7.83±0.03	1.51[bc]	10.65±3.44	3.58±1.23	2.97[a]
G-2	17.59±2.00	8.8±0.99	2.00[b]	14.94±0.94	8.86±0.75	1.68[bc]	9.83±1.81	8.8±0.99	1.12[c]

续表

处理	新梢生长期			盛花期			果实膨大期		
	P_n /[μmol/(m²/s)]	T_r /[mmol/(m²/s)]	WUE_{Pn} /(μmol CO_2/mmolH_2O)	P_n /[μmol/(m²/s)]	T_r /[mmol/(m²/s)]	WUE_{Pn} /(μmol CO_2/mmolH_2O)	P_n /[μmol/(m²/s)]	T_r /[mmol/(m²/s)]	WUE_{Pn} /(μmol CO_2/mmolH_2O)
G-3	15.30±2.90	7.74±0.73	1.98[b]	14.23±0.13	9.71±0.60	1.46[c]	14.84±0.68	7.74±0.73	1.92[b]
G-4	13.34±1.22	5.95±0.96	2.24[a]	13.85±0.46	10.26±1.11	1.35[c]	15.28±0.90	5.95±0.96	2.57[ab]
CK-Z	15.75±1.20	7.55±0.33	2.09[ab]	12.55±1.61	10.59±0.05	1.19[c]	18.45±0.69	7.55±0.33	2.44[ab]

枣树在新梢生长期的 WUE_{Pn} 表现为 G-4>CK-Z>G-3>G-2>G-1，其中 G-1、G-2、G-3 处理差异不显著（$P>0.05$），而显著低于 G-4 处理。说明枣树前期新梢生长较快，干物质迅速积累，所需水分较多。进入花期后各处理 WUE_{Pn} 均有所降低，此时 G-2>G-1>G-3>G-4>CK-Z，但各间作处理间差异不显著（$P>0.05$）。果实膨大期 G-1>G-4>CK-Z>G-3>G-2，G-1 的 WUE_{Pn} 较高主要是其蒸腾速率过低造成的，表明枣树处于严重的水分胁迫状态，易造成烧苗。而 G-3 处理的蒸腾速率和 WUE_{Pn} 适中。因此总体上，枣树全生育期可以采用 G-3 的灌水定额即 75mm。

7.4.5 棉花各生育期水分利用效率与全生育期水分利用效率相关分析

诸多研究表明作物的干物质累计与水分和产量相关，但是由于光合作用只能反映其某一时段或某一生育期的干物质转化状况，如果能够确定某一生育期的 WUE_{Pn} 和 WUE_{Yield} 显著相关，则可以利用这一规律监控提高此生育期的 WUE_{Pn}，获得更高的经济产量。为了明确间作棉花各生育阶段 WUE_{Pn} 与全生育阶段 WUE_{Yield} 的关系，对两者进行了线性回归分析，分析结果见表 7-12。表明棉花蕾期 WUE_{Pn} 与 WUE_{Yield} 决定系数 R^2 为 0.66，$P=0.03<0.05$ 达到了显著水平，因此，棉花蕾期水分利用效率 WUE_{Pn} 与全生育期水分利用效率 WUE_{Yield} 显著相关，模型参数见表 7-12。但对棉花盛花期—铃期和铃后期相关分析表明决定系数为 0.05 和 0.04，$P=0.91$ 和 0.93，均大于 0.05，表明盛花期—铃期和铃后期 WUE_{Pn} 与 WUE_{Yield} 无显著相关。

表 7-12　　基于棉花产量的 WUE_{Yield} 与不同生育阶段 WUE_{Pn} 线性相关分析

样本对	模型	模型参数				参数估计	
		R^2	F	P	df	b	常数
WUE_{Yield}—蕾期 WUE_{Pn}	linear	0.66	9.78	0.03	20	−2.37	12.34
WUE_{Yield}—盛花期—铃期 WUE_{Pn}	linear	0.05	0.01	0.91	20	−0.28	8.11
WUE_{Yield}—铃后期 WUE_{Pn}	linear	0.04	0.01	0.93	20	−0.09	7.77

7.4.6 讨论

1. 不同灌水处理对滴灌间作枣棉光合特性的影响

水分是影响植物光合作用的重要原料，早在 1941 年 SCHNEIDER 就研究发现水分亏缺能导致苹果叶片光合速率下降。同时水分还能够影响植物蒸腾作用，缺水会够导致气孔开度减小，气孔阻力增大，胞间 CO_2 浓度降低。如韩凯虹等研究表明水分胁迫使甜菜糖分积累期日蒸腾量降低 70.16%～74.81%，日光合量降低 63.48%～69.96%。但是这些研究的对象大多为单作植物，国内对间作系统中水分对作物光合系统的影响研究鲜有报道，虽然赵盼盼等对间作枣棉的光合特性进行了研究，但是研究的假定条件相对单一，且未进行生育期划分，而不同生育期内间作作物的水分竞争关系不一，因此本研究在不同的生育期进行光合特性的测定分析，一定程度上能够通过光合生理变化体现枣棉不同生育期内对水分的竞争关系。

2. 不同种植间距对滴灌间作枣棉光合特性的影响

枣棉种植间距能够影响间作条带间的遮阴率，从而影响间作作物的光合作用，SU 等研究发现大豆幼苗期间作玉米，能使其净光合速率降低 38.3%，蒸腾速率降低 47%，气孔导度降低 55.4%，并认为玉米阴影导致了碳同化速率降低和能量缺乏。本研究设置了不同的间作间距，研究结果表明随着种植间距的增加光合速率（P_n）、蒸腾速率（T_r）、气孔导度（C_s）也相应增加，这与上述研究结论一致。但研究也表明，在某些生育期种植间距增加到 120cm 以上与 100cm 相比差异已不显著，整个生育期间距对蒸腾速率都有较大影响，而对光合速率（P_n）、蒸腾速率（T_r）、气孔导度（C_s）的影响则集中在盛花期以前。

3. 间作滴灌对枣棉水分利用效率的影响

水分利用效率（*WUE*）是反映植物同化特性的重要参数，其有三种表达方式，即作物大田群体的 *WUE*、作物单株 *WUE* 和叶片 *WUE*。本研究选取大田群体 *WUE* 和叶片尺度的 *WUE* 进行研究，并分析了两者的相关性。很多学者对大田尺度或叶片尺度上的 *WUE* 进行了研究，但由于叶片尺度的 *WUE* 属于植物瞬时生理、生化水平上干物质累积与蒸腾速率的比率，其具有较强的时效性。而作物不同生育期的蒸腾速率和光合速率不一，因此，WUE_{Pn} 与作物的生育阶段密切相关。但大多学者只研究了间作作物的群体水分利用和叶片水平的水分利用，忽视了两者的相关关系，探明不同生育期的叶片尺度 *WUE* 与大田群体 *WUE* 的内在联系，对作物的生理调控具有重要意义。特别在控水、控肥时，由于间作水分的竞争关系，某一作物在某些生育关键期内势必产生水分亏缺，此时的 WUE_{Pn} 如果与群体 WUE_{Yield} 显著相关，可能会造成作物严重减产。间作系统内部的水分利用更为复杂，影响因子众多，本试验中考虑了种植间距和灌水量 2 个因子。种植间距越小，则枣棉根系重合度越高，在某些生育阶段枣树一旦发生水分亏缺，势必利用棉花根区的水分，从而降低棉花的水分利用效率，本研究表明棉花处理 J－1 的 WUE_{Yield} 较低，该点与该结论一致。但是不同生育阶段的 WUE_{Pn} 则出现相反的规律，可能是间距对蒸腾速率的影响大于光合速率，间距减小，蒸腾速率降低较大。灌水定额越大，总灌水量越高，WUE_{Yield} 越低，但是 G－1 处理减产严重，并非 WUE_{Yield} 越高越好。灌水定额对 WUE_{Pn} 的影响，则是生育期前期灌水量大 WUE_{Pn} 也较大，但是生育期后期则相反，这是由于棉花蕾期正值棉花干物质快速积累期，加上气温较低，蒸腾速率下降，水分充足，光合速率较大。后期随干物质累积趋于完成，水分过多，光合速率反而降低，加上气温较高，蒸腾速率加大，导致 WUE_{Pn} 降低。

7.5　间作滴灌枣棉的茎流特性

枣棉间茎流量变化规律具有一致性，7 月两者每日累计茎流量较为平稳，进入 8 月后波动较大，例如8月2日枣树达到了2383.06g，棉花也达1276.71g，而8月13日最低时枣树和棉花分别只有925.99g和643.18g（图7-9）。引起这一变化的主要原因可能跟8月辐射变化及降雨增频有关。棉花茎流量后期有所降低，但是降低幅度与枣树相比较小。对比生育进程发现7月16—31日枣树处在花后期和果实膨大期，棉花处在盛花期。这一阶段两者对水分的需求量都较大，茎流速率均较高，茎流量较大。而8月13—25日枣树果型基本形成，对水分的需求量逐渐减少，茎流速率逐渐降低，茎流量也相应减少。而棉花处在盛铃期，田间正值棉桃形成阶段，对水分的需求相对花期没有太大的变化，茎流量变化幅度较小。是造成枣棉间茎流差异较小的主要原因。从另一个方面也可以反映出枣树和棉花在8月之前对水分的竞争较剧烈，而8月后，特别是8月下旬两者竞争逐渐减弱。因此设计枣棉灌水量时可以参考这一规律。前期增大枣树灌水量，后期适当减少枣树灌水量。

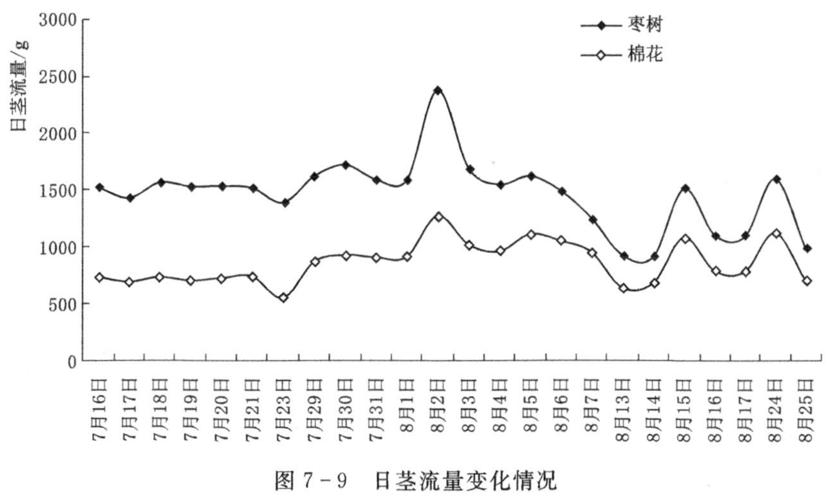

图7-9 日茎流量变化情况

为更深层次的反映茎流对作物水分及溶质传输的重要作用，以及作物在两种测试方法下的蒸腾规律。图7-10对8月15日茎流速率和蒸腾速率两者之间的相互关系进行了初步分析，从图7-11可以看出茎流速率和蒸腾速率从10：00～20：00的总体变化趋势极为相似，但是两者出现峰值的时间略有不同，枣树和棉花的蒸腾速率相对其茎流速率有所提前。运用SPSS 20.0对两参数进行曲线拟合，表明二次曲线拟合程度较高，其中枣树茎流速率（y）和蒸腾速率（x）的回归方程为$y=157.356-49.562x+6.614x^2$，$R^2=0.657$，棉花茎流速率（$y$）和蒸腾速率（$x$）的回归方程为$y=78.559-17.351x+2.282x^2$，$R^2=0.513$。分析表明间作作物的茎流速率和蒸腾速率之间存在显著相关（$P<0.05$，$n=3$），但是未达极显著水平（$P>0.01$，$n=3$）。

枣树和棉花茎流速率的日变化规律具有高度一致性。枣树茎流速率日累计茎流量均大于棉花，前期（即7月）枣棉间茎流差异较大，后期（8月以后）茎流差异逐渐缩小，设计枣棉灌水量时可以参考枣和棉花茎流规律。前期增大枣树灌水量，后期适当减少枣树灌水量。棉花茎流速率和日茎流量则相对平稳。对茎流速率和蒸腾速率相关性进行了分析表明两者之间存在着显著相关（$P<0.05$），但是未达到极显著水平（$P>0.01$）。

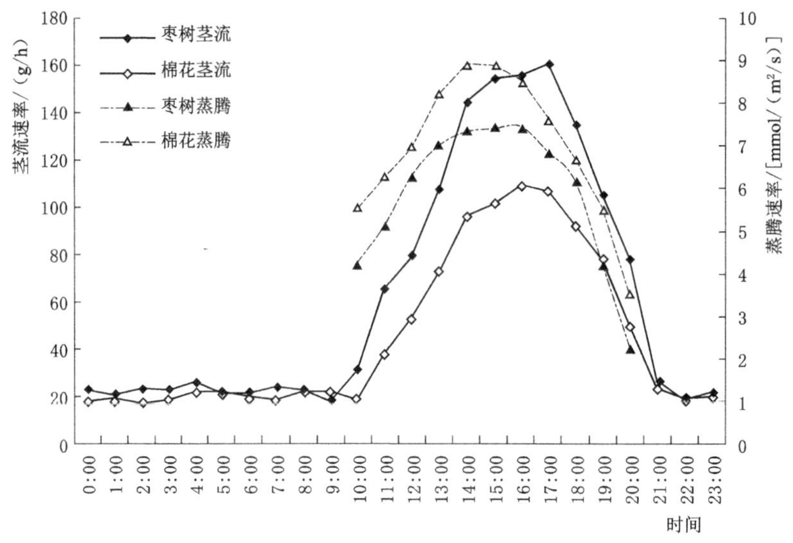

图7-10 茎流速率与蒸腾速率的相关关系(8月15日)

7.6 间作模式及滴灌定额对棉花株高的影响

整体上,间作模式全生育期内棉花株高与单作模式具有相似的变化规律(图7-11),即前期增长较迅速,进入初花期(62d)以后增长缓慢。总体讲,2012年和2013年棉花株高之间差异较大,这主要由于管理水平和气候条件的改变造成的。与2013年比较,2012年棉花生长前期生长较缓慢,可能主要由于2012年棉花生长前期甲哌啶(即缩节

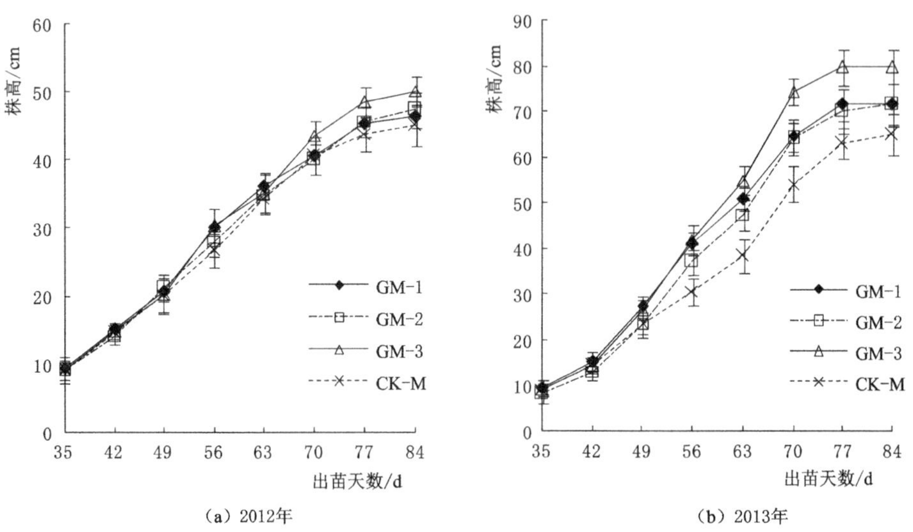

图7-11 滴灌定额和间作处理影响棉花株高的变化

注 GM-1、GM-2、GM-3、CK-M分别表示灌水定额450m³/hm²、750m³/hm²、1050m³/hm²各处理和单作棉花对照处理。

胺）使用过多造成植株生长过度迟缓。2013 年降雨较 2012 丰沛棉花造成 2 个水平间株高差距较大。

间作模式 GM－2 处理，前期株高变化与单作模式 CK－M 相比差异不大，表明在棉花生育阶段早期，即从出苗期（35d）至现蕾期（49d），间作对棉花的株高的增长影响不明显，但是从现蕾期（49d）至盛花期（84d）间作对棉花株高的影响逐渐增大。表明间作系统棉花在在生育期后期在光竞争方面较为激烈，棉花倾向于增加自身高度，获得更多的光热资源。

由图 7－11 可以看出，滴灌定额对棉花株高的影响随着出苗后天数的增加差异逐渐明显，灌水量越大后期株高增长越快、株高越高（2013 年最明显）：GM－3 株高最高，GM－2 次之。对 70d、77d、80d 各处理株高进行显著性检验表明，GM－1 和 GM－2 差异均不显著（$P>0.05$），而 GM－1 和 GM－2 与 GM－3 差异显著（$P<0.05$）。其中 2013 年 70d、77d 时均到达了极显著水平（$P<0.01$）。分析表明过大的灌水定额容易造成水分分配不均，棉花过度旺长，滴灌定额 450～750m^3/hm^2 对棉花生长有利。

7.7 间作模式及灌溉定额对棉花茎秆直径的影响

图 7－12 表明 2012 年和 2013 年不同滴灌定额处理下间作和单作模式下棉花茎秆直径的变化，枣棉间作系统中 GM－2 棉花茎秆直径整体上与单作系统 CK－M 变化规律相似，前期（从苗期至初花期）茎秆直径增加较快，但是出苗 70d 左右（初花期左右）棉花茎秆直径增长逐渐放缓，盛花期以后茎秆直径逐渐达到最大值。

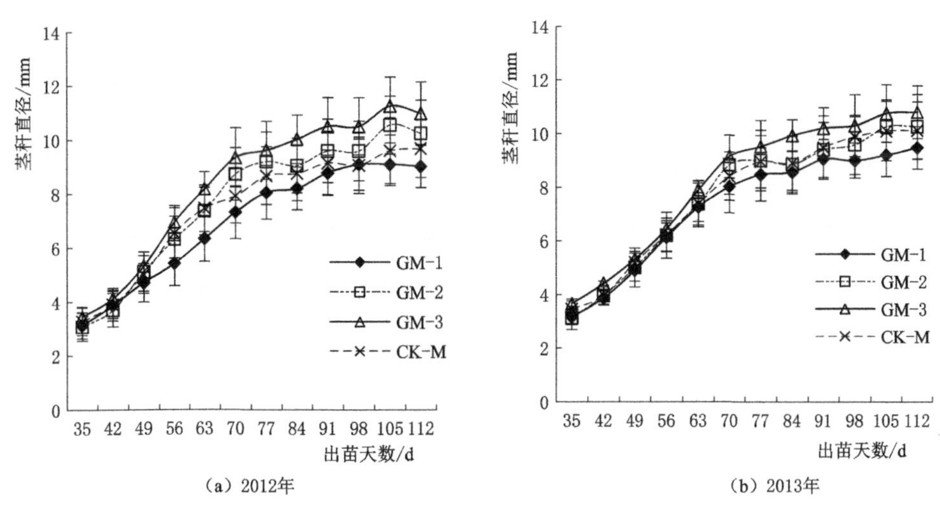

图 7－12 滴灌定额和间作影响棉花茎秆直径的变化

由图 7－12 可知，3 个不同滴灌定额处理中，GM－3 处理茎秆直径增长较快，后期达到最大；而 GM－1 处理则茎秆直径增长最慢，后期最小；GM－2 处理茎秆直径变化介于 GM－1 和 GM－3 之间（2013 年更明显）。GM－2 处理与 CK－M 茎秆直径差异相对较小。3 个滴灌处理中，GM－1 处理灌水量较小，水分在系统中容易成为限制性因素，导致枣棉对水分的激烈竞争。同时，由于对光的需求，棉花需要不断地增加自身高度，所以易导致其侧向生长减弱。而GM－3处理灌水定额较高，水分在枣棉之间不再是竞争的关键因子，因此棉花侧向生长不易受到限制，其茎秆直径增长较快。显著性分析表明，77d后GM－3处理均与其他2个处理有显著差异（$P<0.05$），GM－2处理灌水定额（750m^3/hm^2）适中，既可以减少枣棉间水分的过度竞争，又有利棉花茎秆直径适度增长，所以其茎秆直径变化介于GM－1和GM－3之间。

7.8　间作模式及灌溉定额对棉花干物质积累的影响

表7－13对2012年和2013年各处理棉花不同器官干物质累积情况进行了分析。研究表明，间作模式（GM－2）下棉花苗期植株干物量累积显著低于单作模式（CK－M）（$P<0.05$）；进入花期后随棉花冠层高度增加，则显著高于单作模式（CK－M）。2012年和2013年，初花期以后GM－2处理均与单作系统CK－M差异显著（$P<0.05$），间作系统中植株干物质积累比单作系统大。

表7－13　滴灌定额和间作影响棉花不同器官干物质累积

处理		茎秆干质量/g			铃干质量/g		
		35d（苗期）	78d（初花期）	103d（盛花期）	78d（初花期）	103d（盛花期）	110d（铃期）
2012年	GM－1	0.41±0.03c	26.10±1.09b	45.84±2.95c	2.27±0.22ba	58.02±4.86b	98.98±4.11b
	GM－2	0.54±0.03b	34.62±2.32a	74.88±2.81a	2.53±0.20a	76.19±2.02a	94.79±3.34b
	GM－3	0.69±0.05a	37.81±3.25a	52.96±3.05a	1.39±0.18c	57.26±4.01b	117.03±6.45a
	CK－M	0.74±0.02a	23.74±2.70b	47.48±2.48c	2.08±0.19b	58.79±3.11b	102.65±5.84b
2013年	GM－1	0.39±0.04c	32.37±2.74b	61.11±2.30b	2.09±0.09b	65.81±1.90b	107.83±7.89b
	GM－2	0.49±0.05c	44.43±3.79a	94.17±4.50a	2.63±0.27a	79.03±3.28a	86.53±6.48c
	GM－3	0.67±0.08b	32.58±3.55b	55.08±4.06c	1.50±0.14c	62.33±3.89b	122.23±12.79a
	CK－M	0.84±0.09a	22.75±2.07c	52.25±1.63c	2.21±0.17b	50.94±1.55c	92.94±2.62c

处理		植株干质量/g			叶片干质量/g		
		35d（苗期）	78d（初花期）	103d（盛花期）	35d（苗期）	78d（初花期）	103d（盛花期）
2012年	GM－1	1.18±0.12c	42.75±4.19c	164.18±4.57b	1.42±0.59b	19.60±1.26b	37.38±1.81b
	GM－2	1.35±0.13c	67.99±6.01a	186.93±7.12a	1.13±0.11b	28.28±2.83a	41.46±2.17a
	GM－3	2.21±0.18b	57.83±6.66b	174.0±13.20ab	1.78±0.16ab	20.54±3.20a	43.04±2.47a
	CK－M	2.69±0.27a	45.68±2.60c	155.80±6.46b	1.99±0.14a	21.42±1.80a	41.38±3.16a
2013年	GM－1	1.38±0.35c	66.48±5.84b	204.71±16.68b	1.01±0.13d	28.11±2.14b	41.20±1.15b
	GM－2	1.91±0.38b	87.17±4.70a	262.39±10.87a	1.34±0.10c	37.51±3.12a	43.65±1.95b
	GM－3	2.32±0.23b	65.91±6.38b	188.45±15.23b	1.64±0.08b	29.03±1.50b	51.77±2.16a
	CK－M	3.26±0.26a	51.72±5.40c	154.80±15.21c	2.37±0.11a	22.53±1.63c	40.65±2.01b

注　表中天数指从播种当日算起时间间隔，利用SPSS Duncan's multiple range test方法分析，同一列不同字母表示显著性差异，（$P<0.05$，$n=4$）；GM－1、GM－2、GM－3、CK－M分别表示灌水定额450m^3/hm^2、750m^3/hm^2、1050m^3/hm^2各处理和单作棉花对照处理。

从棉花整个生育期看，水分对间作模式下棉花植株的影响呈现 2 个极端，即灌水定额过低的处理 GM－1（450m^3/hm^2）和灌水定额过高的处理 GM－3（1050m^3/hm^2）对植株干物质的积累有不利影响。这种影响随生育期的推进又有所不同，前期水分充足有利于干物质的积累，进入花期以后过高和过低的水分均会使干物质形成受到抑制。而 GM－2 处理（750m^3/hm^2）植株干物质含量在生育期后期达最大。

对棉花叶片干物质含量的测定结果表明，GM－2 间作系统中苗期与单作模式差异显著（$P<0.05$），均低于单作处理，这一结果与植株干物质量的累积具有相似的特点。但是进入初花期以后，除 2013 年初花期显著大于单作外，均与 CK－M 差异不显著。除苗期外，间作系统中 GM－1 植株叶片干质量较其他两个处理低，2012 年 GM－3 与 GM－2 处理整个生育期内差异不显著（$P>0.05$）。2013 年 GM－3 处理叶片干质量在盛花期与其他 2 个处理有显著差异（$P<0.05$），但在初花期 GM－2 处理叶片干质量较高。

由各处理茎秆干重的变化可以看出，苗期单作棉花茎秆干物质累积较多，但进入花期以后间作系统中（GM－2 处理）茎秆干物质累积量逐渐超过单作棉花。花期以后，2012 年 GM－2 和 GM－3 处理茎秆干物质差异不显著（$P>0.05$），但是，GM－1 处理由于灌水定额较小，枣棉竞争激烈，与 GM－2 和 GM－3 相比差异显著（$P<0.05$）；进入花期以后，2013 年 GM－2 处理茎秆干物质显著（$P<0.05$）高于其他两个处理。表明间作系统中不同的灌水定额在棉花茎秆干物质积累方面有不同的作用，灌水定额过低影响棉花茎秆干物质的积累，而灌水定额过高对棉花茎秆的干物质累积影响不明显。

间作系统对铃干质量的影响主要集中在初花期和盛花期（表 7－10）：与 CK－M 相比，GM－2 在铃期差异不显著（$P>0.05$），在初花期和盛花期均显著高于 CK－M（$P<0.05$）。

灌水定额对铃干重的影响为：盛花期 GM－2 处理与 GM－1 和 GM－3 处理均有显著差异；进入铃期以后，2012 年 GM－1 处理与 GM－2 处理差异不显著，而 2013 年铃期 GM－1 处理显著大于 GM－2 处理；GM－3 处理水平在初花期铃干质量积累较少，铃期干物质积累较其他 2 个处理多。可能主要是由于 GM－3 处理灌水定额较大，棉花出现旺长，花期和铃期出现延迟，而其进入铃期后其他 2 个处理则部分花铃已脱落，形成棉桃。田间调查显示 GM－3 处理进入盛花期的时间晚于其他处理：GM－3 7 月 18 日进入盛花期，而其他处理则在 7 月 14 日前后，可能是造成 GM－3 和其他处理铃期干物质差异的主要原因。因此，间作系统中 GM－1 和 GM－2 处理更有利于棉花开花结铃。

综上所述，GM－3 即灌水定额 1050m^3/hm^2 对棉花干物质的形成不利。过低灌水定额可能使棉花和枣树产生激烈的竞争，而过高的灌水量又会导致棉花旺长，不利于棉花干物质的积累，研究结果证明了 450m^3/hm^2 和 750m^3/hm^2 的滴灌灌水定额比 1050m^3/hm^2 对棉花生长更有利。适宜的滴灌定额应在 450～750m^3/hm^2 之间。

7.9 滴灌间作对枣棉土地利用效率的影响

表 7－14 分析了间作系统中不同枣树和棉花的土地当量比。间作系统土地当量比均大于 1，表明间作系统总土地当量比均大于单作系统。2012 年间作系统中 3 个处理土地当量比在 1.01～1.02，其中 GM－1 与 GM－2 差异不显著（$P>0.05$），但两者显著（$P<0.05$）高

于 GM－3 处理。2013 年间作系统 3 个处理土地当量比在 1.11～1.24，其中 GM－2 显著（$P<0.05$）高于其他 2 个处理。综上所述，处理 GM－2 具有较高的土地生产效率。

红枣和棉花在土地利用方面又有所不同（表 7－14），总体上红枣土地当量比大于棉花，2012 年红枣土地当量比在 0.59～0.69，2013 年红枣土地当量比为 0.63～0.84，均为 GM－2＞GM－3 和 GM－1。而 2012 年和 2013 年棉花土地当量比为 0.41～0.53 和 0.40～0.42，GM－1 高于 GM－3 和 GM－2。由此可见，过量的滴灌水（GM－3 处理，1050m^3/hm^2）对红枣和棉花产量均有不利影响，从而影响土地生产效率。从总的土地当量比及不同作物的土地当量比 2 个方面分析，450～750m^3/hm^2 的灌水处理土地生产效率相对较高。

从收益组成上看（表 7－14），间作系统收益在不同的年份与单作系统相比有较大差异：2012 年间作系统综合收益均低于单作枣树，高于单作棉花；2013 年间作系统综合收益均大于单作系统。这可能主要受农产品价格的影响，2012 年红枣价格虚高，达到了 35000 元/t，而 2013 年只有 20000 元/t，波动较大，棉花价格也有波动，但波动幅度较小。对比间作系统中各处理的总收益得出，无论是 2012 年还是 2013 年收益最高的均是 GM－2 处理，原因是由于 GM－2 处理红枣产量较高，而红枣价格又比棉花高得多。总体上看，GM－2 处理收益受价格影响最小。因此，枣棉间作系统在应对市场风险方面具有非常突出的优势，合理的水肥调控完全可以降低市场价格风险，实现枣棉间作系统效益最大化。

表 7－14　　不同处理水平土地当量比及效益分析

年份	处理水平	土地当量比（LER）			收益/(元/hm^2)		
		红枣	棉花	总计	红　枣	棉　花	总　计
2012	CK－Z	1.00	—	1.00	158645.13±2432.56	—	158645.13±2432.56
	CK－M	—	1.00	1.00	—	95038.44±1132.42	95038.44±1132.42
	GM－1	0.59±0.02b	0.53±0.01a	1.12±0.02a	92913.10±2747.81b	56390.40±1060.16a	149303.50±2945.24a
	GM－2	0.69±0.03a	0.41±0.02b	1.10±0.01a	109021.15±4197.36a	43438.23±1836.25b	152459.38±2419.22a
	GM－3	0.62±0.01b	0.39±0.01b	1.01±0.01b	98282.45±1586.45b	41475.78±1061.14b	139758.23±526.29b
2013	CK－Z	1.00	—	1.00	105663.36±2145.34	—	105663.36±2145.34
	CK－M	—	1.00	1.00	—	79198.70±1375.22	79198.70±1375.22
	GM－1	0.63±0.01c	0.50±0.02a	1.13±0.02b	66433.20±1056.63c	39847.53±1583.97a	106280.73±1397.06b
	GM－2	0.84±0.02a	0.40±0.02b	1.24±0.01a	88977.80±2113.27a	32066.70±1371.76b	121044.50±1151.78a
	GM－3	0.70±0.01b	0.42±0.01b	1.11±0.01b	73503.40±1056.63b	33254.85±791.99b	106758.25±952.30b

注　表中同一列不同字母表示显著性差异，（$P<0.05$，$n=3$）；CK－Z 表示单作枣树处理。

枣棉间作系统中竞争力指数反映了两个种群在系统中的优势度，在不同的环境中两种的物种主导地位也不同。表 7－15 对滴灌条件下枣棉间作系统的竞争力指数和土地生产力指数进行了分析。2012 年和 2013 年 GM－1 处理红枣的竞争力指数均为负值，而棉花的竞争力指数则为正值，表明在灌水定额较小或水分为限制性因子时，棉花受水分的影响较红枣小。红枣 GM－2 和 GM－3 处理竞争力指数均为正值，且 GM－2 处理最高，2012 年和 2013 年分别达到了 0.22 和 0.45，表明随着灌水定额增加，水分不再是红枣生长的限制性因子，红枣在种群竞争中逐渐占据了主导地位。生产力指数是一个能够反映间作系统中主导作物的生产潜力的标准化指数。由表 7-15 知，2012 年处理 GM-3 低于处理 GM-1 和 GM-2，而处理 GM-2 和 GM-3 之间差异不显著（$P>0.05$）；2013 年处理 GM-2 的生产力指数明显大于 GM-1 和 GM-3。可见，处理 GM-2 即灌水定额 750m^3/hm^2 能显著提高红枣的生产潜力。另外，对间作系统中棉花产量（y）和红枣产量（x）之间的关系进行了线性相关回归分析得：$y=-0.6854x+6083.4$，$R^2=0.6848$，$P<0.05$（见图 7-13）。

表 7-15　枣棉间作系统中作物的竞争力指数（*A*）及土地生产力指数（*SPI*）

处理水平		竞争力指数 *A*		生产力指数 *SPI*
		红枣（A_a）	棉花（A_b）	
2012 年	GM-1	−0.18	0.18	5065.64a
	GM-2	0.22	−0.22	4972.10a
	GM-3	0.15	−0.15	4581.37b
2013 年	GM-1	−0.06	0.06	5979.80b
	GM-2	0.45	−0.45	6588.00a
	GM-3	0.20	−0.20	5893.53b

注　表中同一列不同字母表示显著性差异，（$P<0.05$，$n=3$）。

回归分析表明两种作物产量在系统中呈负相关，体现了枣树和棉花对环境和资源利用的竞争关系。由此可得出，在一定条件下提高一种作物的生产能力，有可能导致另一种作物生产能力降低。但这种相关性没有达到极显著水平（$P>0.01$），表明合适水肥调控或适宜的环境条件完全可以使两种作物的综合生产能力达到最优。

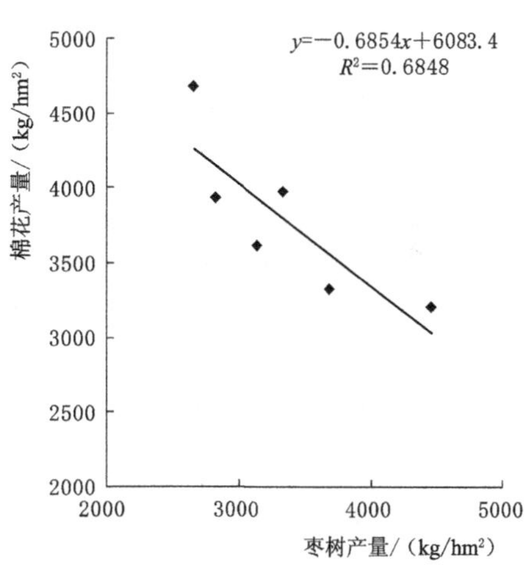

图 7-13　枣棉间作系统中枣树和棉花产量的关系

总之，在土地利用效率和生产效益方面，枣树更易受到水分的影响而降低生产效率，但枣棉间作系统与单作系统相比总体土地利用效率较高。虽然红枣和棉花各年份市场价格差异较大，在生产效益方面易受市场价格波动的影响。但总体而言，枣棉间作系统在抵御市场风险方面具有优势。在枣棉间作复合系统中棉花在滴灌水定额较小时，在两种种群竞争中占主导地位，随着灌水定额的增加，水分不再是限制性因子，红枣的竞争优势又逐渐显现。虽然枣树和棉花在产量关系上存在负相关，但这种相关性未达到极显著水平。

7.10 讨论

滴灌红枣本身根区湿润范围较小，易受灌水量影响，滴孔流速、滴灌频率，灌水定额、水质和滴管布置方式都是影响作物生长的重要因素。间作棉花以后，两者形成了一个复合系统。由于种群的不同，在系统内部必然存在竞争。前人对不同灌条件下棉花生长的影响研究多集中在单作漫灌模式方面。例如，杜太生等研究了全部根区均匀灌溉（BRI）、根系分区交替灌溉（APRI）、固定部分根区灌溉（FPRI）三种灌水模式对棉花生长的影响，随处理天数的延续棉花株高增长速度趋缓，不同灌水模式在苗期（40d）对棉花株高的影响不显著。与间作系统棉花有一定的相似之处，但是间作棉花株高在一定程度上又取决于枣树和棉花之间的光竞争关系，与单作模式不同。

有研究表明间作系统可以有效地提高作物产量、收益和土地利用效率，降低投资风险，减少田间杂草生物量，降低作物病虫害的发生。本研究也在前人研究的基础上得出了针对土地利用效率相似的结论，但是前人的研究对基本上都是采用漫灌，而且多集中在肥料、田间布置、种植密度等方面，而对滴灌和灌水量的研究较少，在间作系统中种间竞争的一个关键因素就是水分，因此本研究得出的相关结论由水分主导的棉花群体的生长发育和土地利用具一定的指导意义。

试验在立地条件、种植模式一致的情况下只考虑了灌水量一个因素对棉花生长和枣棉间作系统土地利用效率及经济效益的影响。本研究未涉及枣棉间作系统对养分和环境条件的竞争，显然这种竞争关系是存在的。因此，在后续的研究中开展滴灌施肥方面的研究对维持农林复合系统的水肥利用平衡，实现投入—产出效益的最大化具有极其必要性。

7.11 小结

（1）枣树根重主要存在于10～40cm，棉花根重主要在10～30cm，因此两者根系混合区主要存在10～30cm，在这一土层枣树生育后期和棉花花铃期枣棉对水分和养分的竞争较为剧烈。

（2）新梢生长期枣树需水量较棉花大，其光合和蒸腾速率在滴灌定额较低时（45mm）易受到抑制，在棉花蕾期时，水分对棉花光合和蒸腾速率的影响较小。棉花花期的光合作用和蒸腾作用转变成水分主导型，易受水分影响。而灌水量对枣树全生育期内的光合和蒸腾速率均有显著影响。枣棉间距对枣树和棉花光合速率 P_n、气孔导度、胞间 CO_2 浓度 C_i 的影响主要集中在盛花期后，而对蒸腾速率的影响则贯穿整个生育期。

（3）对基于产量的 WUE_{Yield} 分析表明，棉花水分利用效率表现为CK-M>J-3>J-2>J-1，G—4>G—3>G-2>G-1，综合考虑产量和水分利用效率间距100cm、灌水定额75mm最优。枣树水分利用效率表现为J-3>CK-Z>J-2>J-1，G-1>G-3>CK-M>G-2>G-4综合考虑产量和水分利用效率枣棉间距120cm、灌水定额75mm最优。

（4）棉花蕾期时即使在较低的灌水量下也具有较高的 WUE_{Pn}，但是进入盛花期后 WUE_{Pn} 与灌水定额密切相关，从水分利用的角度蕾期采用低灌水量45～60mm，盛花期后采用高灌水量 75～90mm 较优。枣树新梢生长期种植间距对 WUE_{Pn} 的影响较小，盛花期枣棉间距对枣树的 WUE_{Pn} 有显著影响。分析表明 G－3 处理的 WUE_{Pn} 较适中。因此，枣树全生育期可以采用 G－3 的灌水定额即 75mm。

（5）蕾期水分利用效率 WUE_{Pn} 与全生育期水分利用效率 WUE_{Yield} 显著相关，其他 2 个生育期与之无显著相关关系。

（6）枣树和棉花茎流速率的日变化规律具有高度一致性。枣树茎流速和率日累计茎流量均大于棉花，前期（即 7 月）枣棉间茎流差异较大，后期（8 月以后）茎流差异逐渐缩小，设计枣棉灌水量时可以参考枣和棉花茎流规律。前期增大枣树灌水量，后期适当减少枣树灌水量。棉花茎流速率和日茎流量则相对平稳。

（7）过低灌水定额可能使棉花和枣树产生激烈的竞争，而过高的灌水量又会导致棉花旺长，过高和过低的灌水定额均不利于棉花干物质的积累，研究结果也证明了 $750m^3/hm^2$ 的滴灌灌水定额对棉花生长是有利的。

（8）在土地利用效率和生产效益方面，枣树更易受到水分的影响而降低生产效率，但枣棉间作系统与单作系统相比总体土地利用效率较高。由于红枣和棉花各年份市场价格差异较大，在生产效益方面易受市场价格波动的影响。总体而言，枣棉间作系统在抵御市场风险方面具有独特的优势。

（9）在枣棉间作复合系统中棉花在滴灌水定额较小时，在两种种群竞争中占主导地位，随着灌水定额的增加，水分不再是限制性因子，红枣的竞争优势又逐渐显现。虽然枣树和棉花在产量关系上存在负相关，但是只要通过合理的水肥调控能够使间作系统的生产能力达到最优。

参考文献

[1] 平晓燕，王铁梅，卢欣石．农林复合系统固碳潜力研究进展 [J]．植物生态学报，2013，37（1）：80－92.

[2] 徐海江，任培亮，田立文，等．不同灌溉方式对枣树间作长绒棉生育期和产量的影响 [J]．中国棉花，2011，38（5）：19－20.

[3] 洪明，赵经华，马英杰，等．果农间作条件下滴灌大豆耗水规律试验研究 [J]．灌溉排水学报，2010，29（5）：114－125.

[4] 张寄阳，段爱旺，孟兆江，等．不同水分状况下棉花茎直径变化规律研究 [J]．农业工程学报，2005，21（5）：7－11.

[5] 段云佳，谭玲，张巨松，等．施氮量对枣棉间作系统棉花干物质和氮素积累的影响 [J]．植物营养与肥料学报，2012，18（6）：1443－1450.

[6] 蔡焕杰，邵光成，张振华．荒漠气候区膜下滴灌棉花需水量和灌溉制度的试验研究 [J]．水利学报，2002，11（11）：119－123.

[7] 刘梅先，杨劲松，李晓明，等．滴灌模式对棉花根系分布和水分利用效率的影响 [J]．农业工程学报，2012，28（1）：98－105.

[8] 杜太生，康绍忠，张建华．不同局部根区供水对棉花生长与水分利用过程的调控效应 [J]．中国农业科学，2007，40（11）：2546－2555.

第8章 不同覆植滴灌模式对枣园土壤水肥的调控效果

8.1 研究方法

滴灌技术是节水农业中最有效的措施之一，它集灌溉施肥于一体，能适时适量地给果树供水、施肥，同时具有节水、节肥等优点，而且有利于作物产量和水分及肥料利用率的提高，其优越性已被大量研究证明，近年来已有大量学者将滴灌应用于南疆红枣滴灌，取得了显著的效果，然而由于南疆地区地表蒸发强烈，滴灌后其湿润范围较小，地表滴头附近湿润度较高，加上枣树株行距较大，易受气温影响，无效蒸发较多，造成本已极度短缺的水资源浪费严重。因此，将滴灌带上增加一些覆盖物有利于抑制土壤无效蒸发，同时又可以将废弃的秸秆等生物资源还田提高土壤有机质含量。国内外学者在滴灌与覆盖结合应用在大田作物方面开展了大量研究，但这些研究多集中在棉花、玉米等单季作物覆膜滴灌方面，Lakew W J 等将滴灌和稻草覆盖结合对洋葱进行了研究，研究表明，稻草覆盖可以显著降低土壤蒸发量，0.3kg/m^2 的稻草覆盖量能显著提高洋葱产量。然而，在果树特别是红枣方面将滴灌和覆盖措施相结合的研究还较少，随着南疆红枣种植面积的不断扩大，对现有的灌溉方式进行改进，对提高水资源利用效益具有重要意义。

8.1.1 试验设计

试验供试枣树为骏枣（*Zizyphus jujuba* Mill.），枣树滴灌统一采用单翼迷宫式滴灌带，在其结构上通过增加迷宫，延长水流通道起到消能作用，特点为紊流态多口出水，抗堵塞能力强，出水均匀。滴头间距为 30cm，单滴头最大流量为 3～5L/h，工作压力为 0.1MPa。每行枣树铺设一根毛管，铺设于枣树内侧距根区 20cm 处。试验玉米秸秆、聚乙烯塑料地膜、小麦秸秆、芦苇秸秆等 4 种覆盖形式，其中玉米秸秆、小麦秸秆和芦苇秸秆室外自然风干碾压后，将 4 种覆盖物根据不同的处理要求覆盖于滴灌带之上，玉米秸秆、小麦秸秆和芦苇秸秆铺设宽度 1m，铺设厚度为 5cm。地膜铺设以枣树根部为中心宽度为 1m。将大田试验划分为 5 个处理区，分别为滴灌＋玉米秸秆区、滴灌＋覆膜区、滴灌＋小麦秸秆区、滴灌＋芦苇秸秆区、滴灌＋无覆盖对照区。每个处理区重复 3 次以上，处理区之间设置隔离带，即处理间均有单行枣树作为间隔，中间条带两边设置 50cm 深分离沟。每个处理滴灌施肥量一致，灌水定额为 75mm，全生育期灌水 12 次，灌溉定额为 900mm。全生育期施肥 3 次，施肥周期以枣树生育期为主，花期 1 次，幼果期 1 次，果实膨大期 1 次，N、P、K 比例为 2∶1∶1，全生育期施肥量为 2250kg/hm^2。

8.1.2 试验方法

土壤水分：采用重量法测定土壤水分，利用土钻在距枣树根部 10cm 处取土，取土深度分别为 0～10cm、10～20cm、20～40cm、40～60cm、60～80cm。

棵间蒸发量测定：用自制的 Micro - Lysimeters（小型棵间蒸发器）进行测定。Micro - Lysimeters 由 PVC（聚氯乙烯）圆管制成（选择 PVC 材料是为了尽量减小热传导的影响），高 15cm，壁厚 3mm，内径为 10.4cm。为了避免操作时破坏附近的土体结构，用内径稍大为 12cm 的 PVC 管做成外套，固定于行间。

土壤温度：采用曲管地温计测量枣树根区土壤地温，测量深度为 5cm、10cm、15cm、20cm、25cm。4 月 1 日—6 月 21 日每天 14：00 和 20：00 进行测定。

土壤养分：利用土钻分别于 7 月 16 日、8 月 19 日、8 月 29 日采集土壤进行硝态氮测定，采样深度同土壤水分测定，取回土样立即进行测定防止硝态氮损失，不同深度测定后取平均值。分别于 6 月 14 日、7 月 16 日、8 月 19 日利用土钻采集不同土层土样进行碱解氮测定，采样方法同土壤水分测定，测定后亦取平均值。采用碱解扩散法测定土壤碱解氮；采用酚二磺酸比色法测定土壤硝态氮。

8.1.3 数据处理与分析

利用 SPSS 20.0 及 Microsoft Excel 进行数据整理、统计和误差分析。

8.2 不同覆盖措施对棵间蒸发的影响

对滴灌枣园采取覆盖措施后，土壤棵间蒸发量显著减少，与对照相比 6 月 21 日—8 月 20 日覆盖芦苇、小麦秸秆、地膜、玉米秸秆的土壤棵间蒸发量分别减少了 34.95%、31.08%、35.75%、29.38%（图 8 - 1）。棵间蒸发为无效蒸发，其数值降低意味着土壤水分储量增加，能够起到保墒作用。各处理棵间蒸发量为对照>玉米秸秆>小麦秸秆>芦苇>地膜，由此可见地膜和芦苇具有较好的保墒作用，但芦苇覆盖棵间蒸发总量与地膜覆盖差异不大。

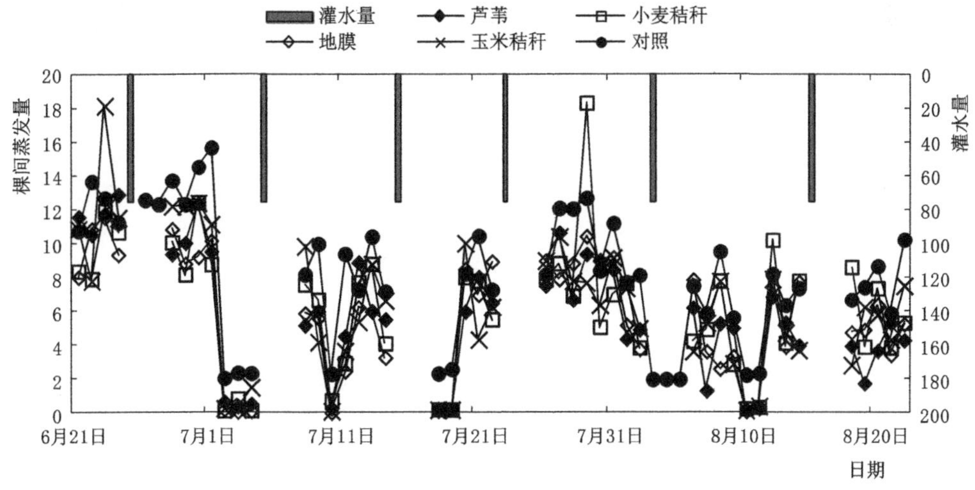

图 8 - 1 四种覆盖处理棵间蒸发量

8.3 不同覆盖措施对土壤含水率的影响

不同覆盖条件下土壤水分差异在枣树不同生育阶段表现不同，由图 8-2 可知，总体上枣树生育期内采取覆盖措施的各处理土壤平均含水率除 6 月 18 日玉米秸秆覆盖处理与对照不显著外，其他处理均显著高于对照处理（$P<0.05$），6 月 6 日枣树处于新梢生长

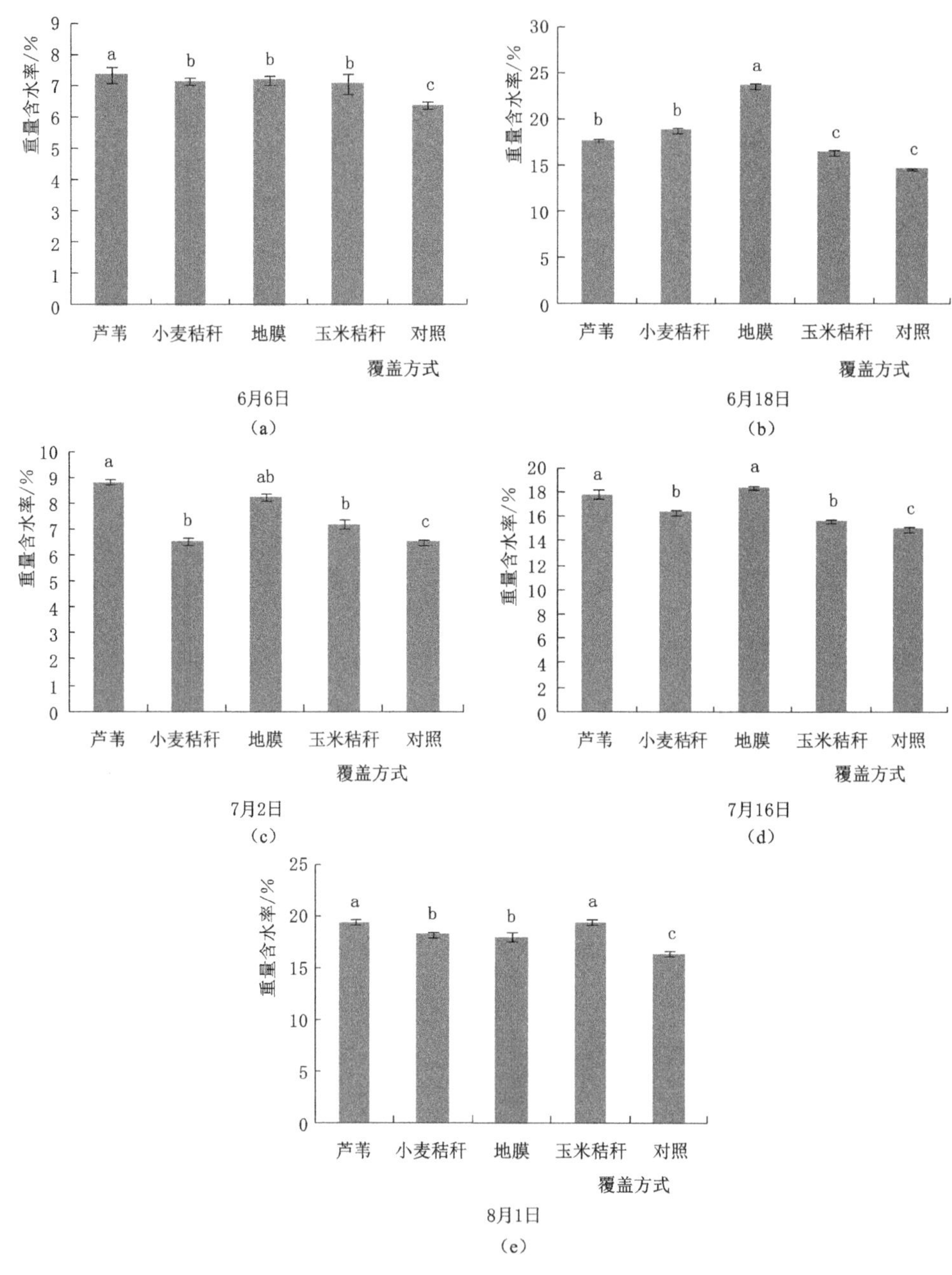

图 8-2 各覆盖处理不同时段土壤平均含水率

期，枣树需水量较大，土壤水分含量较低，此时良好的保墒效果对果树极为重要，由图 8-2 可知，芦苇覆盖处理土壤含水量显著高于其他处理，小麦秸秆、地膜、玉米秆等覆盖方式下土壤水分差异不显著；6 月 18 日枣树进入初花期，新梢生长减弱，并开始木质化。枣树需水量略有下降，土壤含水率较高，此时以地膜覆盖处理土壤含水率最高，达到了 23.54%，芦苇、小麦秸秆无显著差异，但均显著高于玉米秸秆覆盖处理。

进入 7 月后，气温逐渐升高，蒸发强烈，各处理土壤含水率又急剧减少，均低于 10%。但仍以芦苇和地膜覆盖处理土壤水分最高，两者差异不显著（$P<0.05$），此时覆盖处理中小麦秸秆处理土壤水分最低，但与玉米秸秆差异不显著（$P>0.05$）。7 月 16 日进入盛花期后仍以芦苇和覆膜处理含水率显著高于其他处理，且两者差异不显著（$P<0.05$）。8 月 1 日枣树处于幼果期，此时以芦苇和玉米秸秆土壤含水率较高，两者差异不显著。地膜覆盖处理含水率反而较低，可能跟土壤温度过高有关，覆膜下过高的土壤温度导致土壤水分蒸发后在膜上形成了液态水，田间取土时这部分水分波动较大。

因此，通过上述分析可以看枣树生育期内土壤水分易受覆盖措施影响，芦苇秸秆处理下土壤水分含量较高。可作为田间覆盖的主要措施之一，地膜覆盖也能够显著提高土壤含水率。但是地膜覆盖下土壤温度较高，水分蒸发后，膜上凝结落入地表，易造成地表水浅层土壤分含量过高，对枣树根系向深层发育不利。

8.4 不同覆盖措施对土壤温度的影响

图 8-3 对各处理 4 月 1 日—6 月 20 日土壤温度及气温变化情况进行了分析，各处理在此阶段土壤温度均表现为逐渐上升的总体趋势，各处理的日变化与气温的变化趋势相一致，即气温高时土壤温度较高，气温低时土壤温度也较低。最高气温为 33.52℃最低气温为 13.86℃；土壤温度最高为地膜覆盖处理，其值为 27℃，最低为芦苇覆盖处理，其值为 6.5℃。各处理间土壤温度以地膜>小麦秸秆>玉米秸秆>芦苇。此时段内 4 月、5 月、6 月地膜覆盖处理土壤平均温度分别为 13.00℃、17.18℃、22.54℃，小麦秸秆分别为 11.99℃、16.66℃、19.96℃，玉米秸秆分别为 11.30℃、15.84℃、19.03℃，芦苇秸秆

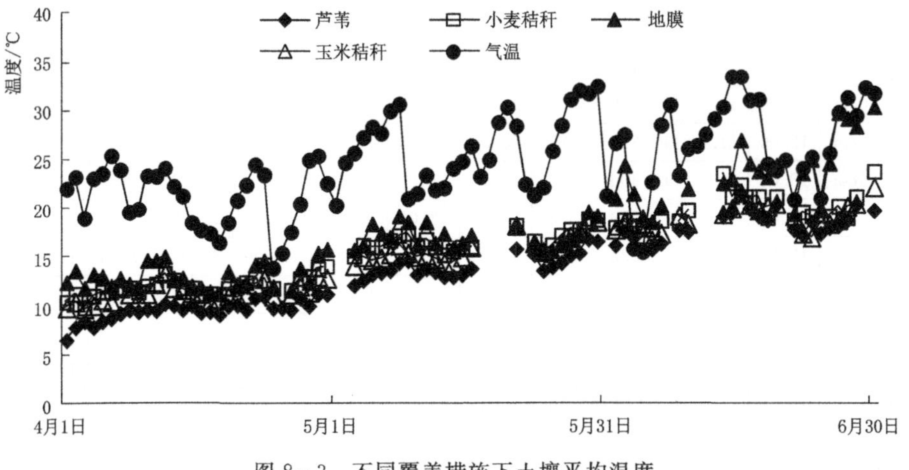

图 8-3 不同覆盖措施下土壤平均温度

分别为 9.55℃、14.10℃、18.15℃。平均气温分别为 21.12℃、25.96℃、26.38℃。由此可见，地膜的保温效果最好，其对表层土壤的影响较大，其次是小麦秸秆，芦苇的保温效果最差。但芦苇覆盖处理较低的土壤温度可能跟其较高的土壤含水量有关。

表 8-1 对各处理不同深度的土壤温度进行了分析，芦苇覆盖处理 4 月、5 月、6 月均以 10cm 土层温度最高，以 20cm 土层为最低，两者均差分别为 3.13℃、2.52℃、2.12℃。6 月 5～20cm 各土层差异不显著（$P>0.05$）；小麦覆盖处理 4 月、5 月、6 月均以 5cm 土层温度最高，以 25cm 土层为最低，两者均差分别为 2.96℃、1.98℃、1.56℃，6 月 10cm 以下土层差异不显著（$P>0.05$）；地膜覆盖处理土壤温度变异性较大，4 月、5 月、6 月均以 5cm 土层温度最高，以 25cm 土层为最低，两者均差分别为 7.86℃、5.18℃、5.00℃，6 月各土层与 4 月、5 月相比差异性有所降低；小麦覆盖处理 4 月、5 月以 5cm 土层温度最高，6 月以 10cm 土层温度最高，以 25cm 土层为最低，两者均差分别为 3.73℃、2.61℃、1.3℃。由上分析可知，地膜覆盖土层温度较高，各土层变异较大，秸秆覆盖的各处理各土层温度变异较小。除了芦苇覆盖温度最高土层在 10cm 外，其他处理均在 5cm 处，因此芦苇的提温效果慢，但保墒效果好，湿热变异不大，对维持田间水热平衡有较好的效果。

表 8-1　14：00 各处理不同深度土壤温度/℃

处理	土层深度	4月				5月				6月			
		最大值	最小值	平均值	标准差	最大值	最小值	平均值	标准差	最大值	最小值	平均值	标准差
芦苇 W	5cm	13.00	8.00	10.52b	1.12	18.00	13.00	14.09bc	1.35	22.00	14.00	18.25ab	2.24
	10cm	13.00	8.50	11.13a	1.17	19.00	14.00	15.52a	1.31	23.00	17.00	19.25a	1.73
	15cm	11.00	7.00	9.60c	1.07	17.00	12.00	14.48b	1.41	22.00	16.00	18.50ab	1.71
	20cm	10.00	4.00	8.00d	1.24	15.00	10.50	13.00d	1.23	20.00	15.00	17.13b	1.75
	25cm	10.00	5.00	8.48d	1.22	16.00	11.00	13.43cd	1.31	20.00	15.00	17.63b	1.71
小麦秸秆 WS	5cm	18.00	11.00	13.86a	1.43	20.00	15.50	17.89a	1.28	24.00	19.00	20.69a	1.45
	10cm	15.00	10.00	12.28b	1.10	19.50	15.00	16.83b	1.22	23.00	18.00	19.88ab	1.54
	15cm	14.00	9.00	11.72c	1.19	19.00	15.00	16.67bc	1.35	22.00	18.00	19.81ab	1.28
	20cm	13.00	9.00	11.19c	0.99	18.00	14.00	16.00cd	1.09	22.00	16.00	19.56ab	1.92
	25cm	13.00	8.00	10.90c	1.14	18.00	14.00	15.91d	0.98	22.00	16.00	19.13b	2.00
地膜 PF	5cm	23.00	14.00	18.10a	3.05	26.00	18.00	20.35a	2.21	32.00	19.00	25.20a	3.12
	10cm	17.00	11.00	13.66b	1.70	21.00	16.00	18.17b	1.56	30.00	19.00	23.73ab	2.84
	15cm	15.00	11.00	12.38c	1.21	20.00	15.00	16.89c	1.40	27.00	18.00	22.4b	2.29
	20cm	13.00	8.00	10.60d	1.28	18.00	13.00	15.30d	1.26	25.00	17.00	20.57c	2.19
	25cm	12.00	8.00	10.24d	1.15	18.00	13.00	15.17d	1.23	23.00	17.00	20.20c	1.87
玉米秸秆 CS	5cm	15.00	10.00	12.83a	1.31	21.00	15.00	16.83a	1.59	22.00	17.00	19.27a	1.44
	10cm	15.00	10.50	12.21b	1.06	20.00	15.00	16.61a	1.49	22.00	17.00	19.30a	1.39
	15cm	13.00	9.00	10.97c	0.90	19.00	13.50	15.50b	1.23	22.00	16.50	18.77ab	1.52
	20cm	13.00	9.00	11.41c	1.02	20.00	14.00	16.07ab	1.42	22.00	17.00	19.33a	1.50
	25cm	11.00	7.00	9.10d	1.09	20.00	12.00	14.22c	1.88	20.00	16.00	18.00b	1.41

注　表中同一列不同字母表示 $P<0.05$ 水平上显著性差异；W、WS、PF、CS 分别代表芦苇、小麦秸秆、地膜、玉米秸秆。

8.5 不同覆盖措施对土壤养分的影响

覆盖秸秆和地膜后土壤蒸发量减少，含水率提高，表层土壤湿度增加，微生物代谢作用增强，土壤硝化作用增加，在7月16日枣树盛花期，枣树从新梢生长期进入盛花期后对氮素的需求量下降，此时受覆盖物的影响土壤温度较高，加上此时气温较高，土壤微生物代谢旺盛，硝态氮含量相对较高，此时相对于对照处理，芦苇、小麦秸秆、地膜、玉米秸秆覆盖处理土壤硝态氮含量分别提高了61.00%、51.57%、98.28%、60.99%（图8-4）。各覆盖处理间土壤硝态氮含量为覆膜＞芦苇秸秆＞玉米秸秆＞麦秆。8月19日枣树为果实膨大期，此时土壤硝态氮含量与7月16日相似，各覆盖处理与分别对照相比提高了196.16%、159.58%、323.96%、288.16%。覆盖处理间土壤硝态氮含量为覆膜＞玉米秸秆＞芦苇秸秆＞麦秆。芦苇秸秆覆盖处理与玉米秸秆覆盖处理差异不显著（$P>0.05$）。8月29日枣树为果树膨大期后期，即将进入果实成熟期，此时受气温影响土壤温度下降，但是秸秆覆盖的各处理土壤温度降低较大，裸地对照处理地温较高，秸秆覆盖的各处理土壤硝化细菌活动能力降低，加上生育期后期土壤含水率较低，有机氮素的矿化速率降低，枣树此阶段对土壤氮素的需求下降。此时若硝态氮含量过多易造成氮素流失，而地膜覆盖处理土壤硝态氮含量最低，其次为小麦秸秆和芦苇秆覆盖处理，两者差异不显著（$P>0.05$）。

各处理碱解氮的平均含量生育期内变化与硝态氮相比较为稳定，各土层碱解氮变异较小，其平均含量约在30～70mg/kg范围内。6月14日各覆盖处理土壤碱解氮平均含量较对照分别提高了10.54%、47.50%、20.90%、25.73%。7月16日覆盖处理土壤碱解氮平均含量较对照分别提高了7.94%、57.41%、24.07%、65.74%。而8月19日覆盖处理土壤碱解氮平均含量较对照分别降低了26.63%、28.64%、21.61%、20.10%。因此，在枣树新梢生长期和花期覆盖处理土壤碱解氮比对照高，与有机氮矿化速率较高有关，而在生育期后期（果实膨大期后期）覆盖处理土壤碱解氮含量比对照低，此时土壤碱解氮利用效率较高。6月14日新梢生长期各覆盖处理土壤碱解氮含量为小麦秸秆＞玉米秸秆＞地膜＞芦苇秸秆，其中玉米秸秆、地膜和芦苇秸秆覆盖差异不显著（$P>0.05$）；7月16日枣树花期为玉米秸秆＞小麦秸秆＞地膜＞芦苇，其中玉米秸秆和小麦秸秆差异不显著（$P>0.05$）；进入8月19日果树膨大后期以后为玉米秸秆＞地膜＞芦苇＞小麦秸秆，其中芦苇、玉米秸秆、地膜覆盖处理差异不显著，小麦秸秆和芦苇差异不显著（$P>0.05$）。

综上分析表明，不同的覆盖措施均能够改变枣园原有的土壤养分状况，能够显著促进土壤氮素的矿化及利用，地膜覆盖对土壤硝态氮含量有显著影响，主要为硝态氮易随水运移，地膜覆盖时土壤水分特别是表层土壤水分含量较高。而碱解氮能够更真实地反映土壤有机氮素的矿化状况，碱解氮并不易随水发生运移，虽然其在土壤剖面上的分布也呈现一定的阶梯状，但与硝态氮相比其更依赖于土壤与大气的气体交换，因此表现出地膜覆盖的处理对其影响并不如小麦秸秆处理。

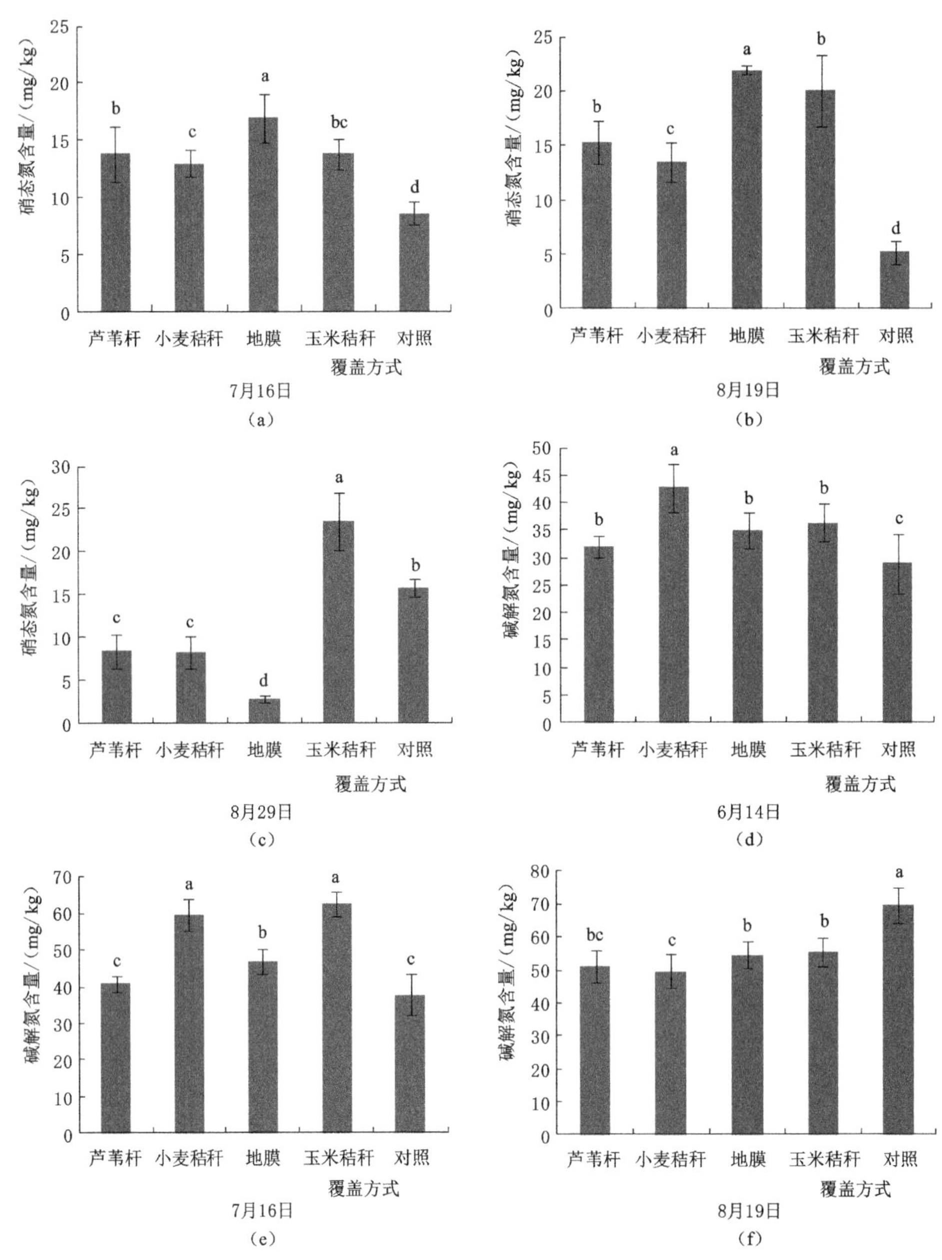

图 8－4　不同处理土壤矿质氮素的变化情况

8.6　小结

(1) 采用小型棵间蒸发器对枣树棵间蒸发的监测表明，四种覆盖方式都能够大幅度降低土壤的棵间蒸发，但以芦苇和地膜的保墒作用效果最好。芦苇秸秆处理下土壤水分含量较高。可作为田间覆盖的主要措施之一，地膜覆盖也能够显著提高土壤含水率。但是地膜覆盖下土壤温度较高，水分蒸发后，膜上凝结落入地表，易造成地表水浅层土壤分含量过高，可能造成枣树吸水根系浮于地表，对枣树根系发育不利。与其他覆盖处理相比玉米秸秆保水效果最差。

(2) 地膜的保温效果最好，其对表层土壤温度的影响较大，而对深层土壤的影响较小，其次是小麦秸秆，芦苇的保温效果最差。但芦苇覆盖处理较低的土壤温度可能跟其较高的土壤含水量有关。除了芦苇覆盖温度最高土层在10m外，其他处理均在5m处，因此芦苇的提温效果慢，但保墒效果好，湿热变异不大，对维持田间水热平衡有较好的效果。

(3) 四种覆盖方式均能够改变枣园原有的土壤矿质氮素的含量，能够显著促进土壤氮素的矿化及利用，地膜覆盖对土壤硝态氮含量有显著影响，主要为硝态氮易随水运移，地膜覆盖时土壤水分特别是表层土壤水分含量较高。而碱解氮能够更真实地反映土壤有机氮素的矿化状况，虽然其在土壤剖面上的分布也呈现一定的阶梯状，但与硝态氮相比其更依赖于土壤与大气的气体交换，因此表现出地膜覆盖的处理对其影响并不如小麦秸秆处理。芦苇覆盖下土壤碱解氮含量较低，可能是其较低的土壤温度影响了有机氮的矿化速率。但是到底是气体交换还是土壤温度对其影响更大一些，还有待进一步考证。

参考文献

[1] 左文龙，汪寿阳，陈曦，等．新疆水资源开发利用现状及其应对跨越式发展的战略对策 [J]．新疆社会科学，2013，(1)：33-39.

[2] 夏军，翟金良，占车生．我国水资源研究与发展的若干思考 [J]．地球科学进展，2011，26 (9)：905-915.

[3] 柴仲平，王雪梅，孙霞，等．滴灌条件下红枣生育期需肥特征研究 [J]．西南农业学报，2010，23 (2)：493-496.

[4] 姚宝林，孙三民，马洁，等．不同灌溉定额对滴灌红枣土壤水盐分布的影响 [J]．中国农村水利水电，2011，(4)：88-91.

[5] 王成，李宁，王兴鹏，等．不同生育阶段咸水滴灌对红枣根区土壤有机碳垂直分布特性的影响 [J]．干旱区研究，2012，29 (5)：883-889.

[6] 万素梅，胡守林，杲先民，等．干旱胁迫对塔里木盆地红枣光合特性及水分利用效率的影响 [J]．干旱地区农业研究，2012，30 (3)：171-175.

[7] 张金珠，王振华．干旱区秸秆覆盖对滴灌棉花生长及产量的影响 [J]．排灌机械工程学报，2014，32 (4)：350-355.

[8] 侯建安．滴灌条件下不同覆盖与施肥处理对灵武长枣生长与果实品质的影响 [D]．银川：宁夏大学，2013.

[9] 李发永，王龙，严晓燕，等．微咸水滴灌条件下氮素在红枣根区的分布特征研究 [J]．塔里木大学学报，2010，22 (1)：8-13.

[10] 李发永，王兴鹏，林杰，等．不同矿化度的微咸水滴灌对红枣根区土壤碱解氮的影响 [J]．干旱区研究，2013，30 (3)：424-429.

第9章 长期有机肥施用对滴灌土壤及枣树产量品质的调控

9.1 研究方法

9.1.1 研究地点

该试验田在新疆塔里木大学水利与建筑工程学院（40°53′N，81°29′E）灌溉站进行。该区域位于大陆干旱区，降水稀少，蒸发量大，气候极其干燥。年均降雨量为72.5mm，年均蒸发量为2358.9mm。年平均气温为10.8℃，1月的平均气温为－8℃，7月的平均气温为25℃。日照时间为2855～2967h，太阳总辐射量为544.115～590.155J/cm^2。土壤质地为粉质壤土，0～40cm土层中含有53.4%粉粒、37.5%的沙粒和9.1%的黏粒；40～80cm土壤剖面中由50.1%的粉土、32.4%的沙粒和17.6%的黏粒组成。初始土壤（0～40cm）理化性质如下：水分含量为11.2%，总盐为5.95mg/kg，总氮（TN）为0.95g/kg，速效氮（AN）为41.9mg/kg，硝态氮（NN）10.11mg/kg，总磷（P）为0.58g/kg，有效磷（AP）12mg/kg，总钾（TK）为10.7g/kg，有效钾（AK）72.9mg/kg，土壤容重（BD）为1.34kgm^{-3}，土壤pH值为8.25。

9.1.2 田间试验设计与管理

本研究中使用的枣树品种是 *Ziziphus ziziphus L.*，以 *Ziziphus jujuba var.* 为砧木和酸枣苗木嫁接而成。枣树行间距为2.0m×1.0m，已经连续种植7年。每年3月初进行修剪，株高保持在1.5～2.0m。生长期为4月中旬至10月中旬（约180天），生长期间的最大冠层直径保持在1.5m。

2012—2018年，采用随机设计，共建立了6个处理：CK（常规灌溉，无肥料），CIMF（常规灌溉，矿质肥料），CIOF（常规灌溉，有机肥），DI（滴灌，无肥料），DIMF（滴灌，矿质肥料）和DIOF（滴灌，有机肥）。每块面积为4m×20m（4行，40棵枣树）重复三次。在两个相邻的地块之间建立了一个2m宽的隔离区。矿质肥料主要为尿素（450kg/hm^2，46.7%N）、过磷酸钙（450kg/hm^2，15%P_2O_5）和氯化钾（125kg/hm^2，58%K_2O）。在芽期和开花期分别施用225kg/hm^{2}的尿素，磷和钾肥作为基肥一次性施用。有机肥（鸡粪）含有1.83%N、1.44%P（P_2O_5）和0.77%K（K_2O），施用量为11.5t/hm^2。除CK和DI（无肥料）外，所有施肥处理的氮输入量（210kg N/hm^2）均相同。将肥料按每个处理中的树木数量平均分配，在距离枣树20cm处地下开沟，并在枣根区附近20cm的深度施用，随后进行灌溉。

第一年常规灌溉（漫灌）定额为6750m^3/hm^2，然后每年以750m^3/hm^{2}年增长率增加灌水量，第 7 年时灌溉定额为 $11250m^3/hm^2$。每年灌溉 5 次，分别对应于以下枣树生长阶段：新梢期、开花期、果实膨大期、果实成熟期，以及收获后的冬季前一次漫灌，每个阶段灌水定额为 $1350\sim2250m^3/hm^2$。滴灌处理中的每排树木都在距离树根 15cm 处铺设滴灌带（滴头之间距离为 20cm）。滴灌处理的总灌溉定额第一年为 $4170m^3/hm^2$，然后在第 7 年末增加到 $7050m^3/hm^2$，年增长率为 $480m^3/hm^2$。在随后的生长阶段滴灌 15 次：新梢期（2 次），开花（6 次），果实膨胀（6 次），果实成熟（1 次），灌水定额为 $178\sim370m^3/hm^2$。冬季灌溉（$1500m^3/hm^2$）在收获后进行一次。施用草甘膦除草剂 3 次以控制杂草。其他田间农艺措施（例如修剪和害虫控制）均相同。

9.1.3 土壤采样与分析

每年收获后，10 月从表土层（0～40cm）采集土壤样品，采样点位于距枣树树干 15cm 处。每个批次收集 4 个子样品并彻底混合，然后自然干燥以获得复合样品，并通过 2mm 筛网筛分，储存在密封的塑料罐中用于随后确定基本物理和化学土壤性质。在前 3 年，本研究只测量了 SOC、含量盐、pH 值和枣产量。从第 4 年开始，另外测量了其他土壤参数。使用元素分析仪（Vario MAX CNS，Elementar，Germany）测定土壤总碳和氮（TC 和 TN），采用火焰分光光度法测定 TK。在 250℃下用 $H_2SO_4-HClO_4$ 溶液消化土壤 TP，并使用钼-蓝比色法进行测定。SOC 含量测定则将土壤通过硫酸重铬酸钾氧化和浓硫酸氧化，采用湿式氧化法测定。

SOC 储存量（t/hm^2）使用以下等式计算：

$$[SOC]_{storage}=[SOC]\_concentration\times d\times BD\times 10$$

式中 $[SOC]\_concentration$——SOC 浓度，g/kg；

d——土层的深度，0～40cm；

BD——土壤干容重，kg/m^3；

10——转化系数。

AN 根据 Lu 等的方法测定。使用 Olsen-P 法测定土壤 AP，并根据 Page 等的方法测定 AK。土壤 BD 采用体积为 $100cm^3$ 的环刀测定。根据国际土壤质地分类标准，通过比重法测定土壤粒度分布。为了确定整个土壤剖面中土壤盐分的分布，在果树行间的垂直和水平方向 0～10cm、10～20cm、20～40cm、40～60cm、60～80cm 和 80～100cm 的土壤剖面进行了采样，对第 7 年生育期末土壤含盐量进行了分析测定，取样坐标的原点距枣树树干 15cm。

土壤 pH 值和盐度分别用玻璃电极 pH 计和电导率计（PHS-3C，上海）测定，土壤与水的比例为 1∶5。具体方法为：用 50mL 蒸馏水提取 10g 土壤样品，摇动 10min，然后过滤。通过 PHS-3C 电导率仪测量滤液的电导率（EC）。盐含量（y）和电导率（EC）之间的关系由干残留法确定：$y=2.213EC-0.256$。

9.1.4 产量和品质的测定

每年 10 月实验结束时，每个处理随机选择 5 棵枣树，收获所有的枣果实，自然干燥至含水量为 35%，称重并换算为每公顷的产量。在第 7 年末，还随机选择每个处理的 10 个红枣进行品质测定。

品质指标包括灰分含量、水分、粗脂肪、总碳水化合物、还原糖、总酸、维生素

C(Vc) 和总黄酮。灰分含量根据食品安全国家标准（GB 5009.4—2010）测定，在炉内热处理前后称重样品（550℃，4h）。采用 Soxhlet 装置（GB/T 14772—2008）从正已烷中提取粗脂肪来测定其含量。采用滴定法测量可滴定酸度（总酸）采用 2,6 -二氯吲哚酚滴定法（AOAC，1995）测量 Vc。使用 Martin 等的方法测定总糖和还原糖。根据改进的比色测定法测定总黄酮含量。

9.1.5　统计与分析

使用 Microsoft Excel 2016，R3.5.1 版本，SPSS Statistics 22.0（SPSS Inc.，Chicago，USA）和 Origin 2016 软件绘制和处理实验数据。采用多因素方差分析（MANOVA）和重复测量程序，将灌溉方式和肥料类型及其相互作用设定为固定效应，块效应作为随机效应，种植年份作为重复测量，以检验对 4～7 年内的土壤参数和 1～7 年的枣产量的影响。第 7 年末，采用双因素方差分析，研究了灌溉方式、肥料类型及其相互作用对枣树品质的影响。使用 Tukey 方法的多变量方差分析在 $P<0.05$ 水平进行同一季节中两种处理比较。利用 Surfer 11.0 软件绘制盐在果树行之间的二维土壤剖面上的分布。简而言之，无论漫灌和滴灌处理，坐标的起源距离枣树树干 15cm，然后从行间的土壤坐标输入垂直和水平方向的含盐量数据。颜色越深表示等高线图中的含盐量越重。

在本研究的第 4～7 年，采用增强型回归树（BRT）评估土壤养分对枣产量的相对贡献。BRT 使用 R 中的 gbm 包进行，推荐的参数值为：学习率（0.01），袋分数（0.75），交叉验证（10）和树复杂度（5），这表明 BRT 中的交互水平。在操作过程中，随机选择一定数量的数据，分析自变量对因变量的影响程度。剩下的数据用于测试拟合结果，最终得到并输出多元回归的平均值。R 包 ggplot2 用于创建输出图。所有 BRT 配件均采用高斯误差分布。每个预测因子（4～7 年）的相对重要性代表了模型考虑因变量的总变异的百分比。采用两种不同的结构方程模型（SEM）用于评估枣产量与土壤参数之间的关系。第一个 SEM 评估了肥料（MF 和 OF）和灌溉方法（滴灌和漫灌）对 1～7 年的 SOC、盐度、pH 值和枣产量的影响。第二个 SEM 评估了肥料对 4～7 年土壤养分含量的影响。SEM 使用 SPSS 的 Amos 软件包和具有的广义最小二乘（GLS）模型。

9.2　不同年限土壤 SOC 变化

MANOVA 分析显示，种植年限，灌溉方式，肥料类型及其相互作用对 SOC 含量均有显著影响（表 9-1、图 9-1）。总体讲，施用有机肥的所有处理的 SOC 浓度均随着种植年限的增加而增加，而施用矿质肥的所有处理土壤的 SOC 均随种植年限的增加而减少。与第一年相比，7 年试验结束时，CIOF 和 DIOF 的土壤 SOC 分别显著增加 42.74%和 44.19%；CK、CIMF、DI 和 DIMF 分别显著降低 39.22%、24.66%、23.63%和 22.54%（$P<0.05$）。在第 7 年结束时，DIOF 的 SOC 显著高于其他处理（$P<0.05$）。每种处理的 SOC 含量增幅最大的顺序为：DIOF>CIOF>DIMF>DI>CIMF>CK，DIOF 和 CIOF，DIMF，CIMF，DI 和 CK 处理之间存在显著差异（$P<0.05$）。

表 9-1　枣园长期试验不同处理下盐，土壤有机碳含量和产量的三因素方差分析

因子	df	土壤有机碳**		盐　分		产　量	
		F^*	P	F	P	F	P
年（Y）	6	5.009	<0.001	13.077	0.001	4.544	<0.001
灌溉（I）	1	1967.612	<0.001	16.668	<0.001	3.521	0.064
肥料（F）	2	441.096	<0.001	123.545	<0.001	89.885	<0.001
Y×I	6	58.852	<0.001	1.134	0.350	0.108	0.995
Y×F	12	20.212	<0.001	1.775	0.066	2.879	0.002
I×F	2	207.705	<0.001	27.885	<0.001	0.778	0.462
Y×I×F	12	8.845	<0.001	0.443	0.941	0.04	1.000

注　*F 表示 F 值，P 表示 P 值；$P<0.05$ 为显著影响；**SOC 为土壤有机碳。

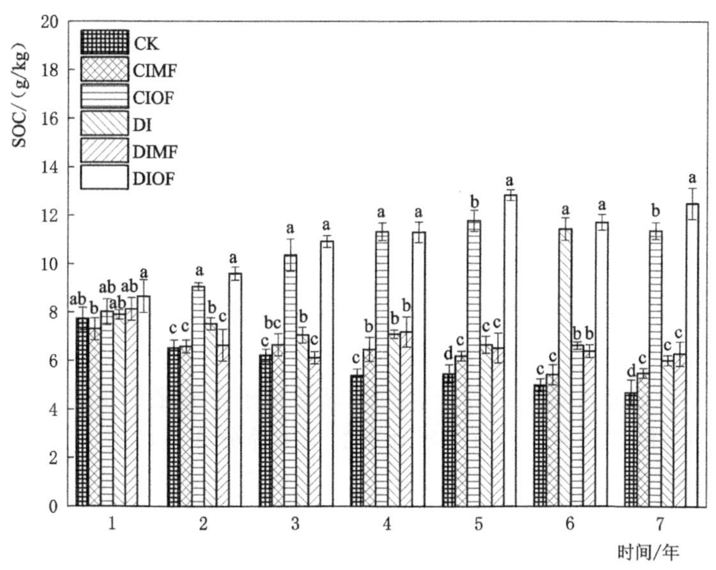

图 9-1　枣灌溉系统长期试验中不同处理下土壤有机碳（SOC）含量

注　CK 表示常规灌溉，不施肥；CIMF 表示常规灌溉，矿物肥料；CIOF 表示常规灌溉，有机肥；DI 表示滴灌，不施肥；DIMF 表示滴灌，矿物肥料；DIOF 表示滴灌，有机肥。年内相同的不同字母表明不同处理之间存在显著差异（$P<0.05$）。

图 9-2 分析了矿质肥和有机肥施用时 SOC 储量随时间的变化。施用矿物肥料后 SOC 储量的变化可以用以下方程式表示：常规灌溉下 $y=2.26719x^{-0.180}$，滴灌下 $y=2.20845x^{-0.111}$，而有机肥处理的 SOC 储存遵循以下方程式：常规灌溉下 $y=2.34805x^{0.195}$，滴灌下 $y=2.47972x^{0.195}$ 这分别表示随着时间的推移，施用矿物肥的 SOC 储存的显著减少，而施用有机肥的土壤有机碳储量显著增加。

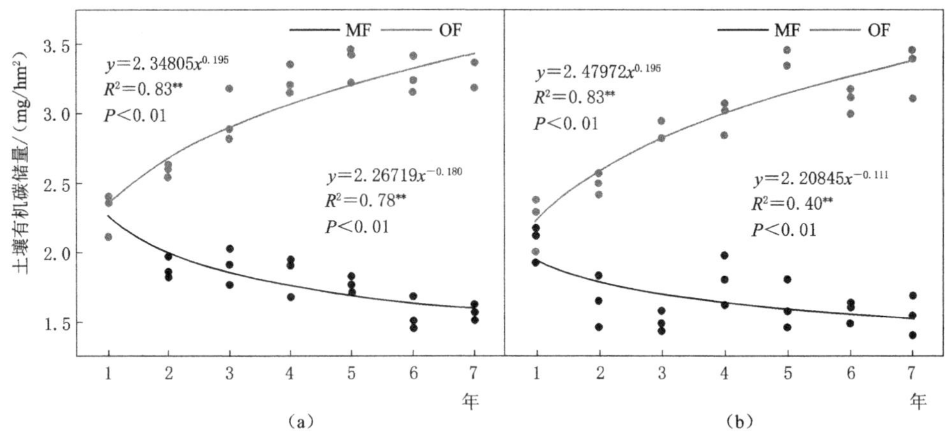

图 9-2　枣灌溉系统长期试验中化肥处理（a）有机肥处理（b）的土壤有机碳（SOC）储存量和与种植年度之间的关系

注　MF 和 OF 分别为矿质肥和有机肥处理。

9.3　土壤养分和盐分的变化

MANOVA 分析（表 9-2）表明，TP、AP 和 AK 受灌溉方式、肥料类型和种植年限的交互作用的显著影响；施肥类型和灌溉方式的交互作用对 AN 有显著影响；种植年限与肥料类型的交互作用对土壤 pH 值有显著影响；然而，对 TN、TK 和 BD 只有主效应。TN 和 TK 受施肥类型的显著影响，而 BD 受施肥类型、种植年限和灌溉方式的单独影响。

表 9-3 分析了 4～7 年不同处理土壤中 TP、AP、TN、AN、TK 和 AK 含量的变化。总体而言，几乎所有施肥土壤中的养分含量均显著高于不施肥的土壤（CK 和 DI）（$P<0.05$）。在相同的灌溉方式下，矿质肥料处理的土壤养分含量略高于有机肥处理。在第 7 年末，除 AP 和 AK 外，DIOF 中 TP、AP 和 AK 的含量显著增加，且随着时间的推移，其含量大多低于 CIOF。与原始土壤相比，DIOF 中 TP、AP 和 TK 的含量显著增加 51.72%、352.25%和 66.45%。然而，DIOF 和 DIMF 中的 AN 显著大于 CIOF 和 CIMF 处理的相应养分含量。滴灌条件下的土壤 TN 显著高于常规灌溉条件下的土壤 TN，有机肥的土壤 TN 含量也高于无机肥。施用有机肥处理的土壤 pH 值也随时间显著降低。虽然土壤 BD 随时间略有增加，但 DIOF 中的 BD 与初始土壤相比显著增加了 10.45%，滴灌（1.38g/cm^3）和有机肥施用（1.42g/cm^3）土壤中的 BD 平均值也高于常规灌溉（1.34g/cm^3）和无机肥（1.37g/cm^3）。

种植年限对土壤含盐量均有显著影响，但灌溉方法和施肥类型之间只有显著的交互作用（表 9-1）。土壤含盐量的变化如图 9-3 和图 9-4 所示。随着时间的推移，所有土壤中的平均盐含量略有增加，从最初土壤中的 6.4g/kg 增加到第 7 年的 6.6g/kg。试验期间，DIOF 处理的平均土壤盐度为 6.09g/kg，分别比 DI、DIMF 和 CIMF 和 CIOF 低 6.39%、20.16%、18.83%和 4.95%，比 CI 高 17.92%，DIOF 与其他处理之间也存在

表 9-2 枣园长期试验不同处理下土壤参数的三因素方差分析

因子	df	TP*		AP		TN		AN		TK		AK		BD		pH	
		F^{**}	P	F	P	F	P	F	P	F	P	F	P	F	P	F	P
年（Y）	3	7.031	0.001	1666.671	<0.001	1.063	0.374	2.054	0.119	1.477	0.233	4.890	0.005	6.229	0.001	0.344	0.794
灌溉（I）	1	7.464	0.009	926.651	<0.001	3.736	0.059	14.625	<0.001	0.083	0.775	1.030	0.315	13.781	0.001	0.001	0.973
肥料（F）	2	489.468	<0.001	17342.747	<0.001	73.574	<0.001	205.221	<0.001	52.432	<0.001	1214.696	<0.001	80.461	<0.001	127.625	<0.001
Y×I	3	0.833	0.482	142.005	<0.001	0.559	0.644	1.465	0.236	1.455	0.239	7.184	<0.001	0.052	0.984	1.807	0.159
Y×F	6	19.586	<0.001	1338.572	<0.001	1.859	0.107	1.056	0.402	0.553	0.765	2.671	0.026	0.284	0.942	4.632	0.001
I×F	2	3.832	0.029	605.077	<0.001	1.551	0.223	3.464	0.039	0.555	0.578	4.783	0.013	1.336	0.273	2.812	0.070
Y×I×F	6	3.466	0.006	109.328	<0.001	0.332	0.917	0.484	0.817	0.270	0.948	2.549	0.032	0.451	0.841	1.078	0.389

注 * AN、AP、AK 为 N、P、K；TN、TP、TK 为全氮、全磷、全钾；BD 是土壤容重。
** F：F 值，P：P 值。$P<0.05$ 为显著影响。

显著差异（$P<0.05$）。结果表明，长期滴灌和施用有机肥有利于降低枣树根区土壤盐分。有机肥处理下的土壤 pH 值逐年下降，而无机肥处理的 pH 值逐年上升（表 9-3），表明了土壤盐分的变化。然而，土壤盐分的二维分布表明，漫灌各土层的盐分变化不显著（图 9-4）。相反，滴灌处理倾向于在果树行间积累较强的土壤盐分，其中 CK、CIMF 和 CIOF 的土壤盐分分别为 4.4g/kg、9.4g/kg 和 5.4g/kg，而 DI、DIMF 和 DIOF 分别高达 13.4g/kg、15.4g/kg 和 16.6g/kg。

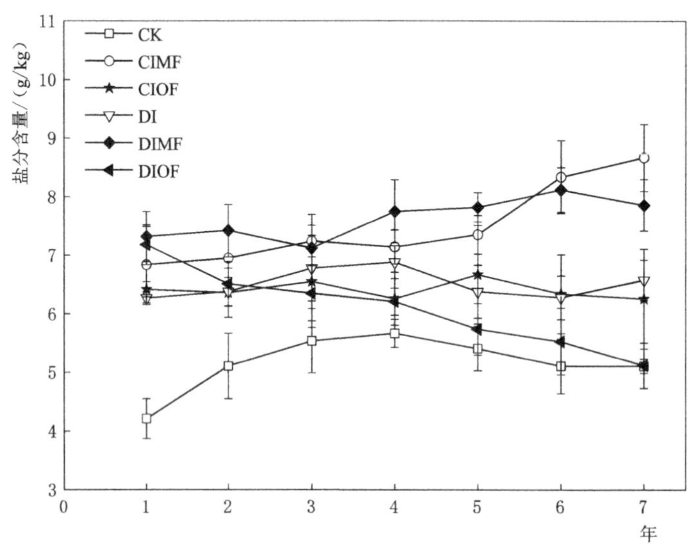

图 9-3　枣园长期试验的不同处理下盐含量（0～40cm）的变化

注　CK 表示常规灌溉，不施肥；CIMF 表示常规灌溉，矿物肥料；CIOF 表示常规灌溉，有机肥；DI 表示滴灌，不施肥；DIMF 表示滴灌，矿物肥料；DIOF 表示滴灌，有机肥。误差线表示标准误差。

表 9-3　枣园长期试验不同处理下 4～7 年土壤 BD、pH 和养分含量

年份	处理	TP** /(g/kg)	AP /(mg/kg)	TN /(g/kg)	AN /(mg/kg)	TK /(g/kg)	AK /(mg/kg)	BD /(g/cm³)	pH value
4 年	CK	0.43*	8.33d	0.84	51.14	8.24	56.31c	1.24	8.34
	CIMF	0.78a	25.64b	0.99	70.89	10.44	152.76a	1.35	8.73
	CIOF	0.66b	21.77b	1.11	73.05	9.89	103.57b	1.38	8.01
	DI	0.56c	10.56c	0.82	51.31	8.54	67.23c	1.26	8.52
	DIMF	0.85a	33.22a	0.95	74.06	11.33	162.45a	1.38	8.65
	DIOF	0.58c	30.44a	1.22	75.88	10.95	111.24b	1.42	8.22
5 年	CK	0.38d	7.21d	0.78	50.33	8.65	66.43c	1.26	8.25
	CIMF	0.74b	34.56b	1.01	79.85	11.45	172.56a	1.33	8.82
	CIOF	0.71bc	28.13c	1.22	73.24	10.56	116.67b	1.41	7.93
	DI	0.35d	9.25d	0.65	50.43	9.11	62.73c	1.28	8.52
	DIMF	0.82a	40.44a	1.13	82.26	11.34	152.75a	1.39	8.77
	DIOF	0.68c	35.27b	1.32	81.88	11.25	101.66b	1.44	8.05

续表

年份	处理	TP** /(g/kg)	AP /(mg/kg)	TN /(g/kg)	AN /(mg/kg)	TK /(g/kg)	AK /(mg/kg)	BD /(g/cm³)	pH value
6年	CK	0.37c	6.42d	0.65	50.14	8.62	44.21d	1.28	8.44
	CIMF	0.89a	44.33bc	1.09	78.55	11.78	172.63a	1.36	8.89
	CIOF	0.78b	38.97c	1.12	73.93	11.29	103.57b	1.37	7.85
	DI	0.34c	7.14d	0.67	50.28	8.24	62.55c	1.28	8.52
	DIMF	0.92a	65.35a	1.21	80.54	11.43	159.24a	1.39	8.95
	DIOF	0.87a	47.24b	1.35	84.79	11.95	97.84b	1.46	7.52
7年	CK	0.29d	4.56d	0.68	50.14	8.88	64.71c	1.31	8.51
	CIMF	0.78c	54.37b	1.15	73.55	12.15	172.55a	1.39	8.93
	CIOF	0.82bc	48.75c	1.24	71.43	11.76	113.68b	1.43	7.84
	DI	0.26d	5.33d	0.78	52.14	8.51	57.33c	1.33	8.63
	DIMF	0.94a	62.11a	1.22	86.54	11.14	162.45a	1.42	8.75
	DIOF	0.88ab	54.27b	1.38	83.89	11.05	121.34b	1.48	7.42

注 * 只对显著的三因素交互作用进行了多重比较；同一年份不同字母表示不同处理间存在显著差异（$P<0.05$）。
* * AN、AP、AK 有 N、P、K 三种；TN、TP、TK 为全氮、全磷、全钾；BD 是土壤容重。

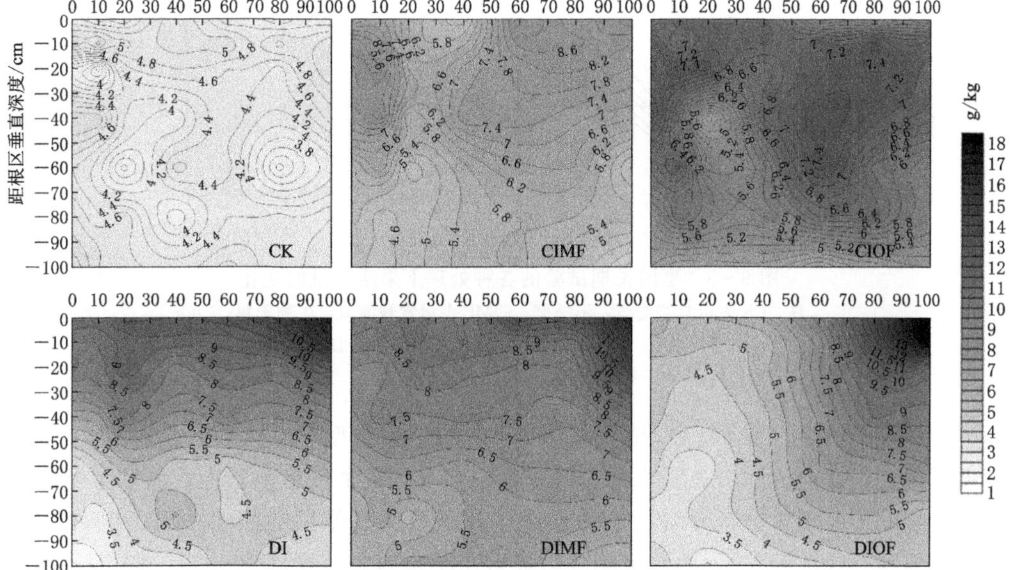

图 9-4 7 年后不同处理土壤盐分的二维分布

注 坐标的起点距离枣树树干 15cm。CK 表示常规灌溉+不施肥；CIMF 表示常规灌溉+矿物肥料；CIOF 表示常规灌溉+有机肥；DI 表示滴灌+不施肥；DIMF 表示滴灌+矿物肥料；DIOF 表示滴灌+有机肥。

9.4　枣树产量和品质

MANOVA 分析（表 9-1）表明，种植年限和施肥类型均对枣产量有相互作用，而灌溉对枣产量有显著的主效应。枣树嫁接后第一年的产量非常低，处理间没有显著差异（图 9-5）。在第二年后逐渐增加。DI 处理的产量最低（3.84mg/hm^2），而 DIMF 处理的产量最高（7.67mg/hm^2）。随着时间的推移，施肥的枣树产量在前 4 年逐年增加，而 CK 和 DI 处理的产量在 2 年后逐渐下降，6 年后几乎没有产量。在整个 7 年期间，滴灌的产量略高于常规灌溉。在初始阶段（第 1 年和第 2 年），施用无机肥的果实产量多于施用有机肥的果实产量，之后，施用无机肥的果实产量下降，施用有机肥的果实产量稳定（$P<0.05$）。然而，3 年后有机肥处理的产量逐渐超过无机肥处理，4 年后有机肥（CIOF 和 DIOF）处理的产量保持稳定，第 7 年分别达到 13.55mg/hm^2 和 16.23mg/hm^2；但施用矿质肥料（CIMF 和 DIMF）的处理在第 4 年达到最高产量，并且从第 5 年到第 7 年逐年减少，试验结束时分别为 7.76mg/hm^2 和 9.64mg/hm^2。

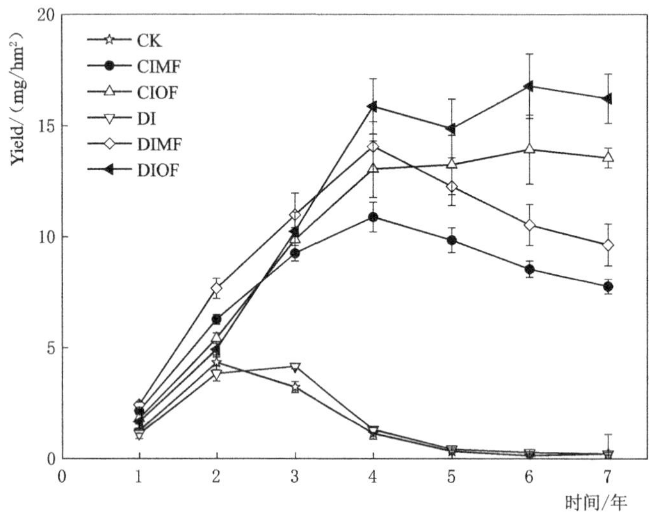

图 9-5　枣园长期试验的各种处理下果实产量的变化

注　CK 表示常规灌溉，不施肥；CIMF 表示常规灌溉，矿物肥料；CIOF 表示常规灌溉，有机肥；DI 表示滴灌，不施肥；DIMF 表示滴灌，矿物肥料；DIOF 表示滴灌，有机肥。

MANOVA 分析（表 9-4）显示，灌溉方法和施肥类型对总碳水化合物、总酸和 Vc 具有交互作用。灌溉方式对总碳水化合物、还原糖和总黄酮的影响最大；施肥类型对还原糖和总黄酮的影响最大。灰分含量不受任何主效应或交互作用的影响。CK 和 DI 施肥处理果实中总糖、还原糖、Vc 和总黄酮含量显著高于未施肥处理（表 9-5，$P<0.05$），而施肥处理果实中总酸含量较低（$P<0.05$）。DIOF 果实总碳水化合物含量分别比 CIMF、CIOF 和 DIMF 高 33.0%、19.4%和 20.6%；DIOF 果实中 Vc 含量分别比 CIMF、CIOF 和 DIMF 高 26.1%、7.7%和 40.7%（$P<0.05$）；CIOF 和 DIOF 的总酸含量分别比

CIMF 和 DIMF 低 22.2%和 9.8%（$P<0.05$）。DIOF 果实中还原糖和总黄酮含量分别比 CIOF 高 27.5%和 18.7%；所有年份处理的平均灰分含量为 2.7%。

表 9-4　　不同枣树处理下果实品质的双因素方差分析

处理	df	灰分		粗脂肪		总糖		还原糖		总酸		维生素 C		总黄酮	
		F*	P	F	P	F	P	F	P	F	P	F	P	F	P
灌溉（I）	1	0.037	0.851	5.710	0.034	622.353	<0.001	5.727	0.034	1.301	0.276	13.329	0.003	35.520	<0.001
肥料（F）	2	2.227	0.150	3.859	0.051	1532.680	<0.001	16.326	<0.001	8.949	0.004	631.350	<0.001	155.804	<0.001
I×F	2	0.095	0.910	2.012	0.176	68.627	<0.001	0.808	0.469	30.801	<0.001	114.455	<0.001	0.446	0.650

注　* F 表示 F 值，P 表示 P 值；$P<0.05$ 为显著影响。

表 9-5　　第 7 年末不同处理的果实品质

处理	灰分 /%	粗脂肪 /%	总糖 /%	还原糖 /%	总酸 /%	维生素 C /(mg/kg)	总黄酮 /(mg/g)
CK*	2.94	2.25	29.2e**	19.1	0.67a	229.24d	0.22
CIMF	2.98	3.02	35.2c	23.1	0.54bc	329.24b	0.34
CIOF	2.37	3.22	39.2b	30.5	0.42c	385.72b	0.49
DI	2.91	3.12	31.8d	20.9	0.62a	215.28d	0.29
DIMF	2.81	4.21	38.8b	28.1	0.61b	295.14c	0.43
DIOF	2.44	4.12	46.8a	38.9	0.55c	415.25a	0.59

注　* CK 表示常规灌溉，不施肥；CIMF 表示常规灌溉、矿质肥；CIOF 表示常规灌溉、有机肥；滴灌表示滴灌，不施肥；DIMF 表示滴灌、矿质肥；DIOF 指示滴灌、有机肥。

9.5　土壤理化因子与产量的关系

图 9-6（a）和图 9-6（b）分别显示了 BRT 模型预测的土壤参数和作物产量的相对贡献。对 SOC、pH 值、含盐量、TN、AN、TP、AP、TK 和 AK 等 9 个变量因子进行 BRT 分析，结果表明，土壤 SOC 含量对产量的相对贡献率最大（13.42%）。pH 值、含盐量、TN、AN、TP、AP、TK 和 AK 对大枣产量的相对贡献分别为 12.44%、12.32%、12.11%、11.41%、11.06%、10.92%、10.30%和 6.02%（图 9-6）。由图 9-6 中所示的 9 个变量驱动的 BRT 模型解释了 94.3%的枣产量变化。

图 9-7 显示了矿质肥料、有机肥和灌溉对产量的直接和间接影响的 SEM 结果。SEM 分析表明，有机肥的施用对土壤 TP、AP、TK 和 AK 影响最大，路径系数为 0.74、0.70、0.71 和 0.89，而矿质肥料的施用对 TN 和 AN 的影响更大，通路系数分别为 0.79 和 0.69。施肥对土壤 SOC 有显著的积极影响（图 9-7），但灌溉对 SOC 影响不大（$P>0.05$）。灌溉对盐度有显著的影响，路径系数为 0.32。施用矿质肥对土壤盐分有显著的正向影响，路径系数为 0.54；施用有机肥对土壤盐分有显著的负面影响，路径系数为 −0.47。施用有机肥对 pH 值有显著的负面影响，路径系数为 −0.67，而施用无机肥对

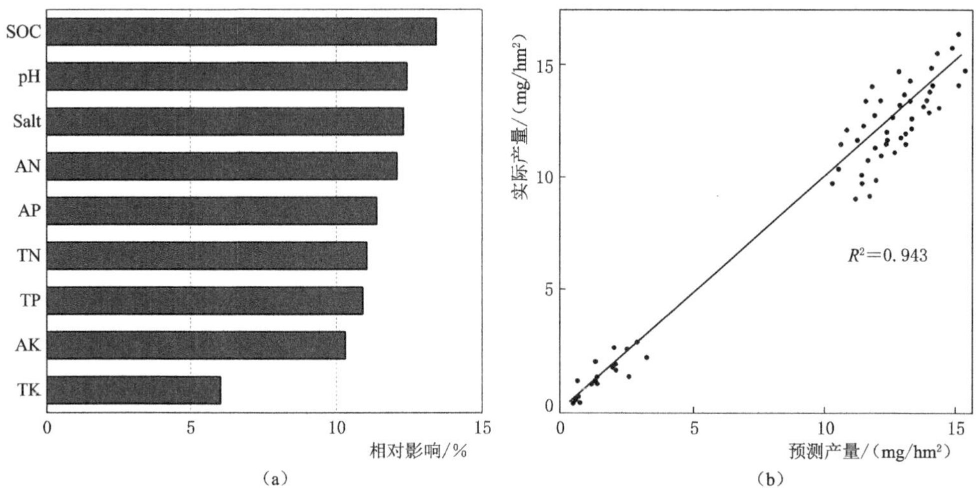

图 9-6 (a)　4～7 年相对产量的增强回归树模型的预测变量的相对贡献（%）；
(b) 使用上述预测因子通过增强回归树模型观察和预测相对作物产量

注　SOC 是土壤有机碳；AN、AP 和 AK 可用 N、P 和 K。TN、TP 和 TK 为总 N、P 和 K。

pH 值的影响不显著（$P>0.05$）。土壤 SOC 储量，含盐量和 pH 值间接影响枣产量，路径系数分别为 0.64，−0.28 和−0.35。路径分析解释了 66%的产量方差（$R^2=0.66$）。

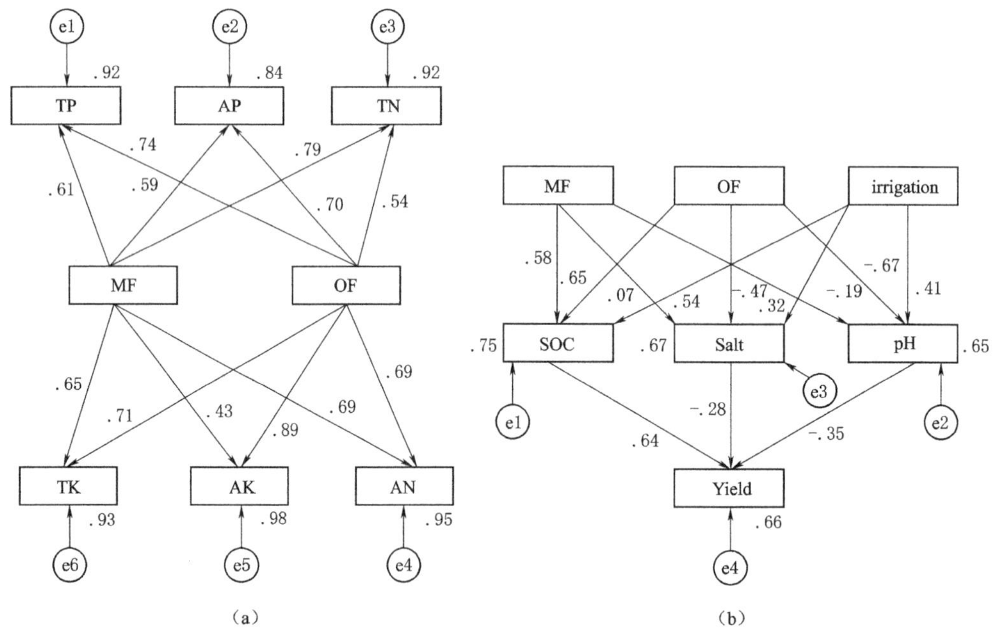

图 9-7　(a) 在路径分析中考虑潜在变量及其指标；(b) 矿质肥料、
有机肥和灌溉对产量的直接和间接影响的路径分析结果

注　内生变量旁边的数字是解释的方差。箭头旁边的数字是标准化的路径系数。OF 代表有机肥，MF 代表矿物肥料。

9.6 讨论

9.6.1 土壤 SOC

与化肥相比，有机肥料的长期施用可以显著增加土壤 SOC 储量，许多研究同样观察到这种情况。有机肥处理的 SOC 储量在前 5 年逐渐增加，但在第 5 年后逐渐达到平衡。这与 Stewart 等的研究相似，该研究表明 SOC 可以随碳输入逐渐趋于饱和。碳输入和碳存储之间的非线性关系与一些研究中观察到的线性相关性略有不同。这些发现之间的差异可能与土壤类型和田间管理有关，也可能与碳输入量和稳定程度有关。在本研究中，长期施用矿物肥料降低了 SOC 储存。Li 等发现，连续 7 年施用氮肥和磷肥，土壤上层（0～20cm）的土壤有机碳储量减少了 5%～12%，0～40cm 土壤有机碳储量减少了 3%～5%。其他研究人员还发现，长期施用化肥会降低土壤 SOC 含量。一些研究将这种减少归因于土壤 BD 的降低，以及作物根系生物量和作物根冠比的减少。本研究还发现，无论施用化学肥料还是有机肥料，土壤 BD 在 7 年后都会增加。因此，矿物肥料处理中观察到的 SOC 降低可能与 BD 无关，而可能与枣树根系的减少有关。

此外，本研究发现，滴灌结合施用有机肥的土壤 SOC 增加比漫灌更显著。一方面，有机肥的输入导致 SOC 在 0～40cm 土层中积累，而漫灌和脱盐过程导致 SOC 迁移到深层土壤或土壤表面的径流中，引起了低分子 SOC 的损失；另一方面，滴灌下枣树 0～40cm 土层的根密度相对大于灌水，毛细管根系特别发育，已在前期研究得到证实。

9.6.2 土壤养分和盐分

DIOF 处理中的 TN 含量显著高于 DIMF，而 AP 和 AK 含量显著低于 DIMF。这主要是因为肥料中有效养分含量较高，而有机肥主要提供有机养分，矿化速率相对较低，可长期在土壤中积累；该结果与许多研究相似。此外，本试验是在氮素平衡输入的基础上设计的，但矿质肥料中 P 和 K 的输入量高于有机肥料。DIMF 和 DIOF 处理的土壤 AN 含量最高，两者之间没有显著差异。DIOF 和 DIMF 中的 AN 显著大于 CIOF 和 CIMF 处理的相应养分含量。DIMF 处理中 AN 含量较高的原因主要是由于矿物肥料中 AN 的释放量较大。但是，滴灌和有机肥的长期组合可能会导致土壤中的 AN 的含量较高，可以促进土壤微生物的生长和有机氮向矿物 N 的转化。研究还表明，施肥类型对所有土壤参数都有显著影响。AP、AN 和 AK 易受对灌溉和施肥相互作用的影响，这表明施肥差异是土壤养分变化的主要驱动因素，而土壤有效养分的变化仅仅是灌溉造成的。

在试验的前 3 年，滴灌处理土壤中的含盐量显著高于灌溉处理。漫灌具有一定的洗盐效果，导致盐离子转移到更深的土壤层。然而，由于浅水分层（40cm），强烈的土壤蒸发和毛细作用，滴灌条件下，盐通常在滴灌土壤表面积累，而盐往往随水一起移动到灌溉区域的边缘，也可以通过两排果树中间较高的含盐量反映出来。然而，3 年后，在靠近根区附近的 0～40cm 土层中，DIOF 处理中的含盐量每年都在下降。由于研究地点靠近塔里木河，地下水位深度为 2～3m，7 月可能上升至不足 2m。地下水的盐浓度一般为 5～10g/L。这可能是因为连续滴灌应用导致当地地下水位降低，并减轻地下水对地表盐积累的影响；另一方面，施用有机肥后，土壤有机质改善了土壤理化性质，提高了土壤保水能力，有机肥的盐离子含量低于无机肥。滴灌和有机肥施用也增加了浅层土壤中细根的含量，从而增加了根系分泌的低分子酸，进而增强了植物的盐解毒能力。然而，本研究还应该注意远离根区的浅层土壤中盐的积累，可能需要定期除盐或排盐。

9.6.3　枣树产量和品质

本研究发现枣树的产量随着滴灌和有机肥的施用而逐年增加，并在4年后逐渐稳定。表明枣树的产量可以稳定到相对平衡的水平。虽然化肥在最初几年可以迅速提高枣的产量，但长期施用后会导致产量下降。其他研究人员也提出了这些观察结果，例如Matějková观察到施用无有机肥料的矿物肥料后产量下降。本研究还发现，土壤SOC对产量的相对贡献率最高，表明多年来施用粪肥通过增加土壤有机碳储量和土壤养分，缓解盐渍化，对作物产量产生了强烈而积极的影响。因此，增加高盐度沙质土壤的SOC储量对作物的生产力起着重要作用。与化肥相比，有机肥已被证明可以提高果实品质。Darnaudery发现，长期使用有机肥可以减少菠萝中的总酸和增加总可溶性固形物含量（TSS）。Marzouk发现，与单独的矿物肥料相比，通过单独施用有机肥或与矿物质NPK组合施用，可以获得更高的果实TSS和总糖含量。同样，本研究发现滴灌和有机肥的结合可以增加枣果实中的总碳水化合物、Vc和降低总酸含量。

9.7　小结

滴灌和有机肥的联合应用可以显著提高土壤有机碳储量和土壤TP、AP、AK，虽然滴灌与有机肥配施的枣产量较高，但对种植年份和肥料类型更为敏感。长期施用矿物肥料可以降低土壤有机碳含量，而长期施用有机肥可以增加土壤有机碳储存量。尽管在初始种植年份滴灌可能导致土壤盐分增加，但与单独施用矿质肥料相比，滴灌和有机肥的长期联合施用显著降低了根区的土壤盐分。短期施用矿物肥料可以增加枣树产量，但长期施用可能会导致产量下降。而有机肥的长期配施可以保持高水平的枣产量。SOC对果实产量的相对贡献率最高。有机肥通过显著增加土壤养分和土壤有机碳储量间接影响作物产量；灌溉对盐度有显著影响。综上所述，本研究的研究结果表明，滴灌与有机肥相结合是保持果树生产力和改善果实品质的良好策略。

参考文献

[1] Abdelhafez A A, M H H Abbas, T M S Attia, et al. Mineralization of organic carbon and nitrogen in semi - arid soils under organic and inorganic fertilization [J]. Environ. Technol. Innovation, 2018, 9: 243 - 253.

[2] Abiala M A, M Abdelrahman, D J Burritt, et al. Salt stress tolerance mechanisms and potential applications of legumes for sustainable reclamation of salt - degraded soils [J]. Land Degrad. Dev. 2018, 29: 3812 - 3822.

[3] Chang J, Y Kan, Y Wang, et al. Conjunctive operation of reservoirs and ponds using a simulation - optimization model of irrigation systems [J]. Water Resour. Manage. 2017, 31: 995 - 1012.

[4] Gowing J. Drip irrigation for agriculture: untold stories of efficiency, innovation and development [J]. Venot, Kuper & Zwarteveen, Routledge, Abingdon, UK & New York, USA. J. Dev.

Studies, 2018, 54: 1275 - 1276.

[5] Hondebrink M A, L H Cammeraat, A Cerdà. The impact of agricultural management on selected soil properties in citrus orchards in eastern spain: a comparison between conventional and organic citrus orchards with drip and floodirrigation [J]. Sci. Total Environ. 2017, 581 - 582: 153 - 160.

[6] Hu J, J Wu, X Qu. Decomposition characteristics of organic materials and their effects on labile and recalcitrant organic carbon fractions in a semi - arid soil under plastic mulch and drip irrigation [J]. J. Arid Land, 2018, 10: 115 - 128.

[7] Hu S, C Zhao, H Zhu. Hydrosalinity balance and critical ratio of drainage to irrigation (RDI) for salt balance in Weigan river irrigation district of the Tarim basin (China) [J]. Environ. Earth Sci. 2018, 76: 242.

[8] Koksal A. Yield and quality characteristics of drip - irrigated soybean under different irrigation levels [J]. Agron. J. 2018, 110: 1473 - 1481.

[9] Li J H, Y L Hou, S X Zhang, et al. Fertilization with nitrogen and/or phosphorus lowers soil organic carbon sequestration in alpine meadows [J]. Land Degrad. Dev. 2018, 29: 1634 - 1641.

[10] Martínez E, F Domingo, A Roselló, et al. The effects of dairy cattle manure and mineral n fertilizer on irrigated maize and soil n and organic C [J]. Eur. J. Agron. 2017, 83: 78 - 85.

[11] Muršec M, J Leveque, R Chaussod, et al. The impact of drip irrigation on soil quality in sloping orchards developed on marl - a case study [J]. Plant Soil Environ. 2018, 64: 20 - 25.

[12] Pu Y, T Ding, W J Wang, et al. Effect of harvest, drying and storage on the bitterness, moisture, sugars, free amino acids and phenolic compounds of jujube fruit (*Zizyphus jujuba cv. Junzao*) [J]. J. Sci. Food Agric. 2018, 98: 628 - 634.

[13] Wang X, Z Huo, H Guan, et al. Drip irrigation enhances shallow groundwater contribution to crop water consumption in an arid area [J]. Hydrol. Processes, 2018, 32: 1 - 2.

[14] Wang Z, B Fan, L Guo. Soil salinization after long - term mulched drip irrigation poses a potential risk to agricultural sustainability [J]. Eur. J. Soil Sci. 2019, 70: 20 - 24.

[15] Wiesmeier M, L Urbanski, E Hobley, et al. Soil organic carbon storage as a key function of soils - A review of drivers and indicators at various scales [J]. Geoderma, 2019, 333: 149 - 162.

[16] Zhang J, J Balkovič, L B Azevedo, et al. Analyzing and modelling the effect of long - term fertilizer management on crop yield and soil organic carbon in china [J]. Sci. Total Environ. 2018, 627: 361 - 372.